Rainer Müller
Mechanik. Physik für Lehramtsstudierende. Band 1
De Gruyter Studium

Weitere empfehlenswerte Titel

Elektrizität und Magnetismus. Physik für Lehramtsstudierende. Band 2
Roger Erb, 2021
ISBN 978-3-11-049558-4, e-ISBN (PDF) 978-3-11-049576-8,
e-ISBN (EPUB) 978-3-11-049337-5

Optik. Physik für Lehramtsstudierende. Band 3
Johannes Grebe-Ellis, 2021
ISBN 978-3-11-049561-4, e-ISBN (PDF) 978-3-11-049578-2,
e-ISBN (EPUB) 978-3-11-049333-7

Wärme und Energie. Physik für Lehramtsstudierende. Band 4
Jan-Peter Meyn, 2020
ISBN 978 3-11-049560-7, e-ISBN (PDF) 978-3-11-049579-9,
e-ISBN (EPUB) 978-3-11-049334-4

Thermodynamik. Vom Tautropfen zum Solarkraftwerk
Rainer Müller, 2016
ISBN 978-3-11-044531-2, e-ISBN (PDF) 978-3-11-044533-6,
e-ISBN (EPUB) 978-3-11-044544-2

*Quantenmechanik. Eine Einführung in die Welt der Wellen und
Wahrscheinlichkeiten*
Holger Göbel, 2020
ISBN 978-3-11-065935-1, e-ISBN (PDF) 978-3-11-065936-8,
e-ISBN (EPUB) 978-3-11-065945-0

Rainer Müller

Mechanik

Physik für Lehramtsstudierende. Band 1

DE GRUYTER

Autor
Prof. Dr. Rainer Müller
Physikdidaktik TU Braunschweig
Bienroder Weg 82
38106 Braunschweig
Deutschland
rainer.mueller@tu-bs.de

ISBN 978-3-11-048961-3
e-ISBN (PDF) 978-3-11-049581-2
e-ISBN (EPUB) 978-3-11-049332-0

Library of Congress Control Number: 2020942756

Bibliografische Information der Deutschen Nationalbibliothek
Die Deutsche Nationalbibliothek verzeichnet diese Publikation in der Deutschen
Nationalbibliografie; detaillierte bibliografische Daten sind im Internet über
http://dnb.dnb.de abrufbar.

© 2021 Walter de Gruyter GmbH, Berlin/Boston
Coverabbildung: Dmytro Aksonov / E+ / gettyimages.de
Satz: VTeX UAB, Lithuania
Druck und Bindung: CPI books GmbH, Leck

www.degruyter.com

Inhalt

Vorwort

Der vorliegende Band ist Teil der Buchreihe *Physik für Lehramtstudierende – vom Phänomen zum Begriff*. Die Autoren dieser Reihe sind erfahrene Fachdidaktiker und langjährige Ausbilder von Lehramtsstudierenden. Sie haben sich zum Ziel gesetzt, die Teilgebiete der klassischen Physik mit einem dezidierten Blick auf die Bedürfnisse von Lehramtsstudierenden darzustellen.

Dazu gehört zum Beispiel das Eingehen auf Schülervorstellungen und Lernschwierigkeiten, die gerade im Bereich der Mechanik besonders gut erforscht sind. Auf sie wird an den entsprechenden Stellen gesondert hingewiesen, und es wird diskutiert, wie man im Unterricht mit ihnen umgehen kann.

Aber auch die gesamte Darstellung im Großen orientiert sich an der Ausrichtung auf den künftigen Physikunterricht. Ein zentrales Ergebnis der fachdidaktischen Forschung zum Thema Mechanik ist zum Beispiel, dass Schülerinnen und Schüler größte Schwierigkeiten beim Verständnis des Begriffs der Beschleunigung haben. Ohne diesen Begriff lässt sich aber auch der Inhalt der newtonschen Bewegungsgleichung $\vec{F} = m \cdot \vec{a}$ nicht erfassen. Die fachdidaktische Forschung hat einen Weg aufgezeigt, mit dieser Schwierigkeit umzugehen: Statt von der Beschleunigung $\vec{a}$ geht man von der Geschwindigkeitsänderung $\Delta\vec{v}$ aus und betrachtet in zweidimensionalen Stoßversuchen, wie Kräfte und Geschwindigkeitsänderungen zusammenhängen. In empirischen Untersuchungen bestätigt sich, dass Schülerinnen und Schüler mit diesem Ansatz die grundlegenden Begriffe der Mechanik deutlich erfolgreicher erlernen als mit dem traditionellen Zugang. In Kapitel 3 wird dieses Unterrichtskonzept ausführlich behandelt.

Eine weitere Besonderheit, die die Schulphysik von der Fachphysik unterscheidet, ist der geringere Mathematisierungsgrad. Das hat zur Folge, dass stärker begrifflich gearbeitet werden muss. Während man in der Fachphysik ohne jede weitere Erläuterung von der Bahn $\vec{r}(t)$ eines Körpers und der Geschwindigkeit $\vec{v}(t)$ als ihrer zeitlichen Ableitung sprechen kann, ist die Einführung dieser Begriffe im Unterricht weitaus schwieriger, und das spiegelt sich in der vorliegenden Darstellung wider. Die Schwierigkeit wird schon in der Fülle der Begriffe deutlich, die die Schulbuchliteratur zu dem Thema bereithält: Ort, Weg, Strecke, Ortsverschiebung, Bogenlänge, Zeit, Zeitpunkt, Zeitspanne, Geschwindigkeit, Geschwindigkeitskomponenten, Betrag der Geschwindigkeit, Tempo. Man könnte die Aufzählung fortsetzen und um die in der Oberstufe auftretende Frage ergänzen, ob die Begriffe vektoriell oder in Komponenten eingeführt werden und wie man mit Vorzeichenfragen umgeht.

Hinzu kommt die didaktisch wichtige Frage nach dem Status der newtonschen Gesetze, die auch in der Fachphysik relevant ist, aber kaum jemals betrachtet wird. Was daran ist Definition von physikalischen Größen wie der Kraft oder der Masse und was ist empirisch prüfbares Naturgesetz? Auf diese Fragen wird ausführlich in Kapitel 4 eingegangen, und es stellt sich heraus, dass die Antwort komplex und noch

https://doi.org/10.1515/9783110495812-201

nicht einmal eindeutig ist. Die newtonschen Gesetze sind ein komplexes Geflecht aus Begriffsdefinitionen und Naturgesetzen, in dem jedes Gesetz mehrfache Funktionen einnehmen kann, und das sich vollständig erst in einem Spiralzugang erschließt.

Ganz anders wieder ist die Situation beim Thema Energie – einem der wichtigsten Begriffe im Physikunterricht. Hier liegt das Problem darin, dass es noch niemandem gelungen ist, in Worten eine tragfähige Definition des Begriffs Energie zu geben. Man muss sich den Begriff aneignen, indem man im wittgensteinschen Sinn handelnd damit umgeht und durch Beispiele lernt, auf welche Weise der Energiebegriff in der Sprache der Physik gebraucht wird.

Die genannten Beispiele verdeutlichen, weshalb es nötig war, nach einem ersten Buch über Mechanik (*Klassische Mechanik – vom Weitsprung zum Marsflug*, 2009) ein zweites zu schreiben. Während das erste Buch den Zugang verfolgte, die Mechanik über Anwendungen und authentische Kontexte zu lernen, liegt im vorliegenden Buch der Schwerpunkt auf den didaktischen und begrifflichen Aspekten. Die zugrundeliegende Physik ist natürlich immer die gleiche, so dass Doppelungen an einigen Stellen nicht zu vermeiden waren.

Legende

Die Bücher der Reihe *Physik für Lehramtstudierende – vom Phänomen zum Begriff* streben eine Darstellung der Physik aus physikdidaktischer Perspektive an. Sie enthalten zur besseren Lesbarkeit und Übersicht folgende Strukturelemente.

Physikalische Gesetze, Regeln, grundlegende Erfahrungen und zusammenfassende wichtige Aussagen sind blau unterlegt.

Sie bieten eine Orientierung bei der Prüfungsvorbereitung.

Didaktische Kommentare werden mit einem Pfeilsymbol gekennzeichnet. Dazu zählen u. a. Schülervorstellungen und Lernschwierigkeiten zum Thema, Unterschiede in Alltags- und Fachsprache, Anmerkungen zur Begriffsbildung und Fragen, mit denen man im Unterricht rechnen kann.

Der Text gibt einen Lösungsvorschlag zu dem jeweils aufgeworfenen Problem. Viele Lernschwierigkeiten lassen sich leichter bewältigen, wenn man sie kennt und vorbereitet ist, wenn sie im Unterricht auftreten.

Kommentare allgemeiner Art, die zur näheren Erläuterung des Themas dienen, werden mit einem i-Symbol gekennzeichnet.

Experimente werden im laufenden Text beschrieben oder separat mit dem Symbol Lupe bezeichnet.

Alle Experimente können prinzipiell mit Schulmitteln gezeigt werden.

Aufgaben und exemplarische **Rechnungen** sind mit dem Stiftsymbol gekennzeichnet. Die skizzenhafte Lösung soll eine Kontrolle für die eigene Rechnung sein.

Einige mathematische Grundlagen, insbesondere zur Vektorrechnung, sind im Anhang zusammengestellt.

https://doi.org/10.1515/9783110495812-202

1 Kinematik

Abb. 1.1: Das Segelflugzeug beschreibt eine Bahn, die durch die Angabe des Ortes als Funktion der Zeit beschrieben werden kann.

1.1 Begriffe der Kinematik: Weg und Zeit

In der Kinematik geht es um die Beschreibung von Bewegungen durch Begriffe wie Ort, Zeit, Geschwindigkeit und Beschleunigung. Im Alltag begegnen uns diese Begriffe hauptsächlich in zwei Zusammenhängen: im Straßenverkehr und im Sport. Dass die Geschwindigkeit eines Autos mit dem Tachometer gemessen wird und in km/h angegeben wird, ist den meisten eine von Kindheit an vertraute Tatsache. Genauso wissen wir, dass beim 100-m-Lauf eine bestimmte Strecke in möglichst kurzer Zeit zurückgelegt werden muss. Es gibt scheinbar kaum etwas Einfacheres. Und doch bereitet der Umgang mit den kinematischen Begriffen sowohl Lehrenden wie auch Lernenden Probleme. Viele dieser Probleme lassen sich von vornherein vermeiden, wenn man ihre Ursachen kennt. Deshalb lohnt es, sich etwas ausführlicher damit zu beschäftigen.

Bewegungen beschreiben

Ein Segelflugzeug dreht am Himmel seine Kreise (Abb. 1.1). Es bewegt sich, es verändert seinen Ort. Wie können wir diese Bewegung physikalisch beschreiben? Den *Ort* des Flugzeugs können wir durch die Angabe von drei Koordinaten *x*, *y* und *z* in einem vorher festgelegten Bezugssystem erfassen. Beim Segelflugzeug können das zum Beispiel die geographischen Koordinaten und die Höhe über dem Erdboden sein – oder, physikalisch weitaus praktischer, die am Erdboden in Nord–Süd- und Ost–West-Richtung gemessenen Abstände zum Startpunkt sowie die Höhe. Das Bezugssystem, also die Maßstäbe und Uhren, auf die wir unsere Beschreibung beziehen, nehmen wir für den Moment als gegeben an. Auf den Begriff des *Bezugssystems* gehen wir in Kapitel 2 ausführlicher ein.

In einer Skizze wird das Bezugssystem durch die drei Koordinatenachsen angedeutet (Abb. 1.2). Die drei Koordinatenangaben *x*, *y* und *z* lassen sich formal zum *Orts-*

https://doi.org/10.1515/9783110495812-001

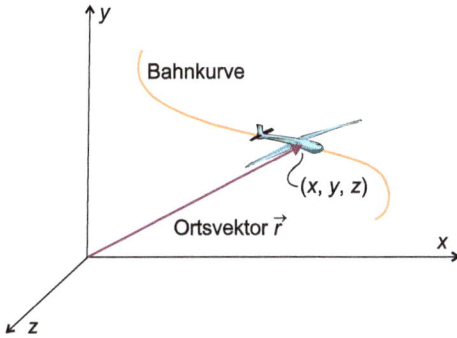

Abb. 1.2: Ortsvektor und Bahn eines Körpers.

vektor $\vec{r}$ zusammenfassen, der den Ursprung des Koordinatensystems und den Ort des Körpers verbindet. Anschaulicher ist es jedoch, sich $\vec{r}$ als eine Liste von drei Koordinatenangaben (x, y, z) vorzustellen, die den Ort des Körpers zum jeweiligen Zeitpunkt beschreiben.

Manche Körper bleiben immer am gleichen Ort, z. B. ein Haus. Von einer Bewegung spricht man, wenn Körper ihren Ort verändern, wie etwa das Segelflugzeug, das sich in alle drei Raumrichtungen bewegen kann. Die Abfolge der Orte, an denen sich der Körper zu verschiedenen Zeitpunkten befindet, wird als *Bahnkurve* oder kurz *Bahn* bezeichnet. Die Beschreibung und die Vorhersage der Bahnkurven von Körpern ist eine der Hauptaufgaben der Mechanik.

Geradlinige und krummlinige Bewegungen

Betrachtet man die Bahn eines Segelflugzeugs, eines gedribbelten Basketballs oder eines Autos im Straßenverkehr, stellt man fest, dass die Punkte der Bahn meistens nicht auf einer Geraden liegen. Die Bewegung ist dann *krummlinig*.

Mathematisch einfacher zu beschreiben sind *geradlinige Bewegungen*. Beispiele sind das senkrechte Herabfallen eines festgehaltenen und dann losgelassenen Körpers oder die Geradeausfahrt eines Autos auf einer langen, geraden Straße. Geradlinige Bewegung sind mathematisch weitaus einfacher zu beschreiben als krummlinige. Man kann nämlich das Koordinatensystem so wählen, dass die Bewegung entlang einer der Koordinatenachsen verläuft, zum Beispiel entlang der x-Achse. Bei der Bewegung ändert sich dann nur die x-Koordinate; y und z bleiben konstant. Aus einem dreidimensionalen Problem ist ein eindimensionales geworden.

Wann immer es möglich ist, betrachten Physiker eindimensionale statt dreidimensionaler Probleme. Im Fall der Mechanik stellt sich allerdings heraus, dass es aus didaktischen Gründen vorteilhaft ist, diesen Weg *nicht* zu gehen. Fundierte empirische Untersuchungen zeigen, dass es zu einem vertieften Verständnis der Wirkung von Kräften führt, wenn man die Mechanik auch schon in der Sekundarstufe I *zweidimensional* behandelt. Dieser Zugang wird auch im vorliegenden Buch gewählt.

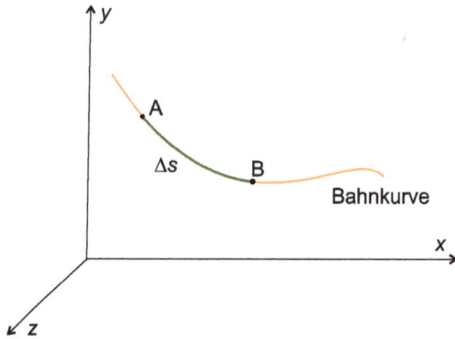

Abb. 1.3: Zur Definition der Bogenlänge *s*.

Der zurückgelegte Weg

In ihrer elementarsten Definition ist die Geschwindigkeit als Quotient von Weg und Zeit festgelegt. Um diese Definition physikalisch möglichst tragfähig zu machen, sollte man genauer angeben, was man in der Physik unter dem Wort „Weg" verstehen möchte. Wir müssen physikalische Begriffsbildung betreiben: Ein Alltagsbegriff wird zweckmäßig präzisiert, so dass man ihn als wohldefinierten physikalischen Begriff nutzen kann. Dabei ist es wichtig, dass die Vorstellungen, die mit dem Alltagsbegriff verbunden sind („Schülervorstellungen") sich möglichst wenig von der physikalisch korrekten Bedeutung des Begriffs unterscheiden.

Um den Alltagsbegriff „Weg" oder „Weglänge" physikalisch zu präzisieren, geben wir eine Messvorschrift dafür an: Die Länge eines Weges wird mit einem *Messrad* bestimmt, wie es zum Beispiel auf Baustellen verwendet oder zur Bestimmung der Länge von Schulwegen eingesetzt wird (Abb. 1.4). Die so festgelegte Länge eines Wegs wollen wir in der Kinematik als den „zurückgelegten Weg" oder die „Weglänge" bezeichnen. Mathematisch entspricht diesem Begriff die aus der Differentialgeometrie bekannte *Bogenlänge* Δs einer Kurve (Abb. 1.3). Darunter versteht man die zwischen zwei Punkten A und B *entlang der Kurve* gemessene Länge (die mathematischen Hintergründe werden in Abschnitt 1.4 näher erläutert).

Von diesem Begriff des zurückgelegten Wegs zu unterscheiden ist die *Luftlinie*, die Länge der direkten Verbindung zwischen den beiden Punkten A und B. Sie wird mathematisch durch den Betrag der Ortsvektor-Differenz $|\Delta \vec{r}|$ ausgedrückt: Der Differenzvektor $\Delta \vec{r} = \vec{r}_B - \vec{r}_A$ verläuft auf geradem Wege zwischen den Punkten A und B;

Abb. 1.4: Messrad zur Ermittlung des zurückgelegten Weges.

Abb. 1.5: Zum Unterschied zwischen zurückgelegtem Weg Δs und Luftline $|\Delta\vec{r}|$.

sein Betrag entspricht der Länge der geradlinigen Verbindung zwischen den beiden Punkten (Abb. 1.5). Mit „Weglänge" oder „zurückgelegtem Weg" ist im Folgenden also nicht die Luftlinie zu verstehen, sondern die Bogenlänge der tatsächlich durchlaufenen Kurve.

Zeitpunkt und Zeitspanne

Neben dem Wort „Weg" muss auch das Wort „Zeit" präzisiert werden, um als physikalischer Begriff in der Kinematik Verwendung zu finden. Man kann damit zwei Bedeutungen verbinden. Zum einen kann man einen Zeitpunkt meinen, wie etwas bei der Antwort auf die Frage: „Wie spät ist es?" Oder man möchte die Dauer eines Vorgangs angeben, zum Beispiel die „Zeit für eine Runde" bei einem 10.000-m-Lauf. Ist die zweite Bedeutung gemeint, sollte man zur Verdeutlichung von der *Zeitspanne* oder der *Zeitdauer* sprechen und das Formelsymbol Δt wählen.

Zeitmessung

Im Rahmen der newtonschen Mechanik ist der Zeitbegriff scheinbar unproblematisch: Zeit ist das, was von Uhren gemessen wird, und Uhren nutzen regelmäßige Abläufe in der Natur. Damit wird die Zeitmessung auf das *Zählen* von Perioden zurückgeführt. Sieht man genauer hin, steckt der Teufel jedoch im Detail. Die Formulierung „Uhren nutzen regelmäßige Abläufe in der Natur" zeigt den zirkulären Charakter dieser Festlegung. Um eine Uhr zu bauen, muss man feststellen, was ein regelmäßiger Ablauf ist. Dazu benötigt man aber bereits eine Uhr.

Dass eine sorgfältige begriffliche Analyse des Zeitbegriffs keine rein theoretische Spitzfindigkeit ist, zeigte *Albert Einstein* 1905 mit seiner Speziellen Relativitätstheorie. Eine ihrer wesentlichen Erkenntnisse ist, dass der Begriff der Gleichzeitigkeit zweier Ereignisse – und damit der Zeitbegriff selbst – vom Bewegungszustand des Beobachters abhängt. Da die relativistischen Effekte in Alltagsmaßstäben sehr klein sind, können wir sie in diesem Buch außer Acht lassen und den vorrelativistischen newtonschen Zeitbegriff zugrunde legen. In sehr präzisen Systeme wie dem *Global Positioning System (GPS)* machen sich relativistische Effekte jedoch sehr wohl bemerkbar.

Ein Smartphone würde einen falschen Standort anzeigen, wenn man relativistische Effekte bei der Positionsbestimmung unberücksichtigt ließe.

---

i **Beobachtungsbegriffe und Messtheorien:** Es erscheint verlockend, dem Gedankengebäude der Physik einen festen Grund zu verschaffen, indem man zwischen Beobachtungsbegriffen (wie Weglänge oder Zeitdauer) und den damit formulierten theoretischen Gesetzen sauber unterscheidet. Das ist oft versucht, aber nie erreicht worden. Die Wissenschaftstheorie ist sich heute einig, dass solche Versuche prinzipiell zum Scheitern verurteilt sind. Ein wesentlicher Grund dafür: Um die Funktion von Messgeräten verstehen und beurteilen zu können, wird immer schon ein theoretisches Verständnis ihrer Funktionsweise (eine Messtheorie) vorausgesetzt.

Das Problem lässt sich am scheinbar einfachen Vorgang der Zeitmessung erläutern: Man möchte ein Fadenpendel mit bestimmter Fadenlänge zur Definition der Zeiteinheit heranziehen. Es stellt sich die Frage, ob es sich hier tatsächlich um einen regelmäßigen Vorgang handelt, was man ja voraussetzen muss, um damit eine Zeiteinheit zu definieren. Ist also die Zeitspanne zwischen zwei Nulldurchgängen des Pendels immer gleich? Oder hängt sie von der Auslenkung des Pendels ab? Um diese Frage zu beantworten, braucht man die klassische Mechanik als Messtheorie – die in ihrer Formulierung selbst aber schon einen entwickelten Zeitbegriff voraussetzt. Ein scheinbarer Teufelskreis.

Man geht heute davon aus, dass physikalische Begriffe immer in theoretische Netzwerke eingebettet sind. Von diesen Netzwerken fordert man Konsistenz (innere Widerspruchsfreiheit) und Übereinstimmung mit den empirischen Daten. Die eigentliche Befreiung aus dem Teufelskreis gelingt aber durch den Bezug auf eine immer schon vorhandene Alltagspraxis, die viele physikalische Begriffe schon im Groben festlegt. Nur die „Feinabstimmung" der Begriffe erfolgt mit dem Netzwerk der physikalischen Theorie. In diesem Sinne ist Zeit also tatsächlich zunächst das, was die in der täglichen Praxis schon immer verwendeten Uhren messen. Mit diesem Zeitbegriff formulieren wir vorläufig unsere Theorien, und das so gewonnene Netzwerk aus Begriffen und Gesetzen hilft uns danach bei der immer weiteren Verbesserung unserer Uhren und unseres Zeitbegriffs.

1.2 Geschwindigkeit

Der Begriff der Geschwindigkeit ist Lernenden aus dem Alltag vertraut. Sie kennen Geschwindigkeitsangaben aus dem Straßenverkehr und wissen, dass die Einheit der Geschwindigkeit „km/h" ist, also „Weg durch Zeit". Allerdings unterscheiden sich der Alltagsbegriff und der physikalische Begriff in einer wichtigen Hinsicht: In der Physik ist die Geschwindigkeit ein Vektor, der durch Betrag und Richtung gekennzeichnet ist. Im Alltag dagegen beziehen sich Geschwindigkeitsangaben wie „50 km/h" immer nur auf den Betrag der Geschwindigkeit, auf das „wie schnell". Eine Richtung ist mit dem Alltags-Geschwindigkeitsbegriff nicht verbunden.

Hier liegt eine Lernschwierigkeit, denn die vektorielle Natur der Geschwindigkeit ist unabdingbare Voraussetzung für das Verständnis der newtonschen Gesetze. Um den Vektorcharakter der Geschwindigkeit von Anfang an herauszustellen, ist es vorteilhaft, sich nicht auf eindimensionale Bewegungen zu beschränken, sondern einen zweidimensionalen Zugang zur Mechanik zu wählen [20].

Betrachtet man nämlich zweidimensionale Bewegungen, wie etwa die Autos, die in Abb. 1.6 um eine Kurve fahren, kann man den Vektor der Geschwindigkeit durch Ge-

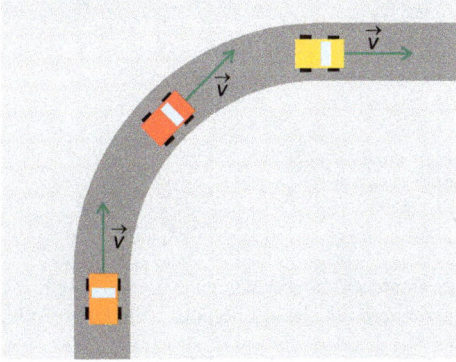

Abb. 1.6: Die Geschwindigkeit gibt nicht nur an, wie schnell sich ein Körper bewegt, sondern auch in welche Richtung.

schwindigkeitspfeile darstellen. Sie geben nicht nur Auskunft über das „wie schnell" einer Bewegung, sondern auch über das „wohin", also über die momentane Bewegungsrichtung. Dass das Argumentieren mit Geschwindigkeitspfeilen bereits in der Sekundarstufe I nicht nur möglich, sondern auch verständnisfördernd ist, wird von empirischen Untersuchungen bestätigt [19].

Der Betrag der Geschwindigkeit

Befassen wir uns zunächst mit dem Betrag der Geschwindigkeit – eine Zahlenangabe, die Auskunft darüber gibt, wie schnell sich der betrachtete Körper momentan bewegt. In der fachdidaktischen Literatur wird diskutiert, dafür den Begriff „Tempo" (oder auch „Schnelligkeit") einzuführen und diesen Begriff immer dann zu verwenden, wenn es um den Betrag der Geschwindigkeit geht. Der Begriff „Geschwindigkeit" soll dann für solche Fälle reserviert bleiben, in denen tatsächlich die Geschwindigkeit als vektorielle Größe gemeint ist.

Es gibt Argumente für und gegen diesen Vorschlag: Dafür spricht, dass es mit der sprachlichen Differenzierung möglich ist, die physikalischen Unterschiede zwischen dem Vektor Geschwindigkeit und seinem Betrag zu betonen. Andererseits spiegelt die damit eingeführte Terminologie weder den Alltagsgebrauch (Geschwindigkeit als Betrag des Geschwindigkeitsvektors) noch die physikalische Fachsprache wider. Es erscheint überdies unangebracht, zwei verschiedene Begriffe für die gleiche physikalische Größe (einen Vektor und seinen Betrag) einzuführen.

In diesem Buch wird der Begriff Tempo synonym mit Betrag der Geschwindigkeit verwendet – aber nur sparsam und ohne dogmatische Strenge. Wenn es keine Verwechslungsgefahr gibt, kann auch der Betrag der Geschwindigkeit kurz als Geschwindigkeit bezeichnet werden. Begriffliche Schärfe ist nur dann nötig, wenn Unklarheiten entstehen können.

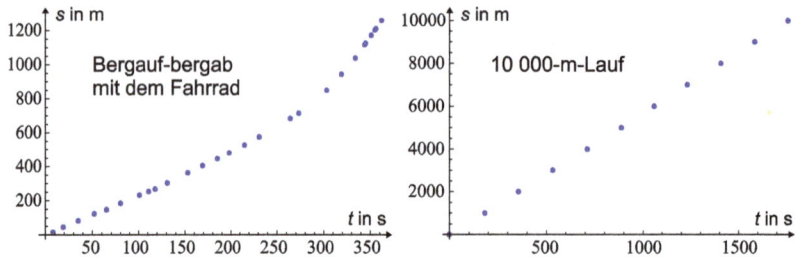

Abb. 1.7: Zwei *t*-*s*-Diagramme: Links die GPS-Daten einer Fahrradfahrt über einen Berg – zuerst langsam bergauf, dann schnell bergab. Rechts die Zwischenzeiten beim 10.000-m-Lauf der Frauen in Rio 2016.

Bewegungen mit konstantem Tempo

Trägt man für verschiedene Bewegungen die Messwerte für Zeit und Weg in ein *t*-*s*-Diagramm ein, ergibt sich manchmal eine Gerade, manchmal aber auch nicht. Man erkennt dies in Abb. 1.7: Links sind die Zeit-Weg-Messwerte für eine Fahrrad-Fahrt dargestellt, die über einen Hügel zuerst langsam bergauf, danach schneller bergab führte. Abschnittsweise kann man die Messpunkte durch Geraden approximieren, aber insgesamt hat das *t*-*s*-Diagramm eine komplizierte Gestalt. Im rechten Diagramm sind die Zwischenzeiten für den 10.000-m-Lauf der Frauen bei den Olympischen Spielen 2016 dargestellt. Hier liegen die Messpunkte näherungsweise auf einer Geraden – nicht exakt, aber doch in guter Näherung. Eine solche Bewegung nennt man *gleichförmig*.

Gleichförmige Bewegungen sind dadurch gekennzeichnet, dass der betrachtete Körper in jeder Sekunde den gleichen Weg zurücklegt. Es sind Bewegungen mit konstantem Tempo. Je schneller die Bewegung, umso größer ist der pro Sekunde zurückgelegte Weg und umso größer ist die Steigung der Geraden im *t*-*s*-Diagramm. Man kann dies an den einzelnen Abschnitten der Fahrrad-Fahrt in Abb. 1.7 verdeutlichen: Bergauf ging es nur langsam voran; in einer Sekunde legte der Radfahrer nur etwa 2,5 m zurück. Die Kurve verläuft dort flach. Nach 300 s ist der Gipfel erreicht, und bergab wird die Fahrt schneller. Pro Sekunde legt der Radfahrer jetzt ca. 8 m zurück. Die Kurve verläuft dort steiler; ihre Steigung ist größer.

Dies ebnet den Weg zur Definition des Betrags der Geschwindigkeit einer gleichförmigen Bewegung als Quotient aus zurückgelegtem Weg und benötigter Zeit:

$$v = \frac{\Delta s}{\Delta t}. \tag{1.1}$$

Bei einer gleichförmigen Bewegung fällt es besonders leicht, den Verlauf des *t*-*s*-Diagramms durch eine Formel zu beschreiben. Wenn die Bewegung bei $t = 0$ und $s = 0$ beginnt, ist der Weg eine proportionale Funktion der Zeit, und das Zeit-Weg-Gesetz lautet:

$$s = v \cdot t \quad \text{(für gleichförmige Bewegungen).} \tag{1.2}$$

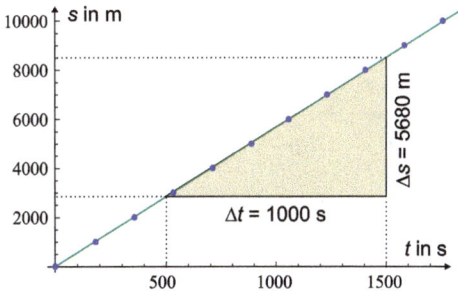

Abb. 1.8: Ausgleichsgerade und Steigungsdreieck für eine Bewegung mit konstantem Tempo.

Aus gegebenen Messdaten kann der Betrag der Geschwindigkeit im t-s-Diagramm ermittelt werden. Es ist die Steigung der Ausgleichsgeraden, die in das Diagramm eingezeichnet wird. Wie immer bei physikalischen Messungen wird die Ausgleichsgerade so gelegt, dass sie die Messpunkte möglichst gut approximiert (wobei sie die Messpunkte nicht berühren muss). Die Steigung der Ausgleichsgerade wird mit einem Steigungsdreieck ermittelt, das an möglichst gut ablesbare Punkte auf der Ausgleichsgerade gelegt wird (Abb. 1.8). Für den 10.000-m-Lauf aus Abb. 1.7 findet man auf diese Weise:

$$v = \frac{5680\,\text{m}}{1000\,\text{s}} = 5{,}68\,\frac{\text{m}}{\text{s}}. \tag{1.3}$$

Positive und negative Geschwindigkeiten: Die Bogenlänge Δs hat immer einen positiven Wert, weil die Länge einer Kurve nicht negativ sein kann. Entsprechend hat die in Gl. (1.1) definierte Größe v ebenfalls immer einen positiven Wert, wie es für den Betrag eines Vektors auch der Fall sein muss. Die Richtung des Geschwindigkeitsvektors zeigt an, in welche Richtung sich der Körper momentan bewegt. Gl. (1.1) gilt auch für nicht-geradlinige gleichförmige Bewegungen, wie etwa eine gleichförmige Kreisbewegung oder einen 10.000-m-Lauf (wo sich die Richtung des Geschwindigkeitsvektors oft ändert, weil die Läuferinnen nicht 10 km in eine Richtung laufen, sondern viele Runden auf der 400 m langen Stadionbahn drehen).

Betrachtet man eindimensionale Bewegungen, arbeitet man oft mit den Komponenten des Geschwindigkeitsvektors. Eine der Komponenten, zum Beispiel die x-Komponente, reicht zur Beschreibung einer eindimensionalen Bewegung aus. Entsprechend betrachtet man auch nur die x-Komponente des Geschwindigkeitsvektors:

$$v_x = \frac{\Delta x}{\Delta t}. \tag{1.4}$$

Hier wird Δx negativ, wenn die Bewegung in Richtung abnehmender Werte von x erfolgt. Entsprechend kann auch v_x negative Werte annehmen. Lernenden fällt der Umgang mit „negativen Geschwindigkeiten" erfahrungsgemäß schwer. Deshalb kann es vorteilhaft sein, Geschwindigkeiten durch Betrag und Richtung zu kennzeichnen, statt Vektorkomponenten zu betrachten.

Allgemeine Geschwindigkeitsdefinition

Die Geschwindigkeitsdefinition aus Gl. (1.1) greift in zweierlei Hinsicht zu kurz: Sie gilt nur für gleichförmige Bewegungen, und sie macht keine Aussage über die Richtung

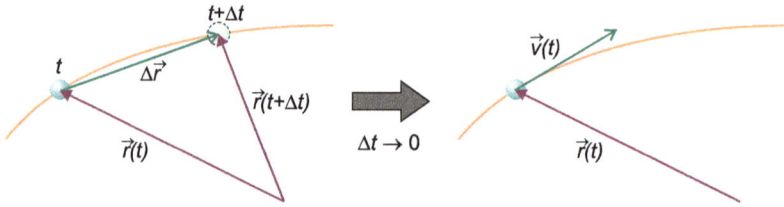

Abb. 1.9: Der Geschwindigkeitsvektor ist tangential zur Bahn gerichtet.

des Geschwindigkeitsvektors. Über die Richtung von $\vec{v}$ haben wir bereits eine Aussage gemacht: Er soll in die momentane Bewegungsrichtung zeigen, also tangential zur Bahn gerichtet sein. Diese Forderung wird durch die in Abb. 1.9 illustrierte Konstruktion erfüllt: Betrachtet man den Ortsvektor des betrachteten Körpers zu verschiedenen Zeitpunkten t und Δt, so bildet der Differenzvektor $\Delta \vec{r}$ eine Sehne der Kurve, die die Richtung der Tangente approximiert. Im Grenzfall $\Delta t \to 0$ stimmen beide Richtungen überein. Dies liegt die folgende Definition des Geschwindigkeitsvektors nahe:

$$\vec{v} = \frac{\mathrm{d}\vec{r}}{\mathrm{d}t}.$$ (1.5)

Für gleichförmige Bewegungen bleiben die bisherigen Ergebnisse gültig. In Abschnitt 1.4 wird gezeigt, dass man für den Betrag des Geschwindigkeitsvektors immer schreiben kann:

$$|\vec{v}(t)| = \frac{\mathrm{d}s}{\mathrm{d}t},$$ (1.6)

wobei s wie zuvor für die Bogenlänge der durchlaufenen Kurve steht. Gl. (1.6) verallgemeinert die bisherige Definition (1.1) für den Betrag der Geschwindigkeit auf den Fall ungleichförmiger Bewegungen.

Geschwindigkeit: Der durch die Gleichung

$$\vec{v} = \frac{\mathrm{d}\vec{r}}{\mathrm{d}t}$$ (1.7)

definierte Geschwindigkeitsvektor gibt Auskunft über Tempo und Richtung einer Bewegung.

Als Beispiel betrachten wir den schrägen Wurf, bei dem ein Körper (z. B. ein Ball) schräg unter einem gewissen Winkel abgeworfen wird und dann einer Parabelbahn folgt. Es handelt sich um eine zweidimensionale Bewegung. Abb. 1.10 zeigt die Bahnkurve des Balls in der x-y-Ebene (orange Linie). Es handelt sich um eine andere Art von Diagramm als die bisher betrachteten t-s-Diagramme. Der Geschwindigkeitsvektor ist für verschiedene Punkte der Bahn eingezeichnet. Man erkennt dass (a) seine Richtung immer tangential zur Bahn ist und (b) seine Länge im Verlauf der Bewegung variiert. Am höchsten Punkt der Bahn ist der Ball am langsamsten. Dort hat der Geschwindigkeitsvektor die kürzeste Länge. An niedrigeren Punkten ist die Geschwindigkeit höher

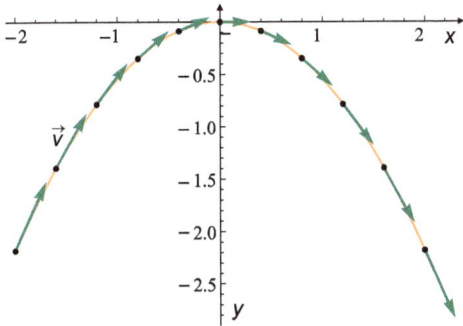

Abb. 1.10: Geschwindigkeitsvektor beim schrägen Wurf.

(später werden wir dies mit dem Wechselspiel von kinetischer und potentieller Energie erklären).

Momentan- und Durchschnittsgeschwindigkeit

Wie das Beispiel des schrägen Wurfes zeigt, können sich Betrag und Richtung des Geschwindigkeitsvektors von Moment zu Moment ändern. Die Geschwindigkeit ist immer als *Momentangeschwindigkeit* zu verstehen. In vielen älteren Darstellungen wird Wert auf die Unterscheidung zwischen Momentan- und Durchschnittsgeschwindigkeit gelegt. Auf den ersten Blick ist dies nur schwer verständlich. Gewiss kann man die Durchschnittsgeschwindigkeit einer Bewegung angeben, etwa einer längeren Autofahrt – ebenso wie man über eine Woche hinweg die Durchschnittstemperatur oder den durchschnittlichen Luftdruck an seinem Wohnort ermitteln kann. Niemand kommt dabei auf den Gedanken, zwischen Momentan- und Durchschnittstemperatur als separaten physikalischen Größen zu unterscheiden – weshalb aber war dies im Fall der Geschwindigkeit üblich?

Der Grund dafür ist, dass viele experimentelle Anordnungen nur in der Lage waren, die Durchschnittsgeschwindigkeit über ein gewisses Zeitintervall zu messen (z. B. bei Fahrbahnversuchen mit Lichtschranken). Die Unterscheidung diente dazu, die gemessenen Durchschnittsgeschwindigkeit mit den eigentlich gewünschten Momentangeschwindigkeiten in Beziehung zu setzen. Da heute Messverfahren (wie die Videoanalyse) existieren, die direkt Momentangeschwindigkeiten messen, besteht kein Anlass mehr, auf die Unterscheidung zwischen Momentan- und Durchschnittsgeschwindigkeiten besonderes Gewicht zu legen.

1.3 Beschleunigung

Der Begriff der Beschleunigung, der in der newtonschen Mechanik an zentraler Stelle steht, weil er in der Bewegungsgleichung $\vec{F} = m \cdot \vec{a}$ auftritt, gilt in der Forschung über Schülervorstellungen in der Physik als ausgesprochen schwierig. Testinstrumente wie

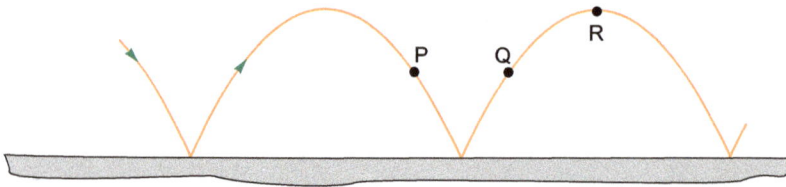

Abb. 1.11: Aufgabenbeispiel aus TIMSS/III zu Fehlvorstellungen mit dem Beschleunigungsbegriff. Der Aufgabentext lautete: „Die Abbildung zeigt die Bewegung eines Balls, der bei vernachlässigtem Luftwiderstand auf dem Boden springt. Zeichnen Sie Pfeile in die Abbildung ein, die die Richtung der Beschleunigung des Balls in den Punkten P, Q und R angeben."

das „*Force Concept Inventory" (FCI)* zeigen in Studien mit Zehntausenden von Probanden, dass die Alltagsvorstellungen zum Beschleunigungsbegriff in erheblichem Ausmaß von den physikalischen Konzepten abweichen [9]. Dadurch wird das Verständnis der newtonschen Bewegungsgleichung erschwert, und physikalisch korrekte Argumentationen sind kaum mehr möglich.

Ein konkretes Beispiel ist in Abb. 1.11 dargestellt. Es handelt sich um ein Test-Item aus der TIMSS/III-Studie, in der die Leistungen von Schülerinnen und Schülern am Ende der Sekundarstufe II international verglichen wurden [4]. Es wird als Aufgabenbeispiel für das höchste TIMSS-Kompetenzniveau „Überwindung von Fehlvorstellungen" angegeben. Der Anteil der deutschen Oberstufenschülerinnen und -schüler, die eine richtige Antwort geben konnten, betrug 7 % (international: 16 %). Typische falsche Lösungen zeigten tangential eingezeichnete Pfeile wie in Abb. 1.10. Es gelingt also den Probanden oft nicht, den Beschleunigungs- vom Geschwindigkeitsbegriff abzugrenzen.

Beschleunigung und Zusatzgeschwindigkeit

Physikalisch ist die Beschleunigung vektoriell als zeitliche Änderung der Geschwindigkeit definiert:

$$\vec{a} = \frac{d\vec{v}}{dt}.$$

(1.8)

Für kleine Zeitintervalle Δt kann man näherungsweise schreiben:

$$\vec{a} = \frac{\Delta \vec{v}}{\Delta t}.$$

(1.9)

Es hat sich herausgestellt, dass es Lernenden leichter fällt, nicht direkt mit der Beschleunigung zu argumentieren, sondern sich dem Begriff über einen unterstützenden Zwischenschritt anzunähern: der *Geschwindigkeitsänderung* bzw. *Zusatzgeschwindigkeit* $\Delta \vec{v}$. Dazu geht man von Gl. (1.9) aus und vergleicht den Geschwindigkeitsvektor zum Zeitpunkt t mit dem Geschwindigkeitsvektor einen kurzen Moment

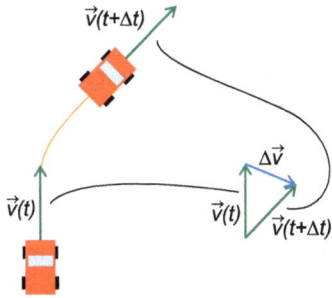

Abb. 1.12: Konstruktion der Zusatzgeschwindigkeit.

später zum Zeitpunkt $t + \Delta t$. In der Zeitspanne Δt hat sich der Vektor der Geschwindigkeit um $\Delta \vec{v}$ geändert:

$$\vec{v}(t + \Delta t) = \vec{v}(t) + \Delta \vec{v}. \tag{1.10}$$

Diese Gleichung ist in Abb. 1.12 illustriert. Zum Zeitpunkt t hat das Auto die Geschwindigkeit $\vec{v}(t)$. Der Geschwindigkeitsvektor, der senkrecht nach oben zeigt, ist rechts noch einmal ohne das Auto gezeichnet. Einen Moment später, zum Zeitpunkt $t + \Delta t$, hat das Auto die Geschwindigkeit $v(t + \Delta t)$. Auch dieser Geschwindigkeitsvektor, der schräg nach oben zeigt, ist rechts noch einmal eingezeichnet. Gl. (1.10) besagt, dass man vom Vektor $\vec{v}(t)$ zu $\vec{v}(t + \Delta t)$ gelangt, indem man den Vektor der Zusatzgeschwindigkeit $\Delta \vec{v}$ addiert. Diese Zusatzgeschwindigkeit wird von den einwirkenden Kräften verursacht – das ist die Grundaussage der newtonschen Bewegungsgleichung.

Zusatzgeschwindigkeit beim schrägen Wurf

Betrachten wir zur Veranschaulichung noch einmal das Beispiel des springenden Balls. Es handelt sich um einen schrägen Wurf, für den wir die Geschwindigkeitsvektoren zu verschiedenen Zeitpunkten bereits aus Abb. 1.10 kennen. Abb. 1.13 zeigt die Konstruktion von $\Delta \vec{v}$. Der Vektor der Zusatzgeschwindigkeit $\Delta \vec{v}$ ist nach Gl. (1.10) jeweils so eingezeichnet, dass sich der Vektor $\vec{v}(t + \Delta t)$ als die Vektorsumme aus $\vec{v}(t)$ und $\Delta \vec{v}$ ergibt. Es zeigt sich: An jeder Stelle der Bahn zeigt der Vektor der Zusatzgeschwindigkeit genau nach unten, und überall hat er die gleiche Länge. Gemäß

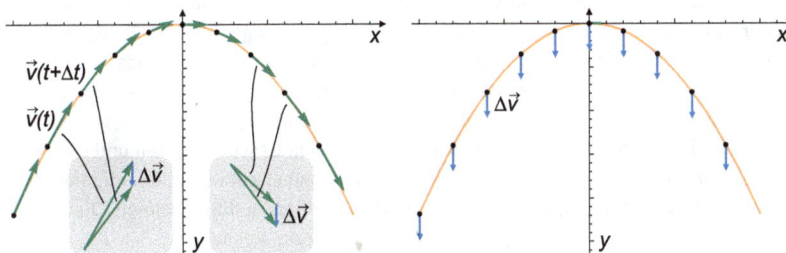

Abb. 1.13: Zusatzgeschwindigkeit beim schrägen Wurf.

(a) $\vec{v}(t)$ (b) $\vec{v}(t)$

$\Delta\vec{v}$ $\Delta\vec{v}$

$\vec{v}(t+\Delta t)$ $\vec{v}(t+\Delta t)$

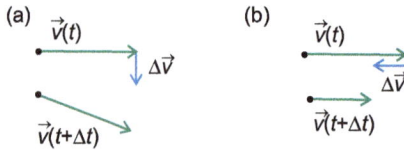

Abb. 1.14: (a) Beschleunigung senkrecht zur Geschwindigkeit ändert die Richtung der Geschwindigkeit; (b) Beschleunigung parallel zur Geschwindigkeit ändert den Betrag der Geschwindigkeit.

Gl. (1.9) gilt folglich das Gleiche auch für den Vektor der Beschleunigung. Kennt man die newtonsche Bewegungsgleichung, kann man dieses Ergebnis deuten: Die Zusatzgeschwindigkeit wird von einer konstanten Kraft verursacht, die nach unten zeigt – der Schwerkraft.

Beschleunigung in Richtung der Bahn und senkrecht dazu

Der Vektor der Zusatzgeschwindigkeit (und damit der Beschleunigung) kann relativ zum Geschwindigkeitsvektor jede beliebige Richtung haben. Die Geschwindigkeitsänderung erfolgt dann in diese Richtung. Es gibt dabei zwei wichtige Spezialfälle:

1. Der Vektor der Beschleunigung kann senkrecht zur momentanen Geschwindigkeitsrichtung stehen. Dann wird die *Richtung* der Geschwindigkeit geändert; ihr Betrag bleibt gleich (Abb. 1.14 (a)). Ein Beispiel für diesen Fall ist die gleichförmige Kreisbewegung. Hier bleibt der Betrag der Geschwindigkeit konstant, aber ihre Richtung ändert sich ständig (vgl. Kapitel 8).
2. Der Vektor der Beschleunigung kann parallel oder antiparallel zur Geschwindigkeitsrichtung stehen. Dann bleibt die Richtung der Geschwindigkeit unverändert; nur ihr *Betrag* ändert sich. Der Körper wird langsamer oder schneller. Abb. 1.14 (b) veranschaulicht eine Situation, in der die Beschleunigung genau entgegengesetzt zur Geschwindigkeit gerichtet ist. Da in diesem Fall die Zusatzgeschwindigkeit der Geschwindigkeit entgegengerichtet ist, wird die Länge des Geschwindigkeitsvektors verändert. Er wird kürzer; das Tempo des Körpers verringert sich.

Wählt man einen Zugang zur Mechanik, in dem nur eindimensionale Probleme betrachtet werden, dann kann der erste Fall nicht behandelt werden, denn er beinhaltet ja gerade eine Richtungsänderung. Es sind dann nur Probleme zugänglich, bei denen die Beschleunigung parallel oder antiparallel zur Geschwindigkeit gerichtet ist. Die Beschleunigung verursacht dann ein „Langsamerwerden" oder „Schnellerwerden" von Körpern. Die Komponente a_x der Beschleunigung in Bewegungsrichtung ist im ersten Fall negativ, im zweiten Fall positiv. Dieser Zugang, in dem Geschwindigkeit und Beschleunigung durch die Beschränkung auf eindimensionale Probleme immer parallel oder antiparallel gerichtet sind, erschwert es Lernenden, zwischen den beiden Begriffen zu differenzieren. Dies ist ein besonders starkes Argument für einen zweidimensionalen Zugang zur Mechanik.

1.4 Mathematische Vertiefung: Bogenlänge und Geschwindigkeit

Die Bogenlänge ist ein Begriff aus der Differentialgeometrie, der in der Mechanik zur Reduktion von dreidimensionalen Problemen auf quasi-eindimensionale höchst nützlich ist. Da wir Kenntnisse aus der Differentialgeometrie nicht voraussetzen wollen, soll im Folgenden ein kurzer Abriss der für die Mechanik nötigen Zusammenhänge gegeben werden. Die Ergebnisse, die in den vorhergehenden Abschnitten bereits benutzt wurden, sollen nun auch mathematisch fundiert werden.

Bogenlänge
Als Bahn eines Körpers setzen wir eine stetige, differenzierbare Kurve $\vec{r}(t) = (x(t), y(t), z(t))$ in drei Dimensionen voraus. Sie wird durch einen zunächst noch ganz beliebigen Parameter t parametrisiert. Gesucht ist die *Bogenlänge*, also die entlang der Kurve gemessene Kurvenlänge. Operational kann man diese Größe dadurch messen, dass man einen Faden entlang der Kurve legt und anschließend die Länge des gespannten Fadens misst. Zu einer mathematischen Beschreibung gelangt man über die in Abb. 1.15 veranschaulichte Approximation über einen einbeschriebenen Polygonzug, dessen Abschnitte beliebig fein gemacht werden können. Seine Länge lässt sich wie folgt erfassen:

$$s = |\Delta\vec{r}_1| + |\Delta\vec{r}_2| + |\Delta\vec{r}_3| + \cdots = \sum_i |\Delta\vec{r}_i|. \tag{1.11}$$

Die letzte Gleichung kann man etwas umschreiben:

$$s = \sum_i \frac{|\Delta\vec{r}_i|}{\Delta t} \cdot \Delta t. \tag{1.12}$$

Im kontinuierlichen Grenzfall wird daraus:

$$s = \int_{t_0}^{t} \left|\frac{d\vec{r}}{dt}\right| dt. \tag{1.13}$$

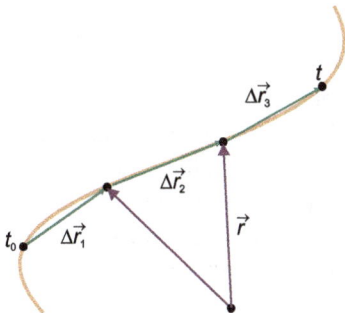

Abb. 1.15: Zur Berechnung der Bogenlänge.

Für den Term in Betragsstrichen führt man die folgende Abkürzung ein, wobei das zweite Gleichheitszeichen aus der Definition des Betrages eines Vektors folgt:

$$v(t) = \left| \frac{d\vec{r}}{dt} \right| = \sqrt{\dot{x}^2(t) + \dot{y}^2(t) + \dot{z}^2(t)}. \tag{1.14}$$

Damit lässt sich die Formel (1.13) für die Bogenlänge wie folgt schreiben:

$$s = \int_{t_0}^{t} v(t')\, dt'. \tag{1.15}$$

Man erkennt, dass die so beschriebene Größe unabhängig von der Parameterwahl ist. Das Integral ist unabhängig von Umskalierungen wie z. B, $t' \rightarrow 2t'$. Damit ist s eine Eigenschaft der Kurve selbst, ihre Bogenlänge.

Betrag der Geschwindigkeit

Die Umkehrung von Gl. (1.15) erfolgt durch Differentiation nach t auf beiden Seiten. Die Differentiation nach der oberen Integralgrenze ergibt den Integranden selbst, und wir erhalten:

$$v(t) = \frac{ds}{dt}. \tag{1.16}$$

Die durch Gl. (1.14) definierte Größe $v(t)$ deckt sich somit mit der physikalischen Geschwindigkeitsdefinition vom Anfang des Kapitels, wenn der Parameter t die Zeit ist. Es wurde schon erwähnt, dass $v(t)$ definitionsgemäß immer größer oder gleich Null ist, so dass es anders als in der Komponentendarstellung „negative Geschwindigkeiten" nicht gibt. Die Geschwindigkeit wird durch ihren Betrag $v(t)$ und ihre Richtung beschrieben.

Durch Vergleich von Gl. (1.14) und Gl. (1.16) lässt sich eine Aussage bestätigen, die wir bereits auf S. 9 verwendet haben. Der Betrag der Geschwindigkeit ergibt sich für beliebige, insbesondere auch dreidimensionale Kurven durch Differentiation der Bogenlänge nach der Zeit. Wir erhalten eine Formel, die wir bereits in Gl. (1.6) vorweggenommen haben:

$$v(t) = \left| \frac{d\vec{r}}{dt} \right| = \frac{ds}{dt}. \tag{1.17}$$

Dieser Zusammenhang erlaubt es, Bewegungen auf gekrümmten Bahnen durch Gleichungen zu beschreiben, die den Formeln für den eindimensionalen Fall entsprechen. Wie das Beispiel des 10.000-m-Laufs zeigt, benutzt man die eindimensionalen Formeln in konkreten Anwendungen in aller Regel ohnehin auf intuitive Weise und ohne sich darüber Rechenschaft über die dargestellten Zusammenhänge abzulegen. Wir werden im Folgenden sehen, dass bei der Beschleunigung mehr Vorsicht geboten ist. Der entsprechende Zusammenhang ist hier etwas komplizierter.

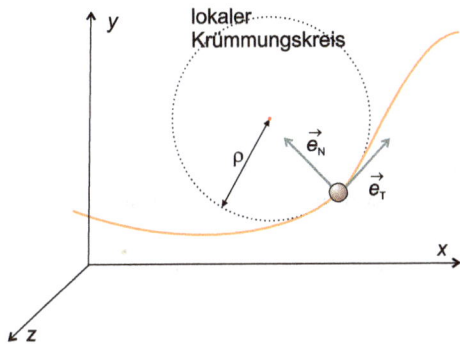

Abb. 1.16: Der Tangentenvektor $\vec{e}_T$ zeigt überall tangential zur Bahn. Der Normalenvektor $\vec{e}_N$ zeigt senkrecht zur Bahn auf den Mittelpunkt der Krümmungskreises an der jeweiligen Stelle der Bahn.

Richtung der Geschwindigkeit

Nach Gl. (1.5) ist der Geschwindigkeitsvektor durch die Gleichung

$$\vec{v} = \frac{d\vec{r}}{dt} \tag{1.18}$$

definiert, und wir haben in Abb. 1.9, dass er nach Definition immer tangential zur Bahn gerichtet ist. Diesen Sachverhalt kann man auch in Formeln wiedergeben. Wir formen dazu Gl. (1.18) folgendermaßen um:

$$\vec{v} = \frac{d\vec{r}}{ds} \cdot \underbrace{\frac{ds}{dt}}_{=v(t)} = \vec{e}_T \cdot v(t). \tag{1.19}$$

Hierbei ist

$$\vec{e}_T = \frac{d\vec{r}}{ds} \tag{1.20}$$

der *Tangentenvektor* an die Bahnkurve (Abb. 1.16). Er ist überall tangential zur Kurve gerichtet und hat die Länge 1. Die letzte Eigenschaft kann man zeigen, indem man Gl. (1.19) auf beiden Seiten durch v dividiert und den Betrag bildet:

$$|\vec{e}_T| = \frac{|\vec{v}|}{v} = \frac{v}{v} = 1. \tag{1.21}$$

Als Fazit lässt sich festhalten, dass man den Geschwindigkeitsvektor immer in der folgenden Form schreiben kann, in der sein Betrag und seine Richtung unmittelbar ersichtlich sind:

$$\vec{v}(t) = v(t) \cdot \vec{e}_T \quad \text{mit } v(t) = \frac{ds}{dt}. \tag{1.22}$$

Beschleunigung

Um einen vergleichbaren Ausdruck für den Vektor der Beschleunigung zu erhalten, ist ein wenig mehr Differentialgeometrie nötig. Deshalb soll hier nur das Ergebnis mitgeteilt werden. Ausführlichere Details finden sich in Abschnitt 14.3 von [14]. Es ergibt sich der folgende Ausdruck:

$$\vec{a}(t) = \dot{v}(t) \cdot \vec{e}_T + \frac{v^2}{\rho} \cdot \vec{e}_N. \tag{1.23}$$

Dabei ist ρ der Radius des lokalen Krümmungskreises der Kurve (Abb. 1.16), und $\vec{e}_N$ ist der Normalenvektor, der an jeder Stelle auf den Mittelpunkt der Krümmungskreise zeigt und die Länge 1 hat. Die Beschleunigung lässt sich also – wie im Zusammenhang mit Abb. 1.14 bereits erläutert – in zwei Komponenten zerlegen. Zum einen in eine tangentiale Komponente, die die Änderung des Tempos beschreibt (Abb. 1.14 (b)):

$$a_T = \dot{v}(t) = \frac{d^2 s}{dt^2}. \tag{1.24}$$

Dies ist das Analogon zur entsprechenden Gl. (1.17) für die Geschwindigkeit. Wie dort schon erwähnt, entspricht die zweite Ableitung der Bogenlänge nach der Zeit *nicht* dem Betrag der Beschleunigung, sondern nur ihrer Tangentialkomponente. Zusätzlich gibt es noch die Normalkomponente der Beschleunigung:

$$a_N = \frac{v^2}{\rho}, \tag{1.25}$$

die wir später im Zusammenhang mit der Kreisbewegung als *Zentripetalbeschleunigung* bezeichnen werden. Sie ist senkrecht zur Bahn gerichtet und nach Abb. 1.14 (a) dafür verantwortlich, dass die Richtung der Geschwindigkeit geändert wird, ohne dass ihr Betrag sich verändert.

2 Das Trägheitsgesetz

2.1 Lernschwierigkeiten bei den Grundgesetzen der Mechanik

Nachdem wir uns in der Kinematik mit der Beschreibung von Bewegungen durch Begriffe wie Ort, Geschwindigkeit und Beschleunigung beschäftigt haben, geht es nun in der *Dynamik* um die Wirkung von Kräften auf die Bewegung von Körpern. Das newtonsche Bewegungsgesetz $\vec{F} = m \cdot \vec{a}$ ist die Grundgleichung der Mechanik, und sie beschreibt den Zusammenhang zwischen Kräften und Bewegung vollständig. Diese Aussage klingt einfach und prägnant. Was das Lernen der Mechanik betrifft, stellt sich allerdings heraus, dass die Sachlage nicht so einfach ist. Dafür gibt es mehrere Ursachen:

1. In fachlicher Hinsicht ist die Grundstruktur der newtonschen Gesetze verwickelt: Zum sind es Definitionsgleichungen für die darin vorkommenden Größen wie Kraft oder Masse. Zum anderen handelt es sich aber auch empirische Gesetzmäßigkeiten, zu deren praktischer Anwendung man die Masse der beteiligten Körper und die Kräfte, die auf sie wirken, bereits kennen muss. Hier scheint ein logischer Zirkelschluss vorzuliegen. Im Bemühen, sich in diesem definitorischen Dickicht zu orientieren, kommt in Schulbüchern und Unterrichtstraditionen oftmals die Verständlichkeit zu kurz.

2. Die Forschung zu Schülervorstellungen zeigt, dass Lernende gerade zu den Grundgesetzen der Mechanik besonders viele und besonders hartnäckige Fehlvorstellungen haben, die das physikalische Verständnis behindern. Das hängt damit zusammen, dass die für das Erfassen der Mechanik eigentlich erforderlichen Grunderfahrungen (zum Beispiel zur kräftefreien Bewegung von Körpern) im Alltag nicht gemacht werden können. Schwerkraft und Reibungskräfte sind allgegenwärtig, und so entsteht etwa die Vorstellung, dass zur Aufrechterhaltung einer Bewegung immer eine Kraft erforderlich ist. Das Absehen von Reibung, das in Aufgabenstellungen im Physikstudium selbstverständliche Praxis ist, erscheint Schülerinnen und Schülern äußerst problematisch und führt in ihren Augen zu idealisierten Modellen, die nichts mehr mit der Wirklichkeit zu tun haben.

Folgerungen für den Unterricht

Was bedeuten diese Feststellungen für das Lernen von Mechanik? Wichtig ist sicherlich ein sorgsamer Umgang mit dem Prozess der physikalischen Modell- bzw. Theoriebildung. Die Grundgesetze der Mechanik sind der Erfahrung nicht ohne Weiteres zu entnehmen. Der Versuch, sie induktiv aus dem Experiment zu erschließen und dabei störende Effekte wie Luftwiderstand und Reibung oberflächlich wegzudiskutieren, hat wenig Aussicht auf Erfolg. Schülerinnen und Schüler verschließen sich einem solchen Zugang oft hartnäckig.

Um ein Verständnis der Wirkung von Kräften auf die Bewegung von Körpern zu erreichen, muss man zunächst untersuchen, wie sich Körper bewegen, wenn *keine*

https://doi.org/10.1515/9783110495812-002

Kräfte auf sie wirken. Das ist der Inhalt des *Trägheitsgesetzes*: Körper bewegen sich geradlinig und gleichförmig, solange keine Kräfte auf sie wirken. Erst wenn diese unanschauliche Einsicht akzeptiert ist, kann die Wirkung von Kräften untersucht werden. Dazu hat es sich als hilfreich herausgestellt, einfache und besonders charakteristische Schlüsselexperimente zu betrachten, wie den zweidimensionalen senkrechten Stoß, den wir in Kapitel 3 betrachten werden. Auf diese Weise kann man verdeutlichen, dass Kräfte eine *Abweichung* von der geradlinig-gleichförmigen Bewegung bewirken, die sich als Zusatzgeschwindigkeit äußert (vgl. Abschnitt 1.3).

2.2 Formulierung des Trägheitsgesetzes

Die Grunderfahrungen, die zum experimentellen Erschließen des Trägheitsgesetzes eigentlich nötig wären, kann man auf der Erde kaum machen. Das ist wohl der Grund, weshalb die Menschheit fast 2000 Jahre gebraucht hat, um das Trägheitsgesetz zu formulieren – so viel Zeit liegt zwischen der der Bewegungslehre des Aristoteles und den Erkenntnissen von Galilei und Newton. Ein gute Gelegenheit, um das Trägheitsgesetz experimentell zu erschließen, wäre der Aufenthalt in einer Raumstation – oder noch besser: im luftleeren Raum außerhalb der Raumstation. Dort lassen sich die folgenden Erfahrungen machen:

1. Ich halte einen Stein in der Hand und öffne die Hand langsam – der Stein bleibt an Ort und Stelle. Er schwebt im Raum.
2. Ich gebe dem Stein einen kleinen Schubs, so dass er sich in Bewegung setzt. Er bewegt sich in einer geraden Linie von mir weg, ohne dass er langsamer oder schneller wird.

Von den Grunderfahrungen zum Trägheitsgesetz

Beim systematischen Experimentieren mit verschiedenen Gegenständen, die mit verschiedenen Geschwindigkeiten in verschiedene Richtungen in Bewegung gesetzt werden, stellt man in der Raumstation immer das Gleiche fest: Sie bewegen sich geradlinig und mit konstanter Geschwindigkeit, bis sie an eine Wand stoßen. Wenn keine Wand vorhanden ist, kommt die Bewegung gar nicht zum Erliegen – weggeworfene Gegenstände bewegen sich geradlinig-gleichförmig vom Beobachter weg, bis sie aus seinem Gesichtsfeld verschwinden.

Durch weiteres Experimentieren stellt man fest, dass sich die Bahnen von Körpern auch beeinflussen lassen. Zum Beispiel ist es möglich, die Bahn eines Tennisballs durch einen Tennisschläger zu beeinflussen. Derartige Einwirkungen, die eine Abweichung von der geradlinig-gleichförmigen Bewegung herbeiführen, nennt man *Kräfte*. Aber diese Abweichungen muss man aktiv herbeiführen; in der Raumstation geschehen sie nicht von selbst.

Ausgehend von solchen Beobachtungen in der Raumstation fiele es nicht schwer, das Trägheitsgesetz als eines der Grundgesetze der Mechanik zu formulieren. Oft wird es in der historischen Formulierung durch Newton angegeben: *„Jeder Körper beharrt in seinem Zustand der Ruhe oder der gleichförmigen geradlinigen Bewegung, wenn er nicht durch einwirkende Kräfte gezwungen wird, seinen Zustand zu ändern."*

Eine kürzere Formulierung mit dem vektoriellen Geschwindigkeitsbegriff ist die folgende:

Trägheitsgesetz: Jeder Körper behält Betrag und Richtung seiner Geschwindigkeit bei, solange keine Kräfte auf ihn wirken.

Veranschaulichung des Trägheitsgesetzes: Voyager und Pioneer

Die Vorstellung, dass eine einmal begonnene Bewegung nicht von selbst wieder zum Erliegen kommt, ist für Schülerinnen und Schüler schwierig zu akzeptieren. Sie widerspricht allen Erfahrungen, die sie im Alltag machen. Um beim Fahrradfahren eine gleichförmige Bewegung aufrecht zu erhalten, muss man ständig in die Pedale treten – sonst bleibt man stehen. Autos brauchen einen Motor, um mit konstanter Geschwindigkeit auf der Autobahn zu fahren. Die Ursache für das Abbremsen der Bewegung sind Luftwiderstand und Reibung, also Kräfte. Reibungskräfte, die Bewegungen abbremsen sind im Alltag allgegenwärtig, und deshalb erleben wir die im Trägheitsgesetz beschriebenen Phänomene normalerweise nicht am eigenen Leib. Dadurch wird es unanschaulich und geradezu unglaubhaft.

Um ein Beispiel für eine Bewegung zu finden, die *nicht* von selbst zum Stillstand kommt, müssen wir die Erde wieder verlassen. Außerhalb der Atmosphäre wird die Erde von Tausenden von Satelliten umkreist. Sie brauchen dazu keinen Antrieb, weil es dort keinen Luftwiderstand gibt, der sie abbremsen würde. Aber auch sie eignen sich nicht zur Verdeutlichung des Trägheitsgesetzes, weil sie nicht kräftefrei sind. Die Gravitationskraft der Erde zwingt sie auf Kreis- oder Ellipsenbahnen um die Erde. Es handelt sich nicht um eine geradlinige Bewegung.

Dagegen können die Raumsonden, die dabei sind, das Sonnensystem zu verlassen, als Beispiele für das Trägheitsgesetz herangezogen werden (Abb. 2.1). Es sind bisher nur fünf. Sie heißen Pioneer 10 und 11, Voyager I und II sowie New Horizons und wurden zwischen 1972 und 1977 bzw. 2006 gestartet. Sie haben das Sonnensystem durchquert und dabei mit spektakulären Fotografien die äußeren Planeten erforscht. Voyager I hat inzwischen eine Entfernung von 21 Milliarden Kilometern von der Erde erreicht und ist damit das am weitesten entfernte menschengemachte Objekt. Seine Geschwindigkeit bezüglich der Sonne beträgt derzeit 17 km/s.

Eine für Schülerinnen und Schüler interessante Frage ist, ob die Raumsonden zur Fortsetzung ihres Fluges noch einen Antrieb brauchen. Hier findet das Trägheitsgesetz seine Anwendung. Die Anziehungskraft der Sonne spielt in einer so großen Entfernung keine Rolle mehr. Weil es auch keine Luftreibung gibt, wirken in guter Nähe-

Abb. 2.1: Die Raumsonde Voyager II.

rung keine Kräfte auf die Raumsonden. Nach dem Trägheitsgesetz bewegen sie sich daher geradlinig-gleichförmig mit unverminderter Geschwindigkeit immer weiter von der Sonne weg. Ein Antrieb ist dazu nicht nötig. Selbst in Millionen von Jahren wird die Geschwindigkeit von Voyager I immer noch 17 km/s betragen.

Nicht zum Antrieb, sondern um die Ausrichtung der Antenne zur Erde stabil zu halten, müssen die Triebwerke manchmal kurz gezündet werden – nur für einen „Puff" von wenigen Tausendstel Sekunden. Am 28. November 2017 wurden dazu zum ersten Mal seit 37 Jahren die Ersatztriebwerke von Voyager I in Betrieb genommen. 39 Stunden nach dem Absenden des Steuerungssignals traf die Bestätigung ein, dass das Manöver funktioniert hat – so lange war das mit Lichtgeschwindigkeit laufende Funksignal hin und zurück unterwegs.

Das Thema Raumsonden ist ein für Schülerinnen und Schüler motivierender Kontext. Weil eine reale Geschichte, eine Erzählung, damit verbunden ist, bietet sich hier die Gelegenheit, authentische Elemente in den Unterricht einzubringen. Zum Beispiel die mitgeführte „*Golden Record*", auf der in Bild und Ton über die Erde und die Menschen berichtet wird oder die immer noch kontinuierlich stattfindende Kommunikation mit den Voyager-Sonden, die mit Technik aus dem Jahr 1977 betrieben werden muss und auf einer eigenen „*Mission Status*"-Webseite dokumentiert wird.

Das Trägheitsgesetz im Straßenverkehr

In Alltagssituationen begegnet uns das Trägheitsgesetz vor allem dort, wo Reibungseffekte vernachlässigbar klein sind – etwa beim Auto- oder Fahrradfahren auf Glatteis. Solange man mit konstanter Geschwindigkeit geradeaus fahren möchte, geht das oft überraschend gut. Nur das Bremsen oder Lenken stößt auf Schwierigkeiten. Das Trägheitsgesetz erklärt, warum das so ist: Lenken oder Bremsen bedeuten eine Abweichung von der geradlinig-gleichförmigen Bewegung. Dazu sind Kräfte nötig, die aber zwischen Reifen und Eis nicht wirken können – das Fahrzeug rutscht ungebremst geradeaus weiter.

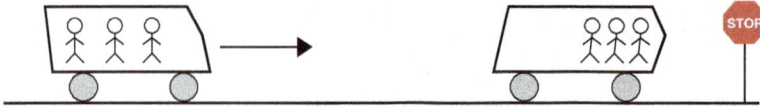

Abb. 2.2: Trägheitsgesetz beim Abbremsen eines Busses.

Auch bei ruckartigen Bremsvorgängen lassen sich die Auswirkungen des Trägheitsgesetzes beobachten. Wenn zum Beispiel ein Bus unerwartet schnell bremst, kippen
die stehenden Fahrgäste nach vorn. Um diesen Effekt zu verstehen, denken wir uns
zunächst den Innenboden des Busses mit einer spiegelglatten Oberfläche belegt. Der
Bus ändert beim Bremsen seine Geschwindigkeit, er kommt zum Stehen. Da auf die
Passagiere in horizontaler Richtung keine Kraft wirkt (denn der Boden ist ja spiegel-
glatt), bewegen sie sich geradlinig-gleichförmig weiter. Die Bewegung kommt erst zum
Stillstand, wenn sie von der Vorderwand des Busses abgebremst werden (Abb. 2.2). Da
aber der Boden in Wirklichkeit doch nicht spiegelglatt ist, wirkt zwischen Boden und
Füßen eine Haftreibungskraft. Vom Standpunkt des Trägheitsgesetzes lässt sich das
Umkippen der Fahrgäste wie folgt erklären: Der Oberkörper, auf den zunächst keine
Kräfte wirken, bewegt sich wie zuvor beschrieben geradlinig-gleichförmig weiter. Da
die Füße aber durch die Haftreibung abgebremst werden, bleiben sie hinter dem rest-
lichen Körper zurück – die Person kippt um. Diese Situation lässt sich im Unterricht
mit Hilfe eines Fahrbahnversuchs verdeutlichen:

Experiment 2.1: Eine Spielzeugfigur wird auf einen Experimentierwagen gestellt (Abb. 2.3). Auf der
Fahrbahn fährt der Wagen gegen ein Hindernis. Das Männchen kippt um oder fällt nach vorn vom Wagen.

Auch das Thema Sicherheitsgurte eignet sich zur Verdeutlichung des Trägheitsgesetzes. Fährt das Auto gegen ein Hindernis, kommt es plötzlich zum Stillstand. Ein nicht
angeschnallter Fahrer bewegt sich geradlinig-gleichförmig weiter, bis er durch den
Aufprall auf das Lenkrad oder die Windschutzscheibe abrupt gebremst wird und sich

Abb. 2.3: Fahrbahnversuch
zum Trägheitsgesetz.

dabei lebensgefährlich verletzen kann. Durch einen Sicherheitsgurt wird der Fahrer am Sitz „befestigt", so dass er zusammen mit dem Auto etwas weniger heftig abgebremst wird. Sicherheitseinrichtungen wie Knautschzone, Airbag und elastische Sicherheitsgurte können die auf den Körper wirkenden Kräfte noch zusätzlich verringern. Ausführlich werden diese Zusammenhänge in [14] dargestellt.

Irreführende Trägheitskonzepte

In der Schulbuchliteratur gibt es eine ganze Reihe von Versuchen (z. B. der „Tischdeckenversuch", „Die träge Münze fällt ins Glas" oder „Welche Schnur reißt als erstes"), die vorgeblich das Trägheitsgesetz illustrieren, tatsächlich aber mit der oben angegebenen Aussage über die kräftefreie Bewegung wenig gemein haben. Exemplarisch wird im Folgenden der Tischdeckenversuch analysiert, um zu zeigen, dass zu seiner Erklärung das newtonsche Trägheitsgesetz weder erforderlich noch hilfreich ist.

Experiment 2.2 (Tischdeckenversuch): Ein Becher wird auf einen Tisch mit einer glatten Tischdecke 🔍 gestellt. Die Tischdecke liegt dabei nicht ganz auf dem Tisch, sondern so, dass der Becher nahe an ihrem Rand steht. Zieht man langsam an der Tischdecke, dann bewegt sich der Becher mit. Wenn man aber schnell an der Tischdecke zieht, kann man sie unter dem Becher hinwegziehen, ohne dass er vom Tisch fällt.

Meist wird das Versuchsergebnis mit der „Trägheit des Bechers" erklärt – so als ob Trägheit eine Eigenschaft von Körpern wäre, die größer oder kleiner sein kann. Eine alternative Vorstellung ist die von der Trägheit, die „überwunden" werden muss, bevor sich Körper in Bewegung setzen. Beim schnellen Ziehen – so heißt es – reiche die Zeit nicht aus, um die Trägheit der Gegenstände auf dem Tisch zu überwinden und sie zu bewegen.

Physikalische Erklärung des Tischdeckenversuchs: Zur Erklärung des Versuchs werden das newtonsche Bewegungsgesetz $F = m \cdot a$ und die Gesetze der Haft- und Gleitreibung benötigt (Abschnitt 5.6). Um die Situation überschaubar zu halten, nehmen wir in einer Vorüberlegung an, dass der Becher auf der Tischdecke festgeklebt ist, so dass er auf jeden Fall mit ihr mitbewegt wird. Das schnelle oder langsame Ziehen an der Tischdecke bewirkt eine Beschleunigung des Bechers. Beim langsamen Ziehen ist die Beschleunigung klein, beim schnellen Ziehen ist sie groß. Das newtonsche Bewegungsgesetz gibt den Zusammenhang zwischen der Beschleunigung (die in diesem Fall vorgegeben ist) und der Kraft an, die während des Beschleunigens auf den Becher wirkt. Bei unserer Vorüberlegung ist es der Klebstoff, der die Kraft zwischen Tischdecke und Becher überträgt.

Kommen wir nun zum eigentlichen Tischdeckenversuch ohne Klebstoff zurück. Der Erklärungsansatz bleibt der gleiche, nur ist es jetzt die Haftreibungskraft zwischen Becher und Tischdecke, die den Becher beschleunigt. Die Haftreibungskraft hat aber die Eigenheit, einen bestimmten Maximalwert, der von den beteiligten Materialien abhängt, nicht übersteigen zu können. Wenn dieser Maximalwert überschritten ist, kommt es zu einer Relativbewegung zwischen Becher und Tischdecke, und nur noch die geringere Gleitreibungskraft wirkt zwischen den beiden Körpern. Man kann dies einfach nachvollziehen, indem man versucht, den Becher auf der Tischdecke mit dem Finger in Bewegung zu versetzen.

Beim langsamen Ziehen an der Tischdecke bleibt alles wie zuvor: Die Beschleunigung ist klein, so dass nach $F = m \cdot a$ auch die Kraft zwischen Becher und Tischdecke klein ist und die maximale Haftreibungskraft nicht überschritten wird. Der Becher setzt sich in Bewegung. Beim schnellen Ziehen an der Tischdecke ist dagegen die Beschleunigung der Tischdecke so groß, dass die Kraft, die zum Mitbeschleunigen des Bechers nötig wäre, die maximale Haftreibungskraft überschreitet. Infolgedessen setzt sich der Becher nicht in Bewegung, sondern bleibt an seinem Platz stehen (tatsächlich wird er von der kleineren Gleitreibungskraft doch ein klein wenig beschleunigt und von seinem Platz bewegt).

In dieser physikalischen Erklärung kommt das Wort Trägheit nicht vor. Auch wird vom newtonschen Trägheitsgesetz kein Gebrauch gemacht. Stattdessen werden die newtonsche Bewegungsgleichung und die Gesetze der Reibung in einer ziemlich komplexen Argumentation verwendet (in der Tat sind die physikalischen Diskussionsforen im Internet voll mit gescheiterten oder sehr zweifelhaften Erklärungsversuchen zum Tischdeckenversuch). Es erscheint daher verfehlt, dieses Experiment zur Illustration des Trägheitsgesetzes zu verwenden [21].

Selbst Fachleute verwenden den Begriff „Trägheit" – insbesondere in Kombination mit dem Verb „überwinden" – in einer Weise, die bei Schülerinnen und Schülern fast zwangsläufig zu Fehlvorstellungen führt [18]. Häufig kommen dazu anthropomorphe Formulierungen (Trägheit bedeutet, dass sich Körper dagegen „wehren", beschleunigt zu werden), und oft wird sogar von zu überwindenden „Trägheitskräften" gesprochen. Alle diese Formulierungen haben keinen Platz in einer systematischen Darstellung der Mechanik, in der angestrebt werden sollte, mit dem Wort „Trägheit" nicht ein ganzes Bündel von vage definierten Konzepten, sondern nur einen einzigen Sachverhalt zu beschreiben: die geradlinig-gleichförmige Bewegung kräftefreier Körper. Andere Aspekte werden besser, verständlicher und präziser durch andere Begriffe erfasst – zum Beispiel die Eigenschaft von Körpern, einer Beschleunigung „einen Widerstand entgegenzusetzen" durch den Massebegriff.

2.3 Bezugssysteme

Für viele ist es verblüffend, dass das Trägheitsgesetz nicht zwischen Ruhe und Bewegung unterscheidet. Im Alltagsverständnis handelt es sich um zwei verschiedene Kategorien. Vom Standpunkt des Trägheitsgesetzes ist die Ruhe einfach ein Spezialfall der gleichförmigen Bewegung mit der Geschwindigkeit null. Entscheidend ist, dass ein in Ruhe befindlicher Körper *unbeschleunigt* ist. Unterschieden wird nämlich zwischen beschleunigten Bewegungen (bei denen eine Kraft wirkt) und unbeschleunigten Bewegungen einschließlich der Ruhe (der kräftefreie Fall).

Schon Galilei erkannte, dass zwischen Ruhe und gleichförmiger Bewegung kein grundsätzlicher Unterschied besteht. In seinem „Dialog über die beiden hauptsächlichsten Weltsysteme" von 1632 schreibt er:

Schließt Euch in Gesellschaft eines Freundes in einen möglichst großen Raum unter dem Deck eines großen Schiffes ein. Verschafft Euch dort Mücken, Schmetterlinge und ähnliches fliegendes Getier; sorgt auch für ein Gefäß mit Wasser und kleinen Fischen darin; hängt ferner oben einen kleinen Eimer auf, welcher tropfenweise Wasser in ein zweites enghalsiges darunter gestelltes Gefäß träufeln lässt. Beobachtet nun sorgfältig, solange das Schiff stille steht, wie die fliegenden Tierchen mit der nämlichen Geschwindigkeit nach allen Seiten des Zimmers fliegen. Man wird sehen, wie die Fische ohne irgendwelchen Unterschied nach allen Richtungen schwimmen; die fallenden Tropfen werden alle in das untergestellte Gefäß fließen. Wenn Ihr Eurem Gefährten einen Gegenstand zuwerft, so braucht Ihr nicht kräftiger nach der einen als nach der anderen Richtung zu werfen, vorausgesetzt, dass es sich um gleiche Entfernungen handelt. Wenn Ihr, wie man sagt, mit gleichen Füßen einen Sprung macht, werdet Ihr nach jeder Richtung hin gleich weit gelangen. Achtet darauf, Euch aller dieser Dinge sorgfältig zu vergewissern, wiewohl kein Zweifel obwaltet, dass bei ruhendem Schiffe alles sich so verhält. Nun lasst das Schiff mit jeder beliebigen Geschwindigkeit sich bewegen: Ihr werdet – wenn nur die Bewegung gleichförmig ist und nicht hier- und dorthin schwankend – bei allen genannten Erscheinungen nicht die geringste Veränderung eintreten sehen. Aus keiner derselben werdet Ihr entnehmen können, ob das Schiff fährt oder stille steht.

Ohne ein Wort dafür zu besitzen, bringt Galilei in seiner Argumentation ein sehr modernes Element ins Spiel: den Begriff des *Bezugssystems*. Er bezieht seine Argumentation auf das Innere eines Schiffes, das (gegenüber dem Ufer) gleichförmig bewegt ist – nicht etwa auf einen „ruhenden" Beobachter, der die Vorgänge vom Ufer oder von einem vor Anker liegenden Boot aus sieht (Abb. 2.4). Auf dieses Schiff, auf die Maßstäbe und Uhren, die er in seinem Inneren zur Beschreibung der Bewegungen verwendet, bezieht er die Aussagen über seine Experimente. Dabei ist ihm klar, dass sich die Beschreibung im „Schiffssystem" von derjenigen im „Ufersystem" unterscheidet. Ein Körper, der bezüglich des Schiffs ruht, bewegt sich gegenüber dem Ufer (nämlich mit der Geschwindigkeit des Schiffes). Galilei zu Ehren wird die Umrechnung der Koordinaten von einem Bezugssystem (t, x) in ein anderes, dazu gleichförmig bewegtes Bezugssystem (t', x') als *Galilei-Transformation* bezeichnet:

$$x' = x + v \cdot t, \quad t' = t.$$

In der speziellen Relativitätstheorie wird sie von der *Lorentz-Transformation* abgelöst.

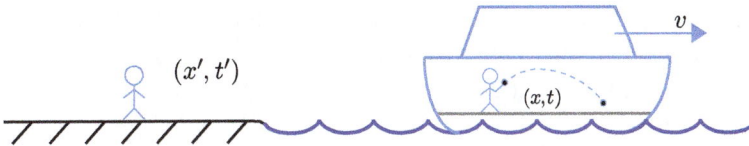

Abb. 2.4: Verschiedene Beobachter definieren unterschiedliche, aber gleichberechtigte Bezugssysteme.

Relativitätsprinzip und Inertialsysteme

Für Galilei ist das Bezugssystem „Schiff" mit dem Bezugssystem „Ufer" nicht nur gleichberechtigt. Seine Aussage geht sogar noch weiter: Er sagt, dass er keinen Unterschied in den physikalischen Gesetzen finden kann, wenn die Beschreibung auf das „bewegte" statt auf das „ruhende" Bezugssystem bezogen wird. In allen Bezugssystemen, die sich mit konstanter Geschwindigkeit relativ zueinander bewegen, haben die Gesetze der Mechanik die gleiche Gestalt. Diese Aussage wird als *galileisches Relativitätsprinzip* bezeichnet.

Präzise formulieren lässt sich das Relativitätsprinzip mit dem Begriff des *Inertialsystems*. Er bezeichnet unbeschleunigte und nichtrotierende Bezugssysteme (in Kapitel 4 werden wir uns genauer mit diesem Begriff befassen). Das Relativitätsprinzip lautet dann wie folgt:

Relativitätsprinzip: Alle Inertialsysteme sind gleichwertig. Experimente, die in gleicher Weise in verschiedenen Inertialsystemen ausgeführt werden, liefern in jedem Inertialsystem das gleiche Ergebnis.

Es ist also unmöglich – und das ist gerade die Aussage von Galilei – mit Hilfe von Experimenten ein Inertialsystem von einem anderen zu unterscheiden. Diese Aussage hat weitreichende Konsequenzen, was den oben angesprochenen Unterschied von Ruhe und Bewegung anbelangt. Nach dem Relativitätsprinzip kann es auf keine Weise gelingen, mit Hilfe mechanischer Experimente ein Bezugssystem als „ruhend" auszuzeichnen. Ruhe gibt es nur relativ zu einem bestimmten Bezugssystem (daher hat die Relativitätstheorie ihren Namen). Und da kein Inertialsystem vor einem anderen ausgezeichnet ist, lässt sich auch kein absoluter Begriff der Ruhe definieren. Ein Körper, der für einen Beobachter in Galileis Schiff ruht, bewegt sich für einen Beobachter am Ufer. Keiner von beiden hat mehr recht als der andere – zwischen Ruhe und Bewegung gibt es keinen fundamentalen Unterschied.

Für Einstein war das Relativitätsprinzip eine der beiden Grundannahmen bei der Formulierung der Relativitätstheorie (die andere war die Unabhängigkeit der Lichtgeschwindigkeit vom Bezugssystem). Er hat das Relativitätsprinzip zweimal erweitert: zum einen dahingehend, dass nicht nur die Gesetze der Mechanik in allen Inertialsystemen die gleiche Gestalt haben sollen, sondern alle physikalischen Gesetze. Die zweite Erweiterung erfolgte in der allgemeinen Relativitätstheorie: Nun sollte das Relativitätsprinzip nicht nur für Inertialsysteme, sondern auch für beliebig beschleunigte und rotierende Bezugssysteme gelten. Daraus erwuchs dann eine Theorie der Gravitation, die bis heute ihre Gültigkeit behalten hat.

3 Das newtonsche Bewegungsgesetz – ein lernwirksamer Zugang

3.1 Kraft und Zusatzgeschwindigkeit

Das Trägheitsgesetz ist die Voraussetzung für das Verständnis des newtonschen Bewegungsgesetzes. Es beschreibt die kräftefreie Bewegung von Körpern als geradlinig und gleichförmig. Dafür, dass ein Körper sich geradlinig-gleichförmig bewegt, muss keine Ursache angegeben werden; insbesondere ist dazu keine Kraft nötig. Es ist eine häufige Schülervorstellung, dass eine Kraft in Bewegungsrichtung zum Aufrechterhalten jeder Bewegung erforderlich ist, dass jede Bewegung zum Erliegen kommt, wenn diese Kraft wegfällt [18]. Wer solchen Vorstellungen anhängt, kann die Aussage des newtonschen Bewegungsgesetzes nicht verstehen.

Was aber bewirken Kräfte tatsächlich? Das newtonsche Bewegungsgesetz besagt: Eine Kraft, die auf einen Körper wirkt, bewirkt eine *Abweichung* von der geradlinig-gleichförmigen Bewegung. Dies äußert sich in einer *Änderung* der Geschwindigkeit und lässt sich mit dem Begriff der Zusatzgeschwindigkeit aus Abschnitt 1.3 beschreiben. Die newtonsche Bewegungsgleichung gibt an, wie Kraft und Zusatzgeschwindigkeit zusammenhängen. Im Folgenden soll dieser Zusammenhang in einer Reihe von Experimenten und Überlegungen erarbeitet werden.

Die moderne Fachdidaktik plädiert bei der Herausarbeitung der newtonschen Bewegungsgleichung für einen zweidimensionalen Zugang. Bereits in den 1970er Jahren wurde von Jung ein Schlüsselexperiment für den Zusammenhang zwischen Kraft und Zusatzgeschwindigkeit identifiziert: der Stoß einer rollenden Kugel senkrecht zur Bewegungsrichtung (Abb. 3.1). Auf diesem Schlüsselexperiment baut der zweidimensionale Zugang zur Mechanik von Wiesner und anderen auf [20], der in empirischen Untersuchungen umfassend evaluiert wurde. Dabei zeigte er sich traditionellen Ansätzen in Bezug auf das Grundverständnis der newtonschen Bewegungsgleichung deutlich überlegen [19].

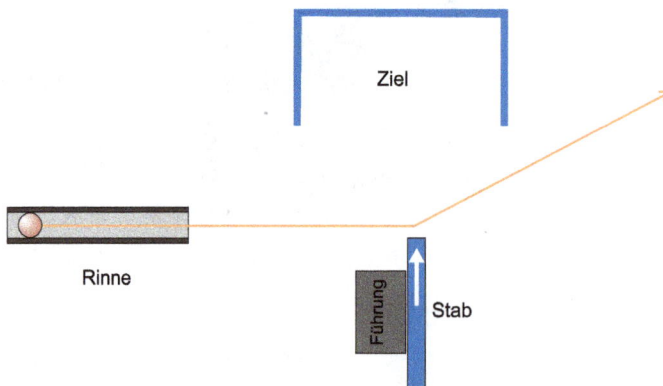

Abb. 3.1: Das Schlüsselexperiment zum newtonschen Bewegungsgesetz – der senkrechte Stoß einer Kugel in zwei Dimensionen.

https://doi.org/10.1515/9783110495812-003

Abb. 3.2: Die halbhohe Hereingabe von der Seite als Beispiel für einen senkrechten Stoß.

Zusatzgeschwindigkeit beim Fußball

Das Fußballspiel erlaubt einen alltagsbezogenen, kontextorientierten Einstieg in das Thema zweidimensionaler senkrechter Stoß. Es gibt dabei einige Situationen, in denen auf den Ball kurzzeitig eine Kraft senkrecht zu seiner momentanen Bewegungsrichtung wirkt: die halbhohe Hereingabe von der Seite (Abb. 3.2), die mit dem Spann angenommen wird, der Fallrückzieher oder ein Kopfball nach einer hohen Flanke von der Seite. Wichtig ist, dass der Ball in allen drei Fällen nicht über eine längere Strecke geführt wird, sondern dass nur kurzzeitig eine Kraft mit dem Spann oder dem Kopf auf ihn ausgeübt wird.

Die Ausgangsfrage ist: Warum ist es viel einfacher, einen Elfmeter platziert in Richtung Tor zu schießen, als eine halbhohe seitliche Hereingabe direkt zu verwandeln? Die meisten Fußballer schaffen es, beim Elfmeter den Ball sicher in Richtung Tor zu schießen. Eine seitliche Hereingabe ist direkt anzunehmen, ist dagegen auch für Profifußballer schwierig. Oft geht der dabei Ball am Tor vorbei. Um herauszufinden, woran das liegt, werden die beiden Situationen experimentell in einem Modellversuch untersucht.

Experiment 3.1 (Vergleich von Elfmeter und seitlicher Hereingabe): Auf dem Experimentiertisch wird eine Anordnung wie in Abb. 3.3 aufgebaut. Ein eingespannter Holzblock dient als Führung; mit einem zweiten Holzblock wird die Stahlkugel gestoßen. Im Versuchsteil (a) wird der Elfmeter simuliert. Es gelingt immer, die ruhende Kugel ins Tor zu stoßen. Bei der seitlichen Hereingabe (Versuchsteil (b)) erhält die Kugel durch eine schräge Rinne eine Anfangsgeschwindigkeit. Wieder wird sie in Richtung Tor gestoßen. Sie rollt jedoch nicht ins Tor, sondern rechts daran vorbei.

Für viele Schülerinnen und Schüler kommt das Ergebnis von Versuchsteil (b) überraschend. Sie sind nämlich der Ansicht, dass eine Kraft eine Bewegung *in Kraftrichtung*

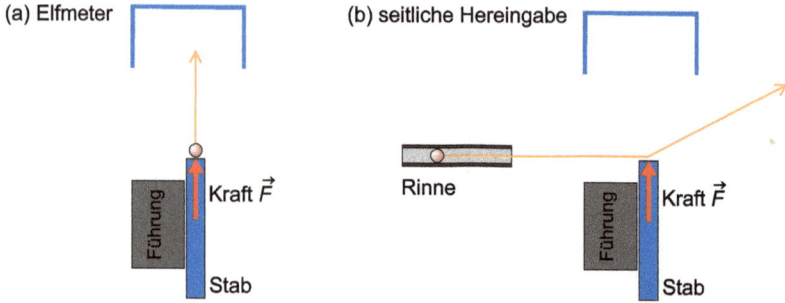

Abb. 3.3: Vergleich von Elfmeter und seitlicher Hereingabe.

hervorrufen müsse. Sie glauben, um mit den Ball ins Tor zu treffen, müsse man eine Kraft in Richtung Tor auf ihn ausüben.

Beim Elfmeter stimmt das auch. Hier ruht der Ball zu Anfang des Experiments und eine Kraft in Richtung Tor setzt ihn in Richtung Tor in Bewegung. Bei der seitlichen Hereingabe wird ebenfalls eine Kraft in Richtung Tor auf den Ball ausgeübt. Aber er bewegt sich danach nicht in Richtung Tor. Die Bewegungsrichtung nach dem Stoß entspricht *nicht* der Kraftrichtung. Woran liegt das? Analysieren wir zuerst diese zweite, scheinbar komplexere Situation genauer.

Anfangsgeschwindigkeit und Zusatzgeschwindigkeit

Wenn der Ball von der Seite hereingeflankt wird, hat er eine Anfangsgeschwindigkeit $\vec{v}_{vor}$. Die grundlegende Aussage des newtonschen Bewegungsgesetzes ist: Die Kraft ändert die Geschwindigkeit der Kugel. Sie verursacht eine *Zusatzgeschwindigkeit*. Zur vorhandenen Anfangsgeschwindigkeit kommt die durch die Kraft verursachte Zusatzgeschwindigkeit $\Delta\vec{v}$ hinzu. Die Summe beider Anteile ist die Endgeschwindigkeit (Abb. 3.4): $v_{nach} = v_{vor} + \Delta\vec{v}$. An dieser Stelle liegt die Ursache der Fehlvorstellung: Das newtonsche Bewegungsgesetz stellt keinen Zusammenhang zwischen Kraft und *End*geschwindigkeit her, sondern zwischen Kraft und *Zusatz*geschwindigkeit.

Die Bewegung nach dem Stoß setzt sich somit aus zwei Anteilen zusammen: der ursprünglichen Anfangsgeschwindigkeit und der durch die Kraft verursachten Zusatzgeschwindigkeit. Damit lässt sich eine erste, qualitative Fassung des newtonschen Bewegungsgesetzes formulieren.

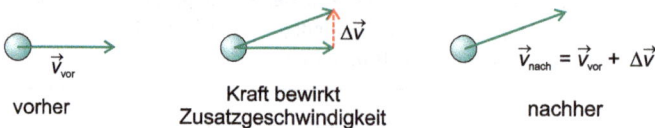

Abb. 3.4: Eine Kraft verursacht eine Zusatzgeschwindigkeit.

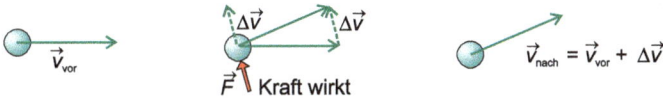

Abb. 3.5: Konstruktion der Endgeschwindigkeit.

Eine Kraft die auf einen Körper ausgeübt wird, bewirkt eine *Änderung* seiner Geschwindigkeit. Der Körper erhält eine **Zusatzgeschwindigkeit** in Kraftrichtung. Seine Endgeschwindigkeit $\vec{v}_{nach}$ ergibt sich, indem die Zusatzgeschwindigkeit $\Delta\vec{v}$ zur Anfangsgeschwindigkeit $\vec{v}_{vor}$ addiert wird (Abb. 3.5):

$$\vec{v}_{nach} = \vec{v}_{vor} + \Delta\vec{v}. \tag{3.1}$$

Diese Sichtweise auf die Wirkung einer Kraft steht im Gegensatz zu der bereits erwähnten Schülervorstellung, dass der Ball sich nach der Krafteinwirkung in Kraftrichtung bewegen müsse. Nach dieser Vorstellung würde die anfänglich vorhandene Bewegung nach der Krafteinwirkung durch die neue Bewegung gewissermaßen „ersetzt". Solche Situationen gibt es im Fußball ja wirklich: wenn man den Ball zuerst stoppt (wozu der Fuß eine Kraft auf den Ball ausüben muss) und dann weiterspielt (dazu ist eine weitere Kraft auf den Ball nötig).

Elfmeter

Wie aber lässt sich der erste Versuchsteil verstehen? Beim Elfmeter bewegt sich der Ball nach dem Schuss doch in Richtung der Kraft? Es handelt sich hier um einen Spezialfall: Vor der Krafteinwirkung ruht der der Ball. Die Anfangsgeschwindigkeit $\vec{v}_{vor}$ ist null. Dass bedeutet nach Gl. (3.1), dass die Endgeschwindigkeit gleich der Zusatzgeschwindigkeit ist und damit auch deren Richtung hat. So kommt es, dass die Endgeschwindigkeit die Richtung der Kraft hat. Für das Lernen der newtonschen Bewegungsgleichung ist es ungünstig, dass es im Alltag häufig Situationen gibt, wo wir Kräfte auf vorher ruhende Körper ausüben. Mit bewegten Körpern haben wir es dagegen seltener zu tun. Unsere Alltagserfahrungen mit bewegungsändernden Kräften beziehen sich häufig auf den Spezialfall anfänglich ruhender Körper, und entsprechend entwickeln wir Vorstellungen zur Wirkung von Kräften, die für den allgemeinen Fall nicht haltbar sind.

Dass eine Kraft tatsächlich eine Zusatzgeschwindigkeit erzeugt und nicht nur etwa eine Richtungsänderung (bei konstantem Geschwindigkeitsbetrag) bewirkt, zeigt das folgende Experiment:

Experiment 3.2: Der Versuchsaufbau aus Abb. 3.1 wird durch eine zweite Kugel ergänzt, die parallel zur ersten Kugel mit gleicher Geschwindigkeit läuft (Abb. 3.6). Nur die erste Kugel wird gestoßen, die zweite läuft ungestört weiter. Die beiden Kugeln treffen sich. Das bedeutet: Durch den Stoß in *y*-Richtung hat sich die Geschwindigkeit der ersten Kugel in *x*-Richtung nicht geändert. Es ist lediglich eine Zusatzgeschwindigkeit in *y*-Richtung dazugekommen.

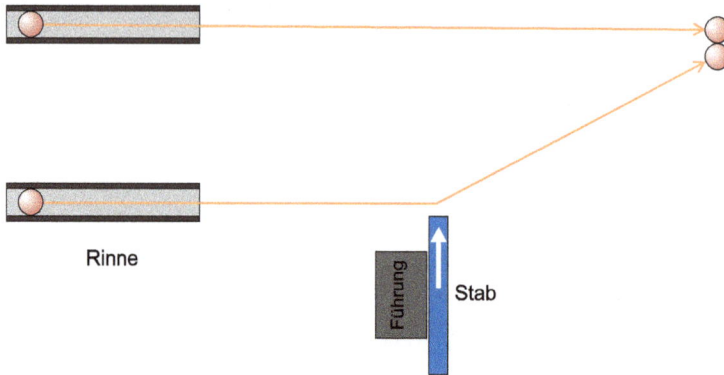

Abb. 3.6: Zur ursprünglichen Bewegung in *x*-Richtung kommt eine Zusatzgeschwindigkeit in *y*-Richtung dazu. Die beiden Kugeln treffen sich.

Wie man ins Tor trifft

Wie Experiment 3.1 vor Augen führt, geht der Ball bei der seitlichen Hereingabe nicht ins Tor, wenn man direkt auf das Tor zielt. Auf welche Weise man zielen muss, um ins Tor zu treffen, lässt sich anhand von Abb. 3.7 zeigen:

1. Der Ball kommt von der Seite mit der Anfangsgeschwindigkeit $\vec{v}_{vor}$. Wir zeichnen $\vec{v}_{vor}$ als Vektorpfeil ein

2. Nach dem Stoß soll seine Endgeschwindigkeit in Richtung Tor zeigen. Wir zeichnen auch $\vec{v}_{nach}$ ein.

3. Der Vektorpfeil für $\Delta\vec{v}$ wird nun so konstruiert, dass er die Spitzen von $\vec{v}_{vor}$ und $\vec{v}_{nach}$ verbindet. Auf diese Weise wird die Vektoraddition $v_{nach} = v_{vor} + \Delta\vec{v}$ geometrisch dargestellt.

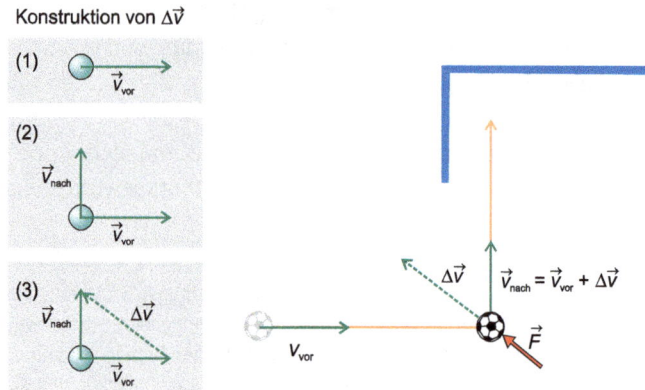

Abb. 3.7: Konstruktion der Zusatzgeschwindigkeit.

4. Die Richtung von $\Delta\vec{v}$ zeigt die Richtung an, in der die Kraft wirken muss, um den Ball ins Tor umzulenken. Abb. 3.7 zeigt, dass der Fußballspieler in der hier beschriebenen Situation deutlich links neben das Tor zielen muss.

Mit der hier gezeigten Konstruktion kann man die Richtung der Kraft bestimmen, die zum Torschuss notwendig ist. Um auch den Betrag angeben zu können, benötigen wir eine Beziehung zwischen Kraft und Zusatzgeschwindigkeit. Das newtonsche Bewegungsgesetz stellt diese Beziehung her.

3.2 Das newtonsche Bewegungsgesetz

Mit den bisherigen Überlegungen haben wir die Richtung der Zusatzgeschwindigkeit bestimmt. Wir haben gezeigt, dass Kraft und Zusatzgeschwindigkeit die gleiche Richtung haben. Nun wollen wir heuristisch plausibel machen, welche Faktoren den Betrag der Zusatzgeschwindigkeit bestimmen und diese Hypothesen anschließend im Experiment überprüfen.

Kraft und Zusatzgeschwindigkeit

Eine Vermutung, die sich sofort aufdrängt: Je größer die Kraft, umso größer ist auch die Zusatzgeschwindigkeit. Der Zusammenhang erscheint offensichtlich. Da wir aber in Bezug auf die Wirkung von Kräften inzwischen schon öfter von unseren Alltagsvorstellungen in die Irre geführt worden sind, sollten wir diese Vermutung quantitativ im Experiment überprüfen.

Einwirkdauer und Zusatzgeschwindigkeit

Ebenso ist es plausibel, dass die Zusatzgeschwindigkeit umso größer ist, je länger die gleiche Kraft auf den Körper einwirkt. Ein Gedankenexperiment, das diese Überlegung illustriert, ist in Abb. 3.8 dargestellt (bei der Umsetzung im realen Experiment ist es bei dieser Anordnung schwierig, die Kraft tatsächlich konstant zu halten).

Masse und Zusatzgeschwindigkeit

Es gibt noch einen weiteren Faktor, der die Größe der Zusatzgeschwindigkeit beeinflusst. Experimentell stellt man fest, dass verschiedene Körper durch die gleiche einwirkende Kraft in unterschiedlicher Weise abgelenkt werden. Diese Eigenschaft der Körper, die dafür sorgt, dass die gleiche Kraft unter sonst gleichen Bedingungen unterschiedliche Zusatzgeschwindigkeiten verursacht, nennt man *Masse*. Beispielsweise sind die erzielten Weiten beim Kugelstoßen viel geringer als beim Ballwurf. Bei gleicher Kraft und gleicher Einwirkdauer erhält die Kugel eine geringere Zusatzgeschwindigkeit als der Ball, denn ihre Masse ist größer.

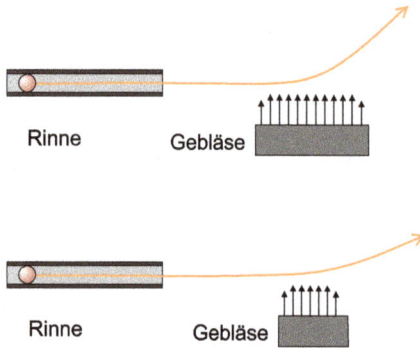

Abb. 3.8: Wirkt die gleiche Kraft für eine längere Zeit auf einen Körper, so ist die Zusatzgeschwindigkeit größer.

Träge und schwere Masse

Der Begriff Masse ist schon aus einem anderen Zusammenhang bekannt: Die Gravitationskraft, die zwischen zwei Körpern (z. B. einem Ball und der Erde) wirkt, ist proportional zu ihrer Masse. Die beiden Massebegriffe scheinen nichts miteinander zu tun zu haben. Der Zusammenhang zwischen Kraft und Zusatzgeschwindigkeit ist logisch völlig unabhängig von jeglichen Fragen der Gravitation. Deshalb unterscheidet man strenggenommen zwei Massebegriffe, die diese beiden Aspekte beschreiben: die *träge* Masse und die *schwere* Masse. Empirisch stellt sich heraus, dass schwere und träge Masse immer gekoppelt sind: Schwerere Körper lassen sich auch nur durch größere Kräfte aus ihrer Bahn ablenken. Es treten keine Widersprüche zum Experiment auf, wenn man träge und schwere Masse miteinander identifiziert und sie als eine einzige Größe ansieht, die Masse.

Bei der Entwicklung der allgemeinen Relativitätstheorie war für Einstein die Identität von träger und schwerer Masse zentral. Sie hat zur Folge, dass alle Körper unter Einfluss der Gravitation die gleichen Bahnen beschreiben, unabhängig von ihrer Masse (Äquivalenzprinzip). Dieser Umstand erlaubte es Einstein, die Gravitation nicht als Kraft anzusehen, sondern geometrisch zu interpretieren, als gekrümmte Raum-Zeit.

Formulierung des newtonschen Bewegungsgesetzes

Wir haben nun durch heuristische Plausibilitätsüberlegungen drei Faktoren identifiziert, die die Größe der Zusatzgeschwindigkeit beeinflussen. Wir formulieren sie zunächst als je-desto-Beziehungen:

1. Je größer die Kraft, desto größer die Zusatzgeschwindigkeit.
2. Je länger die Kraft einwirkt, umso größer die Zusatzgeschwindigkeit.
3. Je größer die Masse, umso kleiner die Zusatzgeschwindigkeit.

Wenn wir versuchen, diese Abhängigkeiten quantitativ in einer einzigen Gleichung zusammenzufassen, nehmen wir zunächst die einfachste funktionale Form an und gehen von Proportionalität oder Antiproportionalität aus. Diese Annahme muss natürlich experimentell überprüft werden. Wir nehmen weiterhin an, dass wir mit der obigen Liste bereits alle Einflussfaktoren gefunden haben. Dann können wir unsere experimentell zu überprüfende Hypothese für die Größe der von einer Kraft verursachten Zusatzgeschwindigkeit wie folgt formulieren:

$$\Delta v = \frac{F \cdot \Delta t}{m}, \tag{3.2}$$

wobei m die Masse und Δt die Zeitspanne der Krafteinwirkung ist. Die vermuteten Proportionalitäten legen Gl. (3.2) nur bis auf eine Proportionalitätskonstante fest. Da mit der trägen Masse eine neue physikalische Größe eingeführt wird, lässt sich diese Proportionalitätskonstante durch Definition der Masseneinheit (des Kilogramms) in den Faktor m absorbieren. In Kapitel 4 werden wir die Frage, was an Gl. (3.2) Definition und was empirisches Naturgesetz ist, sorgfältiger diskutieren.

Multipliziert man Gl. (3.2) auf beiden Seiten mit m und berücksichtigt die zuvor erarbeitete Gleichheit der Richtungen von $\vec{F}$ und $\Delta\vec{v}$, ergibt sich eine Form, die für Schülerinnen und Schüler leichter zu durchschauen ist, weil sie keinen Quotienten enthält:

$$m \cdot \Delta\vec{v} = \vec{F} \cdot \Delta t. \tag{3.3}$$

Eine weitere, in der Physik gebräuchlichere Schreibweise, erhält man durch Auflösen nach $\vec{F}$:

$$\vec{F} = m \cdot \frac{\Delta\vec{v}}{\Delta t}, \tag{3.4}$$

aus der im Grenzübergang zur infinitesimalen Schreibweise das eigentliche newtonsche Bewegungsgesetz hervorgeht, das nun auch für Kräfte anwendbar ist, die nicht (wie bislang insgeheim angenommen) zeitlich konstant sind:

$$\vec{F} = m \cdot \frac{d\vec{v}}{dt} \qquad \text{bzw.} \qquad \vec{F} = m \cdot \vec{a}. \tag{3.5}$$

Experimentelle Überprüfung des newtonschen Bewegungsgesetzes

Die aus heuristischen Überlegungen als Hypothese gewonnene Gl. (3.5) soll nun im Experiment überprüft werden. Dafür ist der in Abb. 3.9 dargestellte Fahrbahnversuch geeignet, der die unabhängige Variation der in Gl. (3.5) auftretenden Variablen erlaubt. Mit dem Bewegungsmesswandler, einem Speichenrad, dessen Drehzahl mit einer eingebauten Lichtschranke gemessen wird, lässt sich der vom Experimentierwagen zurückgelegte Weg und damit auch seine Geschwindigkeit und Beschleunigung feststellen. Die beschleunigende Kraft wird dabei von der Gewichtskraft $F_G = m_A \cdot g$ der hinter der Umlenkrolle absinkenden Gewichtsstücke (Masse m_A) geliefert. Die zu beschleunigende Gesamtmasse ist die Summe aus der Masse des Wagens m_W und der absinkenden Gewichtsstücke: $m = m_W + m_A$. Zur Überprüfung von Gl. (3.5) werden nun zwei Experimente durchgeführt:

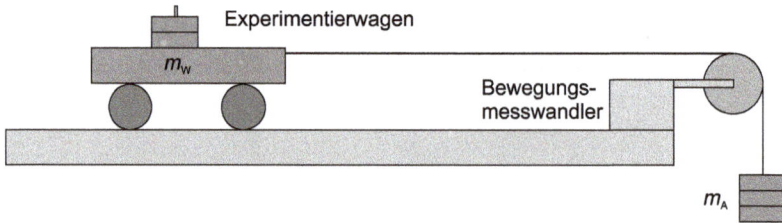

Abb. 3.9: Fahrbahnversuch zur Überprüfung des newtonschen Bewegungsgesetzes.

1. Die Beschleunigung wird bei konstant gehaltener Kraft F_G für verschiedene Werte der Gesamtmasse m bestimmt.
2. Die Beschleunigung wird bei konstant gehaltener Gesamtmasse m für verschiedene Werte der Kraft F_G gemessen.

Experiment 3.3 (Beschleunigung als Funktion der Masse): In diesem Versuch wird die Kraft konstant gehalten, indem jeweils nur ein einziges Gewichtsstück zur Beschleunigung verwendet wird. Die Masse wird durch Auflegen zusätzlicher Gewichtsstücke auf den Wagen variiert. Gemessen wird die jeweilige Beschleunigung. Bildet man für die Messreihe die Quotienten $F_G/(m \cdot a)$ ergeben sich durchweg Werte, die nahe bei 1 liegen. Die Hypothese kann also bestätigt werden.

Experiment 3.4 (Beschleunigung als Funktion der Kraft): Nun soll die Kraft variiert und die zu beschleunigende Gesamtmasse konstant gehalten werden. Letzteres geschieht dadurch, dass die Zahl der beteiligten Gewichtsstücke konstant gehalten wird. Zuerst dient nur ein absinkendes Gewichtsstück zur Beschleunigung; alle anderen befinden sich als „Vorrat" auf dem Wagen. Durch „Umladen" der Gewichtsstücke vom Wagen auf den Halter wird die beschleunigende Kraft $F_G = m_A \cdot g$ schrittweise erhöht, während die Gesamtmasse $m = m_W + m_A$ konstant bleibt. Trägt man F_G gegen die gemessenen Werte von $m \cdot a$ auf, ergibt sich eine Ursprungsgerade mit Steigung 1. Auch hier wird die Hypothese bestätigt.

Damit können wir unsere heuristischen Vorüberlegungen als bestätigt ansehen und das newtonsche Bewegungsgesetz wie folgt formulieren:

Newtonsches Bewegungsgesetz: Wenn eine Kraft auf einen Körper wirkt, wird dieser dadurch beschleunigt. Für den Zusammenhang zwischen beschleunigender Kraft $\vec{F}$ und Beschleunigung $\vec{a}$ gilt dabei:

$$\vec{F} = m \cdot \vec{a}. \tag{3.6}$$

Die Einheit der Kraft ist das Newton (N). Mit Gl. (3.6) lässt es sich auf fundamentalere Einheiten zurückführen. Die Einheit der Masse ist das Kilogramm; die Beschleunigung hat die Einheit $\frac{m}{s^2}$. Daher gilt

$$1\,N = 1\,\frac{kg \cdot m}{s^2}. \tag{3.7}$$

Kraft und Geschwindigkeit sind entgegengesetzt gerichtet: Der Wagen wird langsamer.

Geschwindigkeit
Zusatzgeschwindigkeit

Kraft

Kraft und Geschwindigkeit sind gleich gerichtet: Der Wagen wird schneller

Geschwindigkeit
Zusatzgeschwindigkeit

Kraft

Abb. 3.10: Wirkung von Kräften bei der eindimensionalen Bewegung.

Wirkung von Kräften bei der eindimensionalen Bewegung

Im übernächsten Kapitel wird der Umgang mit dem newtonschen Bewegungsgesetz in systematischer Weise behandelt. Schon hier sollen jedoch einige Aspekte angesprochen werden, die bei Schülerinnen und Schülern oft zu Lernschwierigkeiten führen. Einer davon ist die Wirkung von Kräften bei der eindimensionalen Bewegung (wie beim Fahrbahnversuch). Anders als im zweidimensionalen Fall, wo die Kraft ein Kontinuum von Richtungen annehmen kann, gibt es in einer Dimension nur zwei scheinbar scharf getrennte Möglichkeiten: Die Kraft kann in Richtung der Geschwindigkeit zeigen oder entgegengesetzt zu ihr. Entsprechend scheint sie unterschiedliche Wirkungen zu haben. Sie kann einen Körper schneller oder langsamer machen (vgl. S. 14). Dass in der Physik beides mit dem Begriff „Beschleunigen" bezeichnet wird und Ausdruck desselben physikalischen Gesetzes ist, kann wie in Abb. 3.10 mit dem Begriff der Zusatzgeschwindigkeit verdeutlicht werden.

Wirkung von mehreren Kräften

Bei der Diskussion des newtonschen Bewegungsgesetzes wurde bisher allgemein von „Kraft" gesprochen. Wie in Kapitel 6 noch diskutiert wird, ist in damit in diesem Zusammenhang immer die Gesamtkraft, also die Summe aller von außen am System angreifenden Kräfte gemeint. Beim schrittweisen Erarbeiten des Bewegungsgesetzes ist ein solches abstraktes Verständnis des Kraftbegriffs jedoch noch nicht angemessen. Schülerinnen und Schüler reden von konkreten, benannten Kräften. Deshalb ist es an dieser Stelle sinnvoll, konkrete Beispiele zu bringen und dabei auch das Zusammenwirken mehrerer Kräfte zu betrachten. Bevor man zu den allgemeinen Regeln für die Kräfteaddition kommt, bietet es sich an, zunächst die möglichen Wirkungen von Kräften in einer Dimension (also parallel oder antiparallel gerichtet) zu betrachten (Abb. 3.11).

1. Zwei Kräfte können parallel wirken und ihre Wirkung verstärken. Ein Flugzeug mit zwei Triebwerken kann zum Beispiel auf der Startbahn schneller beschleunigen als ein Flugzeug mit nur einem Triebwerk.

2. Zwei Kräfte, die an unterschiedlichen Stellen in entgegengesetzte Richtungen an einem Körper angreifen, können den Körper drehen. Beispiele sind das Aufschrauben einer Getränkeflasche oder das Einschlagen eines Fahrradlenkers. Auch mit einer einzigen Kraft, die nicht am Schwerpunkt des Körpers angreift,

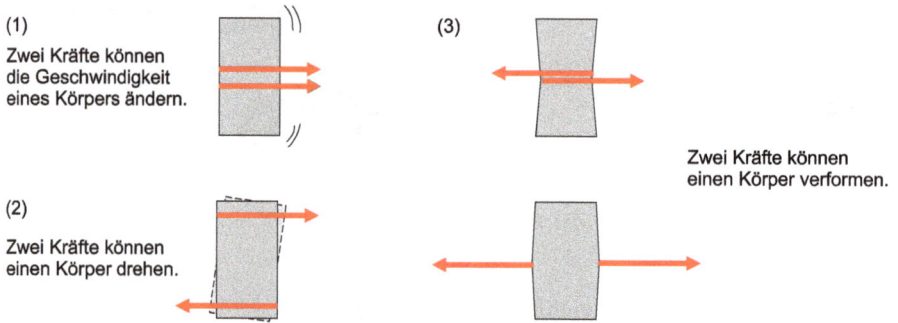

(1)
Zwei Kräfte können die Geschwindigkeit eines Körpers ändern.

(2)
Zwei Kräfte können einen Körper drehen.

(3)

Zwei Kräfte können einen Körper verformen.

Abb. 3.11: Mögliche Wirkungen von zwei Kräften, die parallel oder antiparallel wirken.

lässt sich ein ausgedehnter Körper in Bewegung versetzen, dies aber immer nur zusammen mit einer Translationsbewegung (mehr dazu in Kapitel 5).

3. Zwei Kräfte, die an einem Körper angreifen, können ihn verformen. Beispiele sind das Zusammendrücken eines elastischen Balls oder das Auseinanderziehen einer Stahlfeder.

Kräftegleichgewicht

Ein spezieller Fall des Zusammenwirkens von Kräften ist das *Kräftegleichgewicht*: Zwei gleich große und entgegengesetzte Kräfte greifen am gleichen Körper an, und zwar entlang der gleichen Wirkungslinie, also nicht drehend. Die Gesamtkraft auf den Körper ist dann null. Nach dem newtonschen Bewegungsgesetz ist dann auch seine Beschleunigung null; seine Geschwindigkeit ändert sich nicht.

Ein anschauliches Beispiel für das Kräftegleichgewicht ist das Tauziehen von zwei gleich starken Mannschaften: Zwar wirken am Seil beträchtliche Kräfte. Da sie aber gleich groß und entgegengesetzt sind, ist die Gesamtkraft auf das Seil null. Man sagt oft: Die Kräfte heben sich gegenseitig auf. Am Seil herrscht Kräftegleichgewicht. Seine Geschwindigkeit ändert sich nicht: Wenn sie vorher null war, bleibt sie null.

Eine häufige Fehlvorstellung ist die Gleichsetzung von Kräftegleichgewicht und Ruhe. Zwar ist es möglich, dass ein Körper im Kräftegleichgewicht ruht, aber das ist nur ein spezieller Fall. Kräftegleichgewicht bedeutet konstante Geschwindigkeit. Wenn an einem bewegten Körper Kräftegleichgewicht herrscht, bewegt er sich mit konstanter Geschwindigkeit weiter. Das ist in vielen Beispielen aus dem Alltag erkennbar: Damit mein Fahrrad mit konstanter Geschwindigkeit fährt, muss ich so fest in die Pedale treten, dass Kräftegleichgewicht zwischen der antreibenden Kraft zwischen Reifen und Straße und der abbremsenden Kraft des Luftwiderstands herrscht. Ebenso beschleunigt ein Fallschirmspringer beim Absprung so lange, bis sich ein Kräftegleichgewicht zwischen der Gewichtskraft und der Luftwiderstandskraft einstellt. Danach fällt er mit konstanter Geschwindigkeit.

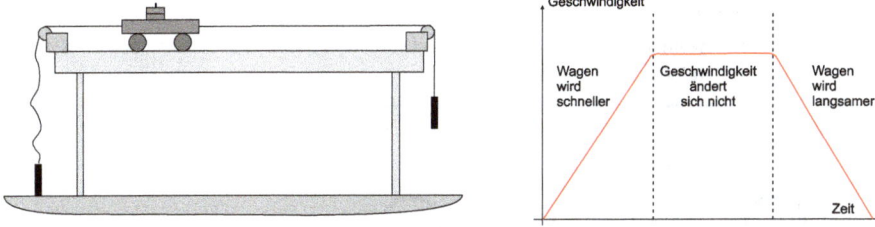

Abb. 3.12: Wirkung von Kräften bei der eindimensionalen Bewegung.

Beispiel: Bei dem in Abb. 3.12 gezeigten Versuch lässt sich die Wirkung verschieden gerichteter Kräfte und das Auftreten des Kräftegleichgewichts diskutieren.

1. Zu Beginn des Versuchs wirkt nur eine Kraft von dem rechten Gewichtsstück auf den Wagen (das linke Gewichtsstück befindet sich noch auf dem Boden). Es liegt eine Situation wie in Abb. 3.10 rechts vor. Die Kraft zeigt in Bewegungsrichtung, der Wagen wird schneller.
2. Wenn die linke Schnur gespannt ist, wirkt auch die Kraft des linken Gewichtsstücks auf den Wagen. Nun greifen zwei gleich große und entgegengesetzt gerichtete Kräfte am Wagen an. Es herrscht Kräftegleichgewicht. Der Wagen fährt nun mit konstanter Geschwindigkeit (mittlerer Abschnitt im Diagramm in Abb. 3.12).
3. Nach dem Aufsetzen des rechten Gewichtsstückes auf dem Boden wirkt nur noch die Kraft des linken Gewichtsstücks auf den Wagen. Nun liegt eine Situation vor wie in Abb. 3.10 links. Die Kraft zeigt entgegen die Bewegungsrichtung. Der Wagen wird langsamer.

Schülerinnen und Schüler verbinden mit dem Kraftbegriff im Allgemeinen viel weitere Vorstellungen als den engen newtonschen Kraftbegriff, den der Physikunterricht verwendet (vgl. [18]). Kraft wird im Sinn einer universellen Wirkungsfähigkeit verstanden („Jemand hat Kraft") oder auch eher im physikalischen Sinn von kinetischer Energie („Eine rollende Kugel hat Kraft gespeichert"). Für Schülerinnen und Schüler ist Kraft ein vager Begriff, der mit einem ganzen Bündel von Bedeutungen verbunden ist und im allgemeinen nicht konsistent verwendet wird. Selbst sprachsensibler Unterricht kann hier offenbar nur bedingt Abhilfe schaffen. Im Modellversuch von Rincke [16], der auf die Ausschärfung des Kraftbegriffs große Anstrengungen verwendet, wird konstatiert „welche enormen kognitiven Anstrengungen es vielen Schülerinnen und Schülern abzuverlangen scheint, fachlich und fachsprachlich angemessen zu argumentieren."

3.3 Das dritte newtonsche Gesetz

Neben dem Trägheitsgesetz und dem Bewegungsgesetz setzt Newton noch ein drittes Gesetz axiomatisch an die Spitze seiner Mechanik: das *Wechselwirkungsprinzip*. Es besagt: Immer wenn ein Körper A eine Kraft auf einen Körper B ausübt, dann übt auch B eine Kraft auf A aus. Diese *Gegenkraft* ist gleich groß und entgegengesetzt gerichtet.

Experiment 3.5: Im Unterricht wird das dritte newtonsche Gesetz häufig mit dem Skateboard-Versuch aus Abb. 3.13 illustriert. Zwei etwa gleich schwere Schüler stehen sich auf zwei Skateboards gegenüber. Ein Schüler zieht, der andere ist vollkommen passiv (und hat zum Beispiel das Seil nur um den Bauch gebunden). Obwohl nur ein Schüler aktiv ist und eine Kraft auszuüben scheint, setzen sich beide in Bewegung und treffen sich in der Mitte.

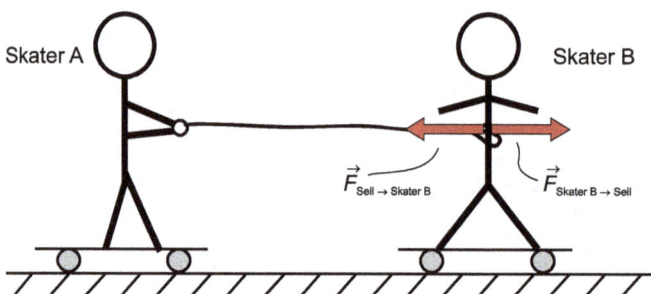

Abb. 3.13: Skateboard-Versuch zum dritten newtonschen Gesetz.

Beim dritten newtonschen Gesetz ist es für Lernende oft schwierig, sich Rechenschaft darüber abzulegen, welche Kraft an welchem Körper angreift. Hier ist die Notation $F_{A \to B}$ nützlich, die angibt, dass die so bezeichnete Kraft vom Körper A auf den Körper B ausgeübt wird. Mit dieser Notation lässt sich das dritte newtonsche Gesetz folgendermaßen formulieren.

> **Drittes newtonsches Gesetz:** Wenn ein Körper A eine Kraft auf einen Körper B ausübt, dann übt auch B auf A eine gleich große und entgegengesetzt gerichtete Kraft aus:
>
> $$\vec{F}_{A \to B} = -\vec{F}_{B \to A}. \tag{3.8}$$

⚡ Im Skateboard-Versuch aus Abb. 3.13 sind drei Körper beteiligt: Skater A, Skater B und das Seil. Deshalb treten Kraft-Gegenkraft-Paare an zwei Stellen auf: Zwischen Skater A und dem Seil sowie zwischen Seil und Skater B. Eines dieser Kraft-Gegenkraft-Paare ist in Abb. 3.13 eingezeichnet.
Eine direkte Wechselwirkung zwischen Skater A und Skater B tritt nicht auf. Deshalb ist es etwas irreführend von Kraft und Gegenkraft zwischen Skater A und Skater B zu reden, wie es verkürzend oft getan wird. Allenfalls kann man z. B. das Seil als Teil von Skater A betrachten und die verkürzende Redeweise so rechtfertigen.

Einige Beispiele für Kraft-Gegenkraft-Paare:
1. Drückt man mit dem Finger auf eine auf dem Tisch liegende Reißzwecke, übt der Finger eine Kraft $F_{F \to R}$ auf die Reißzwecke aus. Diese Kraft spürt der Finger nicht, denn sie wirkt ja auf die Reißzwecke. Die Gegenkraft $F_{R \to F}$ wirkt dagegen auf den Finger und erzeugt die Schmerzempfindung.
2. Wenn sich ein Sprinter vom Startblock abstößt, übt er eine Kraft $F_{Sprinter \to Startblock}$ auf den Startblock aus. Diese Kraft kann die Bewegung des Sprinters nicht beein-

flussen, denn sie wirkt auf den Startblock. Die Gegenkraft $F_{\text{Startblock}\rightarrow\text{Sprinter}}$ wirkt auf den Sprinter und beschleunigt ihn nach vorn. Für Schülerinnen und Schüler ist es schwer, sich vorzustellen, dass ein „passiver Körper" wie der Startblock eine Kraft ausüben kann, die zur Beschleunigung des Sprinters führt.

3. Ein Planet (wie die Erde) wird durch die Gravitationskraft auf ihrer Umlaufbahn um die Sonne gehalten. Die Gegenkraft ist ebenso groß und wirkt auf die Sonne. Aufgrund ihrer großen Masse wird die Sonne davon nur wenig beeinflusst (die durch die Kraft hervorgerufene Beschleunigung ist klein). Trotzdem wird die durch die Kraft $F_{\text{Planet}\rightarrow\text{Stern}}$ hervorgerufene „Wackelbewegung" von Sternen zum Nachweis extrasolarer Planeten genutzt.

Es muss betont werden, dass „Gegenkraft" (ähnlich wie „Zentripetalkraft") eine Funktionsbezeichnung für Kräfte ist, die ihre Rolle in der Betrachtung kennzeichnet. Auch wenn eine Kraft als Gegenkraft bezeichnet wird, handelt es sich immer um eine gewöhnliche physikalische Kraft (z. B. Seilkraft, Federkraft, Gravitationskraft etc.).

Wechselwirkungsprinzip und Kräftegleichgewicht

Eine große Fehlerquelle liegt auch in der Verwechslung des Kräftegleichgewichts mit einem Kraft-Gegenkraft-Paar. In beiden Fällen treten zwei Kräfte auf, die gleich groß und entgegengesetzt gerichtet sind. Beim Kräftegleichgewicht greifen sie am gleichen Körper an, so dass dieser unbeschleunigt ist (vgl. S. 40). Zur Unterscheidung von Kräftegleichgewicht und Kraft/Gegenkraft kann man daher den folgenden Merksatz formulieren.

> **Kräftegleichgewicht:** Wenn zwei gleich große und entgegengesetzt gerichtete Kräfte am selben Körper angreifen, dann ändert sich die Geschwindigkeit des Körpers dadurch nicht.
>
> **Kraft und Gegenkraft:** Sie greifen immer an zwei verschiedenen Körpern an. Kraft und Gegenkraft wirken niemals auf den gleichen Körper.

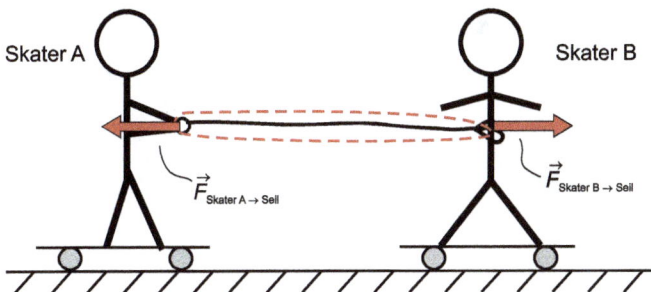

Abb. 3.14: Am Seil herrscht Kräftegleichgewicht.

Abb. 3.15: Kräftegleichgewicht an einer Hose. Die Situation ist physikalisch gleichartig zu Abb. 3.14.

Um zu präzisieren, was „der gleiche Körper" bedeutet, ist der in Kapitel 5 vorgestellte Zugang zur Lösung von mechanischen Problemen hilfreich, in dem das betrachtete System durch die Angabe von Systemgrenzen identifiziert wird. In Abb. 3.14 sind die Systemgrenzen um das Seil als gestrichelte Linien eingezeichnet.

Im Hinblick auf das Lernen problematisch ist, dass oftmals beide Konzepte in ein und derselben Situation eine Rolle spielen. So lässt sich am Skateboardversuch, den wir zur Demonstration des Wechselwirkungsprinzips verwendet haben, ohne Weiteres auch das Kräftegleichgewicht aufzeigen, das am Seil herrscht (Abb. 3.14). Und wenn man das Seil durch einen auffälligeren Gegenstand, z. B. eine Hose ersetzt (Abb. 3.15), dann rückt der Aspekt des Kräftegleichgewichts völlig in den Vordergrund.

Das was die Schülerinnen und Schüler in einer gezeigten Situation sehen, hängt nicht unwesentlich vom „*Framing*" ab, also von dem Erwartungsschema, vor dessen Hintergrund man auf die reale Situation blickt. Es bleibt hier der Lehrkraft überlassen, das „*Framing*" dem angestrebten Lernziel möglichst gut anzupassen.

[20]

AXIOMATA,
SIVE
LEGES MOTUS.

LEX I.

(ᶜ) *Corpus omne perseverare in statu suo quiescendi vel movendi uniformiter in directum, nisi quatenus à viribus impressis cogitur statum illum mutare.*

PRojectilia perseverant in motibus suis, nisi quatenus à resistentiâ aeris retardantur, & vi gravitatis impelluntur deorsum. Trochus, cujus partes cohaerendo perpetuò retrahunt se à motibus rectilineis, non cessat rotari, nisi quatenus ab aere retardatur. Maiora autem Planetarum & Cometarum corpora motus suos & progressivos & circulares in spatiis minus resistentibus factos conservant diutius.

LEX:

(ᶜ) 24. Ex hâc primi lege quam (9) demonstravimus, sequitur omnem motum esse naturâ suâ aequabilem & rectilineum, adeoque nec illius velocitatem retardari, nec directionem mutari, nisi aliquod obstaculum mobili offeratur; Unde cum projectilia motum suum sensim amittant, quaerenda est aliqua hujusce retardationis causa. Cum autem corpora projecta vel etiam medium resistens deferantur, vel etiam super aliorum corporum superficies sca-

bras incedant, & vi gravitatis deorsum semper urgeantur, necesse est ut eam amittant motûs sui partem quam in hisce obstaculis superandis continuo absumunt; proinde quo major vel minor erit me... resistentia, eò majus vel minus decrem... tum accipiet corporis projecti velo... Ex his igitur patet maiora planetar... cometarum corpora nullam sensibi... spatiis coelestibus experiri resist... cum motus suos diutissime conse...

4.1 Axiom oder Gesetz?

Niemandem, der sich mehr als nur flüchtig mit der newtonschen Mechanik beschäftigt hat, kann der Mangel an begrifflicher Schärfe entgangen sein, mit dem ihre Grundgesetze in aller Regel begründet werden. Die Darstellung in Kapitel 3 ist da keine Ausnahme. Begriffe wie Masse oder Kraft haben wir dort nicht in wissenschaftlicher Strenge eingeführt, sondern eher als bereits bekannte Konzepte vorausgesetzt. Diese Schwierigkeit ist von jeher gesehen worden. Schon Heinrich Hertz schrieb 1894 [8], *„dass es sehr schwer ist, gerade die Einleitung in die Mechanik denkenden Zuhörern vorzutragen, ohne einige Verlegenheit, ohne das Gefühl, sich hier und da entschuldigen zu müssen, ohne den Wunsch, recht schnell über die Anfänge hinwegzugelangen zu Beispielen, welche für sich selbst reden."*

Die Problematik wird bereits bei Newton deutlich, der in seinen „Principia" in Bezug auf den Status seiner Grundgesetze unklar bleibt. Sind es „Axiome", also unhinterfragte Forderungen, die ähnlich wie in mathematischen Axiomensystemen an den Anfang der Überlegungen gestellt werden und eigentlich nur die verwendeten Begriffe festlegen? Oder sind es Naturgesetze, die einer experimentellen Prüfung fähig sind und sich auch als empirisch falsch erweisen können? Zwischen beiden Möglichkeiten schwankend, überschreibt er die entsprechenden Abschnitte mit *„Axiomata sive leges motus"*, also *„Axiome oder Gesetze der Bewegung"* (Abb. S. 45).

Der Versuch, die Gesetze der Mechanik auf einer begrifflich tragfesten Grundlage einzuführen, wird oft als „axiomatischer Zugang" bezeichnet – eine vielleicht nicht ganz glückliche Bezeichnung, denn der Status der einzuführenden Begriffe und Gesetze soll ja erst geklärt werden. Die Darstellung in diesem Kapitel stützt sich insbesondere auf die Sichtweise von Audretsch [2, 3], dessen Zugang sich als „konstruktive Axiomatik" bezeichnen lässt, denn sein Ausgangspunkt sind nicht abstrakte Begriffe, sondern Handlungen und Beobachtungen. Ähnlich geartete Ansätze verfolgen Ehlers [5] in der allgemeinen Relativitätstheorie oder auch Ludwig [12].

Offene Fragen

Sammeln wir zunächst die offenen Fragen, die sich bei einigem Nachdenken über das bisher Erarbeitete ergeben. Im Anschluss werden wir versuchen, die Fragen durch eine systematische Fundierung der Grundgesetze zu beantworten:

1. Ist das Trägheitsgesetz nur ein Sonderfall des newtonschen Bewegungsgesetzes? Geht es tatsächlich aus $\vec{F} = m \cdot \vec{a}$ hervor, wenn $\vec{F} = 0$ ist? Newton hat beide Gesetze als unabhängige Axiome angeführt. Ist ihm wirklich in all den Jahrzehnten der Arbeit an den Principia nicht aufgefallen, dass die geradlinig-gleichförmige Bewegung gleichbedeutend mit $\vec{a} = 0$ ist?

2. Die Gleichung $\vec{F} = m \cdot \vec{a}$ definiert den Begriff der Masse, aber auch den Begriff der Kraft. Wie kann eine einzige Gleichung zwei Begriffe gleichzeitig definieren? Ist die Definition dadurch nicht unterbestimmt?

https://doi.org/10.1515/9783110495812-004

3. Wenn die Gleichung $\vec{F} = m \cdot \vec{a}$ tatsächlich eine Definitionsgleichung ist, kann sie grundsätzlich nicht wahr oder falsch sein. Warum führen wir dann aber Experimente durch, um sie empirisch zu testen? Weshalb kommt uns die experimentelle Überprüfung von $\vec{F} = m \cdot \vec{a}$ nicht ebenso sinnlos vor wie ein Projekt zur Überprüfung der Frage, ob alle Schimmel wirklich weiße Pferde sind?

4. Falls die Gleichung $\vec{F} = m \cdot \vec{a}$ nicht nur eine Definitionsgleichung ist: Ist es logisch überhaupt möglich, dass eine Gleichung gleichzeitig Definition (die nicht wahr oder falsch sein kann) und Naturgesetz (das empirisch prüfbar sein muss) sein kann?

5. Ist es vielleicht nötig, die Begriffe Kraft und (träge) Masse logisch unabhängig vom newtonschen Bewegungsgesetz zu definieren? Dann wäre dieses ein empirisches Gesetz, das bekannte Größen in Beziehung setzt, ähnlich wie z. B. $E_{kin} = \frac{1}{2}mv^2$ Geschwindigkeit und kinetische Energie verknüpft. Wie aber ließe sich die träge Masse unabhängig von $\vec{F} = m \cdot \vec{a}$ einführen?

Theoriefreie Begriffsdefinitionen?

Ein scheinbar einfacher Ausweg aus dem Problem der Begriffsdefinitionen entpuppt sich leider als Sackgasse. Man könnte zum Beispiel argumentieren, dass im SI-Einheitensystem bereits zweifelsfrei definiert ist, was ein Kilogramm ist. Masse ist das, was wir mit einer Waage messen, und als Referenz dient das in Paris aufbewahrte Urkilogramm. Eine solche Überlegung entspricht dem fünften Aufzählungspunkt oben. Der Begriff der Masse ließe sich isoliert von sonstigen mechanischen Begriffen durch ein Messverfahren festlegen, jedenfalls für alle praktischen Zwecke. Damit hätten wir einen festen Punkt gewonnen, von dem aus wir in der Festlegung der anderen Begriffe der Mechanik voranschreiten könnten.

Leider ist dieser Ansatz zum Scheitern verurteilt. Er scheitert zusammen mit der Illusion, man könne theoriefrei messen. Dass dies nicht möglich ist, wurde bereits auf S. 6 angesprochen, soll aber hier noch einmal durch die Analyse eines besonders einfachen Messgeräts illustriert werden: der Balkenwaage.

Um mit einer Balkenwaage festzustellen, ob die Masse eines Gegenstandes exakt ein Kilogramm beträgt, legt man den Gegenstand in die eine Schale der Balkenwaage und das Pariser Urkilogramm in die andere Schale. Aber halt: Lassen sich mit der Balkenwaage eigentlich Gegenstände mit unterschiedlichem Volumen vergleichen? Mit unserem bereits vorhandenen Theoriewissen können wir sagen, dass das keineswegs der Fall ist. Denn Gegenstände mit unterschiedlichem Volumen verdrängen unterschiedlich viel Luft und erfahren daher unterschiedliche Auftriebskräfte.

Zum Messen mit der Balkenwaage brauchen wir somit eine Korrekturtheorie, die zumindest die Hydrostatik umfassen muss. Da die Hydrostatik aber kaum ohne die Begriffe Masse oder Dichte formulierbar ist, sind wir in einem logischen Zirkel gefangen: Um den Begriff der Masse durch die Messung mit einer Balkenwaage einzuführen, benötigen wir eine Messtheorie, die den Begriff der Masse bereits voraussetzt.

> ℹ️ Die zur Festlegung der heutigen SI-Einheiten verwendeten Messtheorien sind keineswegs elementar oder einfach, sondern umfassen das gesamte verfügbare physikalische Wissen. Beispielsweise muss zur Realisierung der Sekunde mit Hilfe von Atomuhren die allgemeine Relativitätstheorie herangezogen werden. Ohne die von ihr vorhergesagte Abhängigkeit des Uhrengangs vom Gravitationspotential könnte man den Gangunterschied zweier Atomuhren, deren Standhöhe sich nur um wenige Zentimeter unterscheidet, nicht verstehen. In ähnlich komplexer Weise wird im Rahmen der 2019 erfolgten Revision des SI das Kilogramm neu definiert: durch Festlegung des numerischen Werts der planckschen Konstante h, der charakteristischen Größe der Quantenphysik.

4.2 Das Münchhausen-Trilemma

Bei der Balkenwaage ist das Problem des Luftauftriebs natürlich nicht unüberwindlich. Zum Beispiel könnte man die Waage im Vakuum betreiben. Dieser Einwand trifft aber nicht den hier gemeinten Punkt. Es geht um das erkenntnistheoretische Problem der Letztbegründung. Jede Argumentation – nicht nur in der Physik – braucht einen gesicherten Ausgangspunkt in Form von grundlegenden Sätzen, die nicht weiter angezweifelt werden. Diese grundlegenden Sätze sind aber nicht auf einfache Weise zu bekommen. Der Philosoph Hans Albert hat mit seinem „Münchhausen-Trilemma" erläutert, weshalb das Problem der Letztbegründung aus logischen Gründen scheitern muss [1]:

> Wenn man für alles eine Begründung verlangt, muss man auch für die Erkenntnisse, auf die man jeweils die zu begründende Auffassung [...] zurückgeführt hat, wieder eine Begründung verlangen. Das führt zu einer Situation mit drei Alternativen, die alle drei unakzeptabel erscheinen, also: zu einem Trilemma, das ich angesichts der Analogie, die zwischen unserer Problematik und dem Problem, das der bekannte Lügenbaron einmal zu lösen hatte, das Münchhausen-Trilemma nennen möchte. Man hat hier offenbar nämlich nur die Wahl zwischen:
> 1. einem infiniten Regress, der durch die Notwendigkeit gegeben scheint, in der Suche nach Gründen immer weiter zurückzugehen, der aber praktisch nicht durchzuführen ist und daher keine sichere Grundlage liefert;
> 2. einem logischen Zirkel in der Deduktion, der dadurch entsteht, dass man im Begründungsverfahren auf Aussagen zurückgreift, die vorher schon als begründungsbedürftig aufgetreten waren, und der ebenfalls zu keiner sicheren Grundlage führt; und schließlich:
> 3. einem Abbruch des Verfahrens an einem bestimmten Punkt, der zwar prinzipiell durchführbar erscheint, aber eine willkürliche Suspendierung des Prinzips der zureichenden Begründung involvieren würde.

Ein Beispiel für einen logischen Zirkel haben wir bei der Balkenwaage bereits gefunden. Alberts Argumentation zeigt, dass es sich hierbei nicht um einen Einzelfall handelt, sondern dass man bei jedem Versuch einer Letztbegründung bei einer der drei Alternativen landet. Der infinite Regress entsteht durch das Immer-weiter-Fragen, das man von den „Und warum?"-Fragen von Kindern gut kennt, bei denen man dazu neigt, die dritte Alternative, den Abbruch des Verfahrens mit einem „Weil es eben so ist", anzuwenden. Ein anderes Beispiel für den Abbruch des Verfahrens sind die

Axiomensysteme der Mathematik: Euklids Axiome der Geometrie werden nicht begründet, sondern gelten als gesetzt. Auch der Rückzug auf nicht hinterfragte, für wahr gehaltene Sätze (Glaubenssätze, Dogmen oder Offenbarungen) fällt in diese Kategorie.

Bezug auf die Alltagspraxis

Das Münchhausen-Trilemma lehrt uns, dass Letztbegründungen nicht zu erreichen sind. Das gilt auch für den Anfang der Mechanik. Wir dürfen hier nicht mit strengen Begriffsdefinitionen oder unhintergehbaren Grundwahrheiten rechnen. Hier liegt vermutlich der tiefere Grund für das Unbehagen vieler Physiker an den Grundlagen der Mechanik, das Hertz in der anfangs zitierten Passage so deutlich zum Ausdruck gebracht hat.

Die Antwort der konstruktivistischen Axiomatik auf das Münchhausen-Trilemma ist die Fundierung in der Alltagspraxis, in der vorwissenschaftlichen Erfahrung. Auch ohne wissenschaftlichen Massebegriff haben die Menschen schon immer Mehl und Butter gewogen, sie haben Bier und Wein abgemessen und sich über Längen und Zeiten verständigt. All dies geschah nicht mit großer Präzision, aber historisch sind es tatsächlich die einfachen Verfahren gewesen, aus denen sich die präzisen wissenschaftlichen Messungen allmählich entwickelt haben. Der konstruktivistische Zugang reagiert auf das Münchhausen-Trilemma dadurch, dass die Alltagspraxis einen Satz von Begriffen zur Verfügung stellt, der für die vorläufige Verständigung ausreicht und von denen jeder bei Bedarf hinterfragt und ausgeschärft werden kann, aber nicht muss.

Durch Bezug auf das „immer schon" [10] wird aus dem logischen Zirkel eine Spirale. Beim Entwickeln der newtonschen Mechanik muss man zum Beispiel zunächst nicht genauer klären, was unter einer „geraden Linie" zu verstehen ist. Die gespannte Schnur, die Maurer und Gärtner von jeher zum Herstellen geradliniger Wände und Beete nutzen, reicht als vorläufige Begriffsexplikation aus. Später, bei Entwicklung der allgemeinen Relativitätstheorie, muss der Begriff der geraden Linie tatsächlich neu gefasst und durch den Begriff der Geodäten in einer gekrümmten Raum-Zeit ersetzt werden. Diesen Schritt muss man dann aber nicht aus dem Nichts heraus tun, sondern man hat bereits das entwickelte Begriffsystem der newtonschen Mechanik als Ausgangspunkt zur Verfügung. Die begriffliche Spirale verläuft somit in einer ungebrochenen Linie von der handwerklichen Alltagspraxis über die newtonsche Mechanik bis hin zu den Effekten der allgemeinen Relativitätstheorie, die nur mit den empfindlichsten Detektionsmethoden nachweisbar sind.

4.3 Trägheitsgesetz und Inertialsysteme

Das Trägheitsgesetz erläutert den Begriff des *Inertialsystems*, der die Voraussetzung für die Formulierung des newtonschen Bewegungsgesetzes bildet. Es handelt sich um spezielle Bezugssysteme, die sich dadurch auszeichnen, dass sie linear unbeschleunigt und nichtrotierend sind. Damit ist nicht gemeint „unbeschleunigt und nichtrotierend relativ zu bestimmten anderen Körpern" sondern „unbeschleunigt und nichtrotierend in einem absoluten Sinn". Was dies bedeutet, bedarf einer Erklärung. Interessanterweise gehört das Auffinden dieser Erklärung zu den erkenntnistheoretisch anspruchsvollsten Problemen der Mechanik. Erstaunlich ist das deshalb, weil wir körperlich *spüren* können, wenn wir uns in einem beschleunigten Bezugssystem befinden – der Reiz von Kettenkarussell und Achterbahn liegt genau darin. Trotzdem ist es verblüffend schwierig, beschleunigte Bezugssysteme von Inertialsystemen abzugrenzen, ohne in eine zirkuläre Definition des Kraftbegriffs zu geraten (den wir an dieser Stelle noch nicht als wissenschaftlichen Terminus voraussetzen dürfen).

Der Begriff des Inertialsystems wurde erst 1885, also 200 Jahre nach Newton, von Ludwig Lange eingeführt [11]. Vorher begnügte man sich mit dem „absoluten Raum" und der „absoluten Zeit", die Newton in seinen Principia als Voraussetzung für die Beschreibung von Bewegungen zugrunde legte. Problematisch war, dass niemand einen Bezugskörper für den absoluten Raum angeben konnte. Die Erde war es ganz sicher nicht, was man mit Foucaults Pendelversuch auch experimentell demonstrieren konnte. Aber auch die Sonne konnte man nicht als Referenz heranziehen, denn die Eigenbewegung mancher Sterne war bekannt, und wieso sollte ausgerechnet die Sonne im absoluten Raum ruhen? Der absolute Raum erwies sich also als ein gedankliches Konstrukt ohne offensichtliche Realisierung in der beobachtbaren Realität.

Darüber hinaus erschien es unbefriedigend, die Formulierung des Trägheitsgesetzes von bestimmten Objekten der Astronomie abhängig zu machen, von den „Zufälligkeiten des Weltalls". Ein Grundgesetz der Mechanik sollte sich vielmehr auf rein dynamische Begriffe beziehen. Bei Lange sind es „sich selbst überlassene" Punkte oder Teilchen, deren Bahnen wir beobachten. Das Wort Punkte ist hierbei nicht mathematisch zu verstehen, sondern soll nur bedeuten, dass die räumliche Ausdehnung der betrachteten Objekte (Bälle oder Ähnliches) für die Überlegungen keine Rolle spielt. Wie man von hier, bezugnehmend zunächst nur auf Alltagsbegriffe, in einer Spiralbewegung zum Trägheitsgesetz und zum Begriff des Inertialsystems gelangst, soll im Folgenden dargestellt werden.

Bezugssysteme

Um die Bewegung von Körpern beschreiben zu können, müssen wir Orte und Zeiten angeben. Die Bezugssysteme, auf die sich unsere Messungen immer beziehen müssen, legen wir zunächst in handwerklich denkbar einfacher Weise fest. Wir spannen Schnüre, die uns gerade Linien festlegen und bringen an ihnen durch wiederholtes Abtragen eines Längenmaßes (zum Beispiel eines Stöckchens) Abstandsmarkierungen an. Ein dreidimensionales rechtwinkliges Gitter aus gespannten Schnüren lässt sich mit einem Winkelmaß realisieren, das wir mittels einer Pythagoras-Konstruktion (Dreieck mit den Seitenlängen 3, 4 und 5 Einheiten) anfertigen. Dieses Gitter legt ein

Bezugssystem für die Beschreibung von Bewegungen fest. Es ist nicht eindeutig; es gibt viele solcher Bezugssysteme, die durch Drehungen und Relativbewegungen auseinander hervorgehen.

Geradlinige Bewegung

Ein erster Begriff, den wir mit dem so hergestellten Gitter festlegen können, ist der Begriff der geradlinigen Bewegung. Wenn wir ein Bezugssystem finden können, in dem sich ein Körper entlang einer der gespannten Schnüre bewegt, dann sagen wir, dass sich der Körper geradlinig bewegt. Damit ist noch keine empirische Aussage über die Natur verbunden. Zu jeder Bewegung lassen sich immer Bezugssysteme finden, in dem sich der betreffende Körper geradlinig bewegt, ja sogar Bezugssysteme, in denen der Körper ruht. Ein solches Bezugssystem heißt ein *Ruhsystem* für den betreffenden Körper.

Freie Teilchen

Inertialsysteme werden durch die Bewegung von „freien" oder „sich selbst überlassenen" Teilchen definiert – womit unverkennbar gemeint ist, dass auf die betrachteten Teilchen keine Kräfte wirken sollen. Da wir aber an dieser Stelle auf den wissenschaftlichen Kraftbegriff noch nicht zurückgreifen können, weil wir ja gerade daran arbeiten, ihn durch die Abweichung von der kräftefreien Bewegung einzuführen, sind wir tief im Münchhausen-Trilemma gefangen.

Der Ausweg ist einmal mehr das Ausgehen von der Alltagspraxis, vom vorwissenschaftlichen Verständnis. Um „freie Teilchen" zu identifizieren, beginnen wir beim Offensichtlichen und schließen zunächst alle Körper, die von Schnüren, Federn, Aufhängungen beeinflusst sind, aus der Betrachtung aus. In diese Richtung zielt auch Langes Formulierung des frei in den Raum gestoßenen und dann sich selbst überlassenen Teilchens. Wir müssen aber auch nach nicht unmittelbar sichtbaren Kräften suchen, indem wir Gegenstände probehalber aus dem Labor entfernen und beobachten, ob sich dadurch etwas an der Bewegung der betrachteten Teilchen ändert (später kann man diese Gegenstände – z. B. Magnete oder elektrisch geladene Körper – wieder nutzen, um die Wirkung von Kräften zu untersuchen). Die schrittweise Annäherung an das Ideal der freien Teilchen ist ein iterativer Prozess, den man als *Abschirmen* bezeichnen kann. Problematisch ist die Gravitationskraft, die sich nicht abschirmen lässt. Auf sie müssen wir gesondert eingehen.

Wenn wir auch im Lauf der Zeit Erfahrungen sammeln, mit welchen Verfahren sich freie Teilchen immer besser realisieren lassen, ist das Ergebnis immer als vorläufig zu betrachten. Es kann sich jederzeit herausstellen, dass es Einflüsse gibt, die wir nicht berücksichtigt haben. Dann sind neue Abschirmungen nötig – aber es bietet sich auch die Gelegenheit zur Untersuchung „neuer Physik".

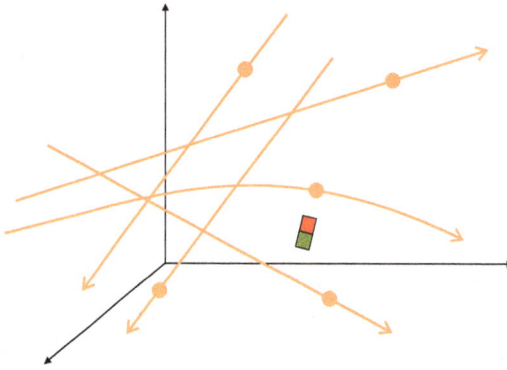

Abb. 4.1: Ein Schwarm von in den Raum gestoßenen und dann sich selbst überlassenen Teilchen. Eines davon beschreibt eine gekrümmte Bahn. Es ist zu prüfen, ob man Gegenstände finden kann, auf deren Einfluss man die Abweichung von der geradlinigen Bewegung zurückführen kann.

Unbeschleunigte und nichtrotierende Bezugssysteme

Mit den auf diese Weise vorläufig identifizierten freien Teilchen führen wir nun Experimente durch. Sie werden weggestoßen und sich selbst überlassen. Dabei nutzt die Beobachtung eines einzelnen Teilchens noch wenig. Wir müssen einen ganzen Schwarm von Teilchen beobachten, die in verschiedene Richtungen gestoßen werden (Abb. 4.1). Bei der Beobachtung ihrer Bahnen kann dann einer der folgenden drei Fälle eintreten:

1. *Alle Teilchen bewegen sich auf geradlinigen Bahnen.* Dann nennen wir das Bezugssystem, in dem wir die Bewegung beschreiben, *unbeschleunigt* und *nichtrotierend.* Dieses Beobachtungsergebnis beinhaltet eine über die Definition hinausgehende empirische Aussage: Es lassen sich in der Natur solche Bezugssysteme auffinden. Es wäre auch das gegenteilige experimentelle Ergebnis denkbar: dass es mit keinem noch so großen Bemühen gelingt, diese Situation herzustellen.

2. *Manche Teilchen bewegen sich auf geradlinigen, manche auf gekrümmten Bahnen.* In diesem Fall ist der Prozess der Abschirmung noch nicht weit genug vorangetrieben. Man muss prüfen, ob man Gegenstände finden kann, auf deren Einfluss sich die Abweichung von der geradlinigen Bewegung zurückführen lässt (Abb. 4.1).

3. *Alle oder fast alle Teilchen bewegen sich auf gekrümmten Bahnen.* In diesem Fall könnte es sich um ein vollständiges Versagen aller Abschirmungsbemühungen handeln. Wenn dies ausgeschlossen werden kann, liegt ein linear beschleunigtes oder rotierendes Bezugssystem vor.

Nachdem auf diese Weise der schwierige Begriff des freien Teilchens erklärt ist, können wir unbeschleunigte und nichtrotierende Bezugssysteme in Kurzform folgendermaßen charakterisieren:

In unbeschleunigten und nichtrotierenden Bezugssystemen bewegen sich freie Teilchen auf geradlinigen Bahnen.

Zwar lässt sich die newtonsche Mechanik auch in linear beschleunigten und rotierenden Bezugssystemen formulieren, aber zur Einführung der Grundbegriffe müssen wir

Abb. 4.2: Wurfexperiment während eines Parabelflugs.

diese Bezugssysteme ausschließen und uns auf unbeschleunigte und nichtrotierende Bezugssysteme beschränken.

Es wurde schon erwähnt, dass die Gravitation eine Sonderrolle spielt. Sie lässt sich nicht abschirmen. In unserer Alltagswelt können wir täglich beobachten, dass sich geworfene Körper *nicht* auf geraden Bahnen bewegen, dass also der oben beschriebene Fall 3 eintritt. Lässt sich die Nicht-Abschirmbarkeit der Gravitation durch Auffinden eines geeigneteren Bezugssystems beheben?

Das ist in der Tat möglich: Man muss sich dazu in ein *frei fallendes Bezugssystem* begeben. Frei fallend heißen Körper, wenn sie sich nur unter dem Einfluss der Gravitation bewegen. In einem frei fallenden Behälter (etwa im Fallturm in Bremen) bewegen sich geworfene Körper tatsächlich auf geraden Bahnen. Bekannt ist auch der Parabelflug, bei dem das Flugzeug die Flugbahn eines frei fallenden Körpers verfolgt (wegen des Luftwiderstands müssen dazu trotzdem die Triebwerke laufen). Dabei herrscht nicht nur Schwerelosigkeit, sondern geworfene Körper bewegen sich auch auf geradlinigen Bahnen (Abb. 4.2). Ein weiteres Beispiel für ein frei fallendes Bezugssystem ist eine Raumstation wie die ISS, die sich auf ihrer Umlaufbahn nur unter dem Einfluss der Gravitation bewegt.

Frei fallende Bezugssysteme bieten somit eine Möglichkeit, unbeschleunigte und nichtrotierende Bezugssysteme auch unter dem Einfluss von Gravitation zu realisieren. Dies ist allerdings nur lokal möglich, insofern man das Gravitationsfeld als homogen (d. h. überall gleich gerichtet) ansehen kann.

Es ist bemerkenswert, dass wir von Längen- oder Zeitmessungen bisher keinerlei Gebrauch machen mussten (außer zur Konstruktion der rechtwinkligen Bezugssystem-Achsen, die aber in die bisherigen Überlegungen noch nicht eingeflossen sind). Alles, was wir zur Explikation der Begriffe des freien Teilchens und des unbeschleunigten und nichtrotierenden Bezugssystems voraussetzen mussten, war der Begriff der geradlinigen Bahn. Dazu treten die vorwissenschaftlichen Begriffe, mit denen wir z. B. den Vorgang der Abschirmung beschrieben haben. Der schwierigste Schritt auf dem Weg zur Einführung der newtonschen Gesetze ist damit getan.

Uhren und Inertialzeit

Mit Hilfe von Längen- und Zeitmessungen können wir die Bahnen freier Teilchen noch genauer charakterisieren. Um logische Zirkel zu vermeiden, gehen wir zunächst wieder von vorwissenschaftlichen Verfahren der Längen- und Zeitmessung aus, wie es historisch z. B. Galilei durch Bezug auf den Pulsschlag und mit Wasseruhren getan hat. Mit diesen einfachen Mitteln lässt sich die Bewegung freier Teilchen untersuchen. Es zeigt sich, dass sie in gleichen Zeitspannen gleiche Wege zurücklegen – so gut es jedenfalls mit den vorhandenen Messmitteln überprüfbar ist. Bessere Uhren und genauere Maßstäbe, die wir später unter Benutzung der voll entwickelten Theorie konstruieren, bestätigen diese Feststellung. Durch Bezug auf das gleichmäßige Fortschreiten freier Teilchen lässt sich eine „Inertialzeit" definieren, bei der die Zeit durch die Position eines freien Teilchens angezeigt wird. Im wissenschaftlichen Spiralprozess der Konstruktion immer besserer Uhren stellt man Konsistenz fest: Die so definierte Inertialzeit weicht nicht von der „Pendelschwingungs-Zeit" oder der „Atom-Zeit" ab.

Wieder begegnet uns hier der Doppelcharakter von Definition und empirischer Aussage. Betrachtet man die Bewegung eines einzelnen freien Teilchens, kann diese zur Festlegung einer Zeitskala herangezogen werden, die unabhängig von Pulsschlag, Pendeln oder Atomen ist. Damit handelt es sich um eine Definition. Die empirische Aussage liegt darin, dass die Bewegung *jedes weiteren* freien Teilchens *gleichförmig* ist – bezogen auf die durch das erste Teilchen definierte Zeitskala. Dies ist eine im Experiment prüfbare Aussage, die jederzeit durch ein gegenteiliges experimentelles Ergebnis falsifiziert werden könnte.

---

i Auch bei der Überprüfung der Gleichförmigkeit kann der Fall auftreten, dass sie nur für einige, aber nicht für alle Teilchen festgestellt werden kann. Dann handelt es sich möglicherweise wieder um unzureichende Abschirmung, d. h. das betreffende Teilchen ist vielleicht gar kein freies Teilchen. Wie im oben behandelten Fall 2 muss dann nach Gegenständen gesucht werden auf deren Einfluss die Abweichung von der gleichförmigen Bewegung zurückgeführt werden kann.

Inertialsysteme und Trägheitsgesetz

Ein unbeschleunigtes und nichtrotierendes Bezugssystem, in dem Zeitspannen mit Uhren gemessen werden, die sich nach der Inertialzeit richten, heißt *Inertialsystem*. Mit diesem Begriff sind wir nun in der Lage, das Trägheitsgesetz zu formulieren:

Trägheitsgesetz: In Inertialsystemen ist die Bewegung freier Teilchen geradlinig und gleichförmig.

Man erkennt nun, dass das Trägheitsgesetz keineswegs als spezieller Fall des newtonschen Bewegungsgesetzes für $\vec{F} = 0$ misszuverstehen ist. In der knappen Formulierung, die wir ihm gegeben haben, sind es vor allem die Begriffe „Inertialsystem" und "freies Teilchen", die erklärungsbedürftig sind. Beide Begriffe werden zur Formulierung des newtonschen Bewegungsgesetzes nötig sein. Nur in Inertialsystemen hat das newtonsche Bewegungsgesetz seine vertraute Gestalt, und der Begriff der Kraft lässt sich erst als Abweichung von der geradlinig-gleichförmigen Bewegung der freien Teilchen formulieren. Die Bewegung der freien Teilchen entspricht damit bildlich gesprochen der „Nullstellung" eines Kraftmessgeräts, die mit dem Kenntlichmachen freier Teilchen erst gefunden werden muss.

Es ist möglich, die räumlichen und zeitlichen Aspekte der Bewegung freier Teilchen symmetrischer **i** zu behandeln, als es oben geschehen ist (vgl. z. B. Lange [11], Ehlers [5]). Vom Standpunkt der Relativitätstheorie ist das erstrebenswert. Um eine verständlichere Darstellung zu erhalten, wurde der Symmetrie von Raum und Zeit hier nur wenig Beachtung geschenkt.

4.4 Die Begriffe Kraft und Masse

Jede Abweichung eines Körpers von der geradlinig-gleichförmigen Bewegung führen wir auf die Einwirkung einer Kraft zurück. Der Begriff Kraft wird dadurch definiert. Um von einer bloßen Benennung zur Definition einer physikalischen Größe zu gelangen, müssen wir Kräfte und ihre Wirkungen quantitativ erfassen. Dies geschieht mit Hilfe des newtonschen Bewegungsgesetzes. Um es aufzustellen, können wir auf die Überlegungen aus Kapitel 3 zurückgreifen und müssen dabei die Lücken schließen, die in begrifflicher Hinsicht offen geblieben sind. Dabei zeigt sich einmal mehr der Doppelcharakter von Definition und empirischem Gesetz, der entscheidend für die Beantwortung der zu Anfang des Kapitels gestellten Fragen ist.

Die Grundstruktur des newtonschen Bewegungsgesetzes

Mit dem Fußballversuch (senkrechter Stoß) haben wir die Grobstruktur des newtonschen Gesetzes bereits deutlich gemacht. Fassen wir das Ergebnis noch einmal in der Sprache der vorigen Abschnitte zusammen:

1. Wenn man von der z-Richtung absieht, wo der Ball der Schwerkraft unterliegt und nur seine Bewegung in x-y-Richtung betrachtet, also in der Draufsicht auf den Fußballplatz, dann ist der in der Luft fliegende Ball eine näherungsweise Realisierung eines sich selbst überlassenen freien Teilchens. Er bewegt sich geradlinig.

2. Die Abweichung von der geradlinigen Bewegung wird vom Fuß des Spielers (bzw. vom stoßenden Stab im Modellexperiment) bewirkt. Wir interpretieren das als die Wirkung einer Kraft.

3. Mit dem Versuch zum senkrechten Stoß auf S. 34 (Abb. 3.6) lässt sich verdeutlichen, dass die Geschwindigkeits*änderung* bzw. die *Beschleunigung* die entscheidende Größe für die quantitative Beschreibung der Wirkung von Kräften ist. Das ist eine empirische Aussage. Alternative Hypothesen (z. B. $\vec{v}_{\text{nach}} \sim \vec{F}$) erweisen sich im Experiment als falsch.

Das Experiment führt uns zu einem quantitativen Zusammenhang der Form:

$$\vec{f} = \vec{a}, \tag{4.1}$$

wobei $\vec{a}$ die Beschleunigung und $\vec{f}$ eine „kraftartige" Größe ist, die begrifflich noch näher ausgeschärft werden muss. Es zeigt sich nämlich experimentell, dass noch ein anderer Faktor eine Rolle spielen muss, der nicht der Einwirkung (dem Fuß des Spielers, dem stoßenden Stab), sondern dem beschleunigten Körper zuzuordnen ist. Die gleiche Einwirkung verursacht nämlich bei verschiedenen Körpern unterschiedliche Geschwindigkeitsänderungen (beispielsweise bei Fußball und Medizinball). Wir führen dies auf eine Eigenschaft der Körper zurück, die als *Masse* bezeichnet wird. Die Aufgabe besteht nun darin, Kraft und Masse begrifflich zu trennen und dabei zwischen Definition und empirischem Naturgesetz zu unterscheiden. Die zwei Teile des Fahrbahnversuchs von S. 38 f. liefern bereits die prinzipielle Vorgehensweise: Im ersten Teil wird der Begriff der Masse festgelegt; der zweite Versuchsteil dient zur Definition des Begriffs Kraft.

Masse

Der erste Teil des Versuchs (Abb. 4.3) wird mit *unterschiedlichen Körpern* in einer *gleichbleibenden Umgebung* durchgeführt. Das soll bedeuten: Wir setzen verschiedene Körper der jeweils gleichen Einwirkung aus und untersuchen die daraus resultierende Beschleunigung. Im Fahrbahnversuch bedeutet „gleiche Einwirkung", dass wir immer das gleiche Gewichtsstück über die Umlenkrolle zur Beschleunigung verwenden (sozusagen als „Referenzkraft" – ohne dass uns das Wort Kraft schon zur Verfügung stünde). Wir könnten aber auch eine beliebige andere Einwirkung festlegen (ein bestimmter Magnet, eine bestimmte Feder), solange nur die Versuchsumstände jeweils genau bestimmt sind. Wir setzen also Kontrollierbarkeit bzw. Reproduzierbarkeit voraus. In Abb. 4.3 soll der in beiden Teilbildern gleich gezeichnete rote „Kraftpfeil" diese gleichbleibenden Versuchsumstände symbolisieren.[1]

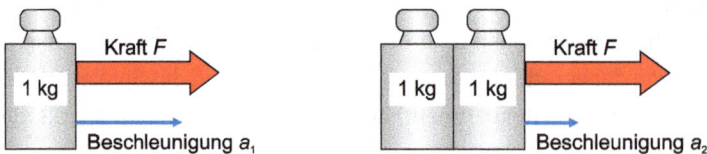

Abb. 4.3: Schematische Darstellung des Beschleunigungsversuchs mit konstanter Kraft.

---

1 Dass die beschleunigte Gesamtmasse beim Fahrbahnversuch auch noch das absinkende Gewichtsstück umfasst, ist eine Eigenheit dieser speziellen Versuchsanordnung, die beim Experimentieren berücksichtigt werden muss, im Folgenden aber nicht weiter thematisiert werden soll.

Zur Einführung des Massebegriffs wird nun nicht mit beliebigen unterschiedlichen Körpern experimentiert, sondern in ganz bestimmter Weise. Wir greifen uns einen beliebigen Körper heraus und versehen ihn mit der Aufschrift „1 kg". Mit diesem Körper führen wir den Beschleunigungsversuch durch und messen seine Beschleunigung. Nun fertigen wir eine möglichst exakte Kopie des 1-kg-Körpers an. Bevor wir weiter experimentieren, stellen wir eine axiomatische Forderung auf:

> Die Masse ist additiv. Die Masse eines aus zwei gleichen Körpern zusammengesetzten Systems ist doppelt so groß wie die Masse der einzelnen Körper.

Damit ist der Begriff der Masse quantitativ erfasst. Wir können die drei grundlegenden Operationen durchführen, durch die eine physikalische Größe quantitativ beschrieben wird:

1. Feststellen der *Gleichheit*: Zwei Körper haben die gleichen Masse, wenn sie von der oben definierten Referenzeinwirkung gleich beschleunigt werden.
2. Festlegung der *Vielfachheit*: Was es bedeutet, dass ein Körper die doppelte, dreifache oder zehnfache Masse hat wie ein anderer wird durch die im Merksatz aufgestellte Forderung festgelegt. Durch Verfeinerung der Vergleichsmassen (Herstellen eines Wägesatzes) lassen sich im Prinzip beliebig genaue Massenvergleiche herbeiführen.
3. Festlegung der *Einheit*: Um die Einheit der Masse, das Kilogramm, festzulegen, wird ein materieller Referenzkörper herangezogen (das Urkilogramm).

Dieser Dreischritt zeigt das Prinzip der quantitativen Definition einer physikalischen Größe in vereinfachter Zuspitzung. Es wurde schon ausgeführt, dass theoriefreies Messen nicht möglich ist. Die Festlegung der Masseneinheit über einen materiellen Referenzkörper ist unter anderem deshalb unbefriedigend. Seit der 2019 erfolgten Revision des SI sind alle Grundeinheiten durch die Festsetzung der numerischen Werte von Naturkonstanten definiert.

Mit dieser Massedefinition erhalten wir eine empirische Aussage aus dem Versuch: Bei doppelter Masse ist die Beschleunigung halb so groß (Abb. 4.3), oder allgemeiner: Die Beschleunigung ist umgekehrt proportional zur Masse (vgl. S. 38):

$$a \sim \frac{1}{m}. \tag{4.2}$$

Definition der Kraft

Im zweiten Versuchsteil (Abb. 4.4) wird mit *demselben Körper* in *unterschiedlichen Umgebungen* experimentiert. Der gleiche Körper wird unterschiedlichen Einwirkungen (Kräften) ausgesetzt und die daraus resultierende Beschleunigung bestimmt. Im Fahrbahnversuch werden unterschiedlich viele Gewichtsstücke zur Beschleunigung verwendet – bei konstanter Gesamtmasse. Mit Hilfe dieser Experimente wird der Begriff der Kraft festgelegt.

Es liegt nahe, ganz analog zum ersten Versuchsteil vorzugehen und ein „Kraftnormal" samt einer Krafteinheit festzulegen. Das ist möglich, aber unbefriedigend. Der Grund dafür ist, dass es nicht gelingt, überzeugend die Vielfachheit – also das

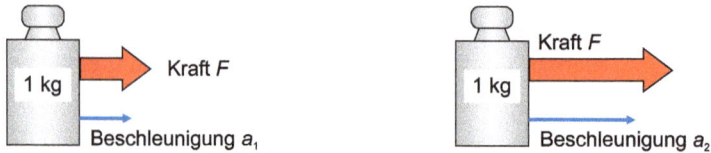

Abb. 4.4: Beschleunigungsversuch mit konstanter Masse.

Doppelte einer Kraft – zu definieren. Dazu wissen wir noch zu wenig über die in der Natur vorkommenden Kräfte. Üben zwei Magnete eine doppelt so große Kraft auf einen Eisenkörper aus wie ein einzelner? Stimmt die so definierte „doppelte Kraft" mit derjenigen überein, die man bei der analogen Definition mit zwei Spiralfedern erhält? Das sind Fragen, die man lieber später empirisch im Experiment klären möchte, als sie durch eine axiomatische Forderung festzulegen.

Viel natürlicher erscheint es, die Kraft anhand ihrer beschleunigenden Wirkung zu *definieren*: Die doppelte Kraft bewirkt die doppelte Beschleunigung (bei gleicher Masse). Damit ist die Beziehung

$$F \sim a \tag{4.3}$$

eine *Definition*, die sich nicht im Experiment überprüfen lässt. Der zweite Versuchsteil auf S. 38 testet damit kein Naturgesetz, sondern bestätigt nur, dass wir mit doppelt so vielen Massestücken eine doppelt so große Gewichtskraft realisieren können.

Das newtonsche Bewegungsgesetz

Fassen wir noch einmal zusammen, welche Funktionen das newtonsche Bewegungsgesetz $\vec{F} = m \cdot \vec{a}$ in verschiedenen Zusammenhängen erfüllt. Damit werden die am Eingang des Kapitels gestellten Fragen beantwortet. Allerdings fällt die Antwort komplexer aus, als es uns vermutlich lieb gewesen wäre:

1. Das newtonsche Bewegungsgesetz enthält die *empirische Aussage*: Kräfte bestimmen die *Beschleunigung* eines Körpers, sie ändern seine Geschwindigkeit. Diese Aussage wird mit Experimenten wie dem senkrechten Stoß getestet, in dem sich zeigt, dass sich alternative Vorstellungen (etwa $\vec{v}_{\text{nach}} \sim \vec{F}$) im Experiment nicht bestätigen lassen.
2. Es *definiert* die Gleichheit von zwei Massen: Zwei Körper haben die gleiche Masse, wenn sie durch die gleiche Kraft die gleiche Beschleunigung erfahren.
3. Es enthält weiterhin als *empirische Aussage*: Bei konstanter Kraft ist die Beschleunigung umgekehrt proportional zur Masse der Körper. Diese Aussage lässt sich in Experimenten überprüfen, in denen man Körper unterschiedlicher Masse durch die gleiche Kraft beschleunigt (unterschiedliche Körper in gleichbleibender Umgebung).

4. Es *definiert* die Kraft durch ihre beschleunigende Wirkung. Kräfte lassen sich in Beschleunigungsexperimenten messen, in denen der jeweils gleiche Körper in unterschiedliche Umgebungen gebracht wird.

Nachdem nun die Begriffe der Kraft und der Masse geklärt sind, kann das newtonsche Bewegungsgesetz zur weiteren Erforschung der Natur genutzt werden. Die linke Seite von $F = m \cdot a$ muss noch mit Leben gefüllt werden, indem verschiedene Kraftsorten untersucht werden: Das newtonsche Bewegungsgesetz legt nur den universellen Kraftbegriff fest. Die in der Natur vorkommenden spezifischen Kräfte können mit seiner Hilfe quantitativ untersucht werden, und es lassen sich Kraftgesetze auffinden. Erst dadurch wird aus dem newtonschen Bewegungsgesetz ein anwendbares Werkzeug zur Beschreibung von Naturphänomenen.

Kraftgesetze

Von der Spiralfeder bis zur Gravitation und zur elektromagnetischen Wechselwirkung lassen sich Kräfte nun untersuchen und vergleichen. Weil durch die Kraftdefinition geklärt ist, was unter „gleich großen Kräften" zu verstehen ist, muss man Kraftmessungen auch nicht ausschließlich über Beschleunigungsversuche vornehmen, sondern kann sie z. B. mit Hilfe einer Spiralfeder durchführen (Kraftmesser).

Beim Erforschen der Kraftgesetze zeigt sich fernerhin, dass nicht alle Körper gleicher Masse in der gleichen Umgebung gleich reagieren. Die Größe einer Kraft, die in einer bestimmten Umgebung auf einen Körper wirkt, hängt nicht nur von den Eigenschaften der Umgebung ab, sondern auch von bestimmten Eigenschaften der Körper. Es wird notwendig, *Ladungen* als Eigenschaften von Körpern zu definieren. Beim Erforschen der Kraftgesetze gilt es, diese Merkmale nach und nach herausfinden.

Es erscheint nicht von vornherein sicher, dass solch komplexes Programm zur Erforschung der Natur von Erfolg beschieden sein kann. Die Geschichte der Physik zeigt, dass diese der Fall ist. Einer der Gründe dafür ist sicher, dass es nur eine Handvoll fundamentaler Wechselwirkungen gibt, deren Gesetze eine relativ unkomplizierte Struktur aufweisen. Die Grundgesetze der Physik sind einfach – deshalb ist die Physik so erfolgreich.

Der hier vorstellte axiomatische Aufbau der Mechanik ist nicht eindeutig. Es gibt auch andere Möglichkeiten, der klassischen Mechanik eine axiomatische Fundierung zu geben. Das wäre nicht weiter bemerkenswert, wenn es nicht zur Folge hätte, dass sich dadurch der erkenntnistheoretische Status von Aussagen ändern kann. Was im einen System ein empirisch überprüfbares Naturgesetz ist, kann in einem anderen System eine Definition oder ein Axiom sein, bei dem eine experimentelle Überprüfung nicht sinnvoll ist. Das macht die Sachlage noch einmal erheblich komplizierter, denn es führt dazu, dass die ohnehin schon schwierige Frage nach Gesetz oder Axiom auch noch zu einer Sache der Konvention wird.

Ein Beispiel ist die elegante Massendefinition nach Mach [13], die auf dem dritten newtonschen Gesetz aufbaut. Zwei Körper, die nur untereinander wechselwirken und sich gegenseitig entgegengesetzt gleiche Beschleunigungen erteilen, haben nach Mach gleiche Massen. Experimentell kann man etwa an zwei Experimentierwagen auf einer Fahrbahn denken, die sich durch Blattfedern gegenseitig abstoßen. Unterschiedliche Massen werden dann durch das Verhältnis der Beschleunigungen definiert, das sich bei der gegenseitigen Wechselwirkung ergibt. Mach definiert die Masse dann so: „Nehmen wir den Vergleichskörper A als Einheit an, so schreiben wir jenem Körper die Masse m zu, welcher A das m fache der Beschleunigung erteilt, die er in Gegenwirkung von A erhält." ([13], S. 203)

Bei dieser Massendefinition wird das dritte newtonsche Gesetz (Kraft gleich Gegenkraft) als Axiom vorausgesetzt. Das ist nicht weiter tragisch, nur ist es dann kein Naturgesetz mehr. Experimente zur Überprüfung des dritten newtonschen Gesetzes sind in diesem Zugang sinnlos.

5.1 Vorhersagbarkeit und Determinismus

Die newtonsche Gleichung $\vec{F} = m \cdot \vec{a}$ ist das Grundgesetz der klassischen Mechanik. Man kann es in zwei Richtungen lesen: Zum einen kann man die Bewegung eines Körpers analysieren, um etwas über die Kräfte zu erfahren, die auf den Körper wirken (wie auf S. 59 im Abschnitt „*Kraftgesetze*" beschrieben).

Vorhersagbarkeit

Seine ganze Macht entfaltet die newtonsche Grundgleichung der Mechanik jedoch erst im zweiten Fall: wenn sie bei bekannten Kräften zur *Vorhersage* der Bewegung von Körpern verwendet wird. Mit der Definition der Beschleunigung als zweite Ableitung des Ortes ergibt sich die Differentialgleichung

$$m \cdot \frac{\mathrm{d}^2 \vec{r}}{\mathrm{d}t^2} = \vec{F}(\vec{r}, t), \tag{5.1}$$

die bei gegebenen Anfangsbedingungen $\vec{r}(t = 0)$ und $\vec{v}(t = 0)$ eine eindeutige Lösung hat. In Worten ausgedrückt: Wenn ich Ort und Geschwindigkeit eines Körpers zu einem bestimmten Zeitpunkt kenne und auch die auf ihn einwirkenden Kräfte zu jedem Zeitpunkt angeben kann, dann bin ich in der Lage, seine Bahn bis in alle Zukunft vorherzusagen. Das beste und auch historisch maßgebliche Beispiel ist die Bewegung der Planeten um die Sonne.

Man kann die Wichtigkeit dieses Vorhersageaspekts kaum überschätzen. Mit dem newtonschen Gesetz war die Menschheit zum ersten Mal in der Lage, sich von der Extrapolation beobachteter Regelmäßigkeiten (wie zum Beispiel noch die keplerschen Gesetze) zu lösen und *begründete* Vorhersagen zu treffen. Begründet in dem Sinn, dass Vorhersagen der folgenden Art möglich wurden: Unter genau spezifizierten Umständen wird sich ein bestimmtes Ergebnis zeigen. Trifft dieses Ergebnis nicht ein, kann man – anders als bei empirischen Regelmäßigkeiten – zurückschließen, dass die Umstände (also Anfangsbedingungen oder Kräfte) nur unzureichend bekannt waren. Die Vorhersagbarkeit und die damit einhergehende Kontrollierbarkeit gehören zu den Grundlagen der modernen Wissenschaft und Technik, am deutlichsten sichtbar vielleicht in den Mondlandungen, bei denen die Astronauten mit ihrem Leben auf die Richtigkeit der vorausberechneten Bahn zum Mond und wieder zurück setzten.

ℹ **Beispiel:** Der Rückschluss von einer von den Vorhersagen abweichenden Bahn auf unzureichend bekannte Umstände wird durch die Umstände bei der Entdeckung des Planeten Neptun im Jahr 1846 illustriert. Die astronomischen Beobachtungen der Bahn des Planeten Uranus zeigten Abweichungen vom vorausberechneten Verlauf. Der französische Astronom Le Verrier vermutete, dass die Gravitationskraft eines bislang noch unbekannten Planeten für die Abweichungen von den berechneten Vorhersagen verantwortlich sei. Er berechnete, wo sich der unbekannte Planet befinden müsste, um die beobachtete Bahn von Uranus in Übereinstimmung mit den newtonschen Gesetzen zu bringen. Er

https://doi.org/10.1515/9783110495812-005

übermittelte die Vorhersage an die Sternwarte in Berlin, und tatsächlich wurde an dieser Position ein Himmelskörper gefunden. Der neue Planet wurde auf den Namen Neptun getauft.

Determinismus

Philosophisch stärkte das newtonsche Gesetz die Position des Determinismus: Die Natur ist berechenbar und vorhersehbar. Robert Boyle beschrieb die Funktionsweise des Universums mit einer Uhrwerkmetapher. Pierre-Simon Laplace brachte die Vorherbestimmtheit der zukünftigen Ereignisse durch den jetzigen Zustand der Welt mit dem „Laplaceschen Dämon" zum Ausdruck (Essai philosophique sur les probabilités, 1814):

> Wir müssen also den gegenwärtigen Zustand des Universums als Folge eines früheren Zustandes ansehen und als Ursache des Zustandes, der danach kommt. Eine Intelligenz, die in einem gegebenen Augenblick alle Kräfte kennt, mit denen die Welt begabt ist, und die gegenwärtige Lage der Gebilde, die sie zusammensetzen, und die überdies umfassend genug wäre, diese Kenntnisse der Analyse zu unterwerfen, würde in der gleichen Formel die Bewegungen der größten Himmelskörper und die des leichtesten Atoms einbegreifen. Nichts wäre für sie ungewiss, Zukunft und Vergangenheit lägen klar vor ihren Augen.

Sozialgeschichtlich trug die Entdeckung eines universellen Gesetzes zur Vorhersage von Bewegungen zur Neujustierung der Rolle des Menschen im Verhältnis zur Natur bei: Wenn der Mensch die Gesetze der Natur kennt, dann ist er ihr nicht mehr länger nur ausgeliefert, sondern kann die Natur aktiv gestalten und beherrschen. Ohne den Glauben an die Beherrschbarkeit der Natur wäre die industrielle Revolution nicht in der Form denkbar gewesen, wie sie sich zugetragen hat. Und es erscheint geradezu als eine Ironie der Geschichte, dass die aktuelle Klimadebatte, die uns die Grenzen der Naturbeherrschung machtvoll aufzeigt, die Vorhersagbarkeit des Klimas durch komplexe Klimamodelle zur unumgänglichen Grundlage hat.

Grenzen der Vorhersagbarkeit

Aus aktueller wissenschaftlicher Perspektive betrachtet, sind dem Determinismus in zweierlei Hinsicht Grenzen gesetzt: Innerhalb der klassischen Mechanik durch das *deterministische Chaos*. Bei einer großen Klasse mechanischer Systeme ist die Bewegung so komplex, dass infinitesimale Abweichungen in den Anfangsbedingungen zu vollkommen verschiedenem Verhalten für größere Zeiträume führt. Ein solches Verhalten tritt schon bei so einfachen Systemen wie dem Doppelpendel auf. Ein beliebter Demonstrationsversuch ist das Chaospendel: eine Eisenkugel, die über drei Magneten an einer Schnur aufgehängt ist. Bei chaotischen Systemen sind die Grundgleichungen nach wie vor die deterministischen newtonschen Gesetze. Weil das Verhalten aber so empfindlich von den Anfangsbedingungen abhängt, ist die Vorhersagbarkeit eingeschränkt, da man die Anfangsbedingungen nie mit beliebiger Genauigkeit kennen kann.

Eine noch drastischere Abkehr vom Determinismus bringt die *Quantenmechanik* mit sich. Ihre Grundgesetze sind statistischer Natur. Der Ausgang einer Messung an einem einzelnen Quantenobjekt ist in der Regel nicht vorhersagbar. Nur statistische Aussagen über viele Experimente mit identisch präparierten Quantenobjekten sind möglich. Anders als beim deterministischen Chaos beruht der statistische Charakter der Gesetzmäßigkeiten nicht auf subjektiver Unkenntnis: Die experimentellen Ergebnisse zur *bellschen Ungleichung* schließen lokale Alternativtheorien mit deterministischer Beschreibung („verborgene Variablen") aus und bringen den Determinismus der klassischen Physik damit zu Fall. Wir können begründet behaupten, dass es eine Rückkehr zur deterministischen Beschreibung der Natur nach Art der klassischen Physik nicht mehr geben wird.

5.2 Die einfachsten Bewegungsformen

In der Schule werden die beiden einfachsten Bewegungsformen – die gleichförmige Bewegung und die Bewegung mit konstanter Beschleunigung – häufig schon in der Kinematik angesprochen, ohne dass in diesem Zusammenhang Kräfte thematisiert werden. Damit wird die Chance versäumt, den Schülerinnen und Schülern an diesen Beispielen den grundlegenden Zusammenhang der Mechanik zu verdeutlichen: Die Kräfte, die auf einen Körper einwirken, beeinflussen seine Bahn.

Stillschweigend wird in der Regel auch vom Einfluss des Luftwiderstands abgesehen. Diese Einschränkung ist bei einer einführenden Behandlung des Themas gerechtfertigt, denn andernfalls wird die mathematische Beschreibung so kompliziert, dass sie nur mit numerischen Verfahren zu bewältigen ist. Im kompetenzorientierten Unterricht ist hier ein Punkt, an dem die Modellbildung in der Physik gewinnbringend diskutiert werden kann.

Beschreiben wir die einfachsten Bewegungsformen zunächst anhand ihrer mathematischen Gestalt und suchen erst dann nach Beispielen für ihre Realisierung in der Natur. Wir betrachten eindimensionale Bewegungen in x-Richtung, so dass die newtonsche Bewegungsgleichung (5.1) die Gestalt

$$m \cdot \ddot{x} = F(x, t) \quad \text{bzw.} \quad m \cdot \dot{v} = F(x, t) \tag{5.2}$$

annimmt (die Punktnotation steht für die Differentiation nach der Zeit). Das ist die Differentialgleichung, die für verschiedene einfache Fälle des Kraftgesetzes $F(x, t)$ zu lösen ist.

Gleichförmige Bewegung
Bei der gleichförmigen Bewegung wirkt *keine Kraft* auf den betrachteten Körper (präziser: die Summe aller einwirkenden Kräfte ergibt null). Die newtonsche Bewegungs-

gleichung (5.2) wird zu:

$$\dot{v} = 0, \tag{5.3}$$

in Worten ausgedrückt: Die Geschwindigkeit ändert sich nicht, sie bleibt konstant. Die kräftefreie Bewegung ist durch eine konstante Geschwindigkeit gekennzeichnet, in Übereinstimmung mit dem Trägheitsgesetz. Zweimaliges Integrieren führt auf das Zeit-Geschwindigkeit- und das Zeit-Weg-Gesetz.

Gleichförmige Bewegung:

$$\text{Zeit-Geschwindigkeit-Gesetz:} \quad v(t) = v_0, \tag{5.4}$$

$$\text{Zeit-Weg-Gesetz:} \quad x(t) = v_0 t + x_0. \tag{5.5}$$

Dabei ist v_0 bzw. x_0 die Geschwindigkeit bzw. der Ort zum Anfangszeitpunkt t_0.

Gleichmäßig beschleunigte Bewegung

Wenn die Kraft, die auf den betrachteten Körper wirkt, zeitlich und räumlich konstant ist, dann ist nach der newtonschen Bewegungsgleichung auch die Beschleunigung $a = F/m$ konstant. Gl. (5.2) wird zu:

$$\dot{v} = a = \text{const.} \tag{5.6}$$

Auch in diesem Fall lässt sich die Differentialgleichung auf beiden Seiten über die Zeit integrieren. Die erste Integration ergibt:

$$v(t) = at + v_0, \tag{5.7}$$

mit der Integrationskonstanten v_0, die die Geschwindigkeit zum Zeitpunkt $t = 0$ angibt. Die nochmalige Integration ergibt:

$$x(t) = \frac{1}{2} at^2 + v_0 t + x_0, \tag{5.8}$$

mit der Integrationskonstanten x_0 (Ort zum Zeitpunkt t_0). Damit haben wir in diesem einfachen Fall ein erstes Mal die newtonsche Bewegungsgleichung gelöst und mit dem Zeit-Geschwindigkeit-Gesetz sowie dem Zeit-Weg-Gesetz die vollständige Information über die eindimensionale Bewegung eines Körpers unter dem Einfluss einer konstanten Kraft ermittelt.

Gleichmäßig beschleunigte Bewegung:

$$\text{Zeit-Geschwindigkeit-Gesetz:} \quad v(t) = at + v_0, \tag{5.9}$$

$$\text{Zeit-Weg-Gesetz:} \quad x(t) = \frac{1}{2} at^2 + v_0 t + x_0. \tag{5.10}$$

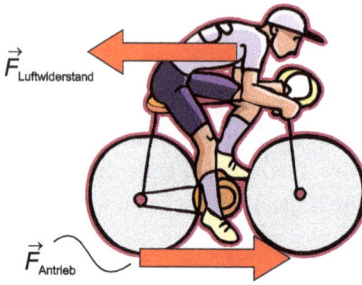

Abb. 5.1: Wenn ein Fahrradfahrer mit konstanter Geschwindigkeit fährt, dann dosiert er die Antriebskraft gerade so, dass sie ebenso groß ist wie die abbremsenden Reibungs- und Luftwiderstandskräfte sind. Da beide entgegengesetzt gerichtet sind, ist die Gesamtkraft null und die Bewegung gleichförmig.

Die einfachen Bewegungsformen im Unterricht: Dass Beispiele für die kräftefreie gleichförmige Bewegung in der Natur kaum in Reinform zu finden sind, wurde bereits in Kapitel 2 erläutert. Zahlreiche Beispiele finden sich jedoch für gleichförmige Bewegungen, bei denen Kräftegleichgewicht herrscht. Bei dieser zweiten Klasse von gleichförmigen Bewegungen ist die Gesamtkraft null, d. h. die verschiedenen auf den Körper einwirkenden Kräfte heben sich gerade gegenseitig auf. Ein Beispiel ist ein Fahrrad, das mit konstanter Geschwindigkeit fährt: Die von der Straße auf das Fahrrad wirkende Antriebskraft ist gerade so groß wie die Reibungs- bzw. Luftwiderstandskraft und diesen entgegengesetzt gerichtet (Abb. 5.1). Weitere häufig im Physikunterricht behandelte Beispiele für gleichförmige Bewegungen dieser Art sind die Bewegung einer elektrischen Modelleisenbahn, Rollbänder am Flughafen oder näherungsweise der schon in Kapitel 1 betrachtete Langstreckenlauf. Oftmals wird im Zusammenhang mit der gleichförmigen Bewegung der Umgang mit t-s-Diagrammen (vgl. Kapitel 1) geübt, zum Beispiel die Anpassung einer Ausgleichsgeraden an gemessene Datenpunkte oder die Bestimmung der Steigung mit Hilfe eines an die Ausgleichsgerade gelegten Steigungsdreiecks.

Die gleichförmig beschleunigte Bewegung ist in den meisten Lehrplänen in der Sekundarstufe II angesiedelt. Neben den Beschleunigungsvorgängen beim Anfahren oder Abbremsen eines Autos oder eines Zugs hat sie ihr hauptsächliches Anwendungsfeld bei den Fallbewegungen und Würfen, auf die wir am Ende des Kapitels in einem eigenen Abschnitt eingehen.

5.3 Lösungsstrategie für Probleme aus der Mechanik

Für die einfachsten Probleme der Mechanik, in denen nur ein einzelner Körper und wenige, leicht spezifizierbare Kräfte beteiligt sind, ist ein weitgehend intuitiver Ansatz zum Aufstellen der newtonschen Bewegungsgleichung ausreichend. Doch die wenigsten Probleme aus der Mechanik sind von dieser Art. Schon die Verhältnisse an der schiefen Ebene sind zu kompliziert für einen solchen Ansatz; viele Lernende haben hier Schwierigkeiten.

Deshalb soll im Folgenden ein systematischer und leistungsfähiger Ansatz zur Lösung von Problemen in der Mechanik vorgestellt werden. Zentral ist ein einfacher Gedanke: In einer Abfolge von Schritten zur Problemlösung verschafft man sich zunächst Klarheit über das System, das man der Betrachtung zugrunde legen will und identifiziert sodann die am System angreifenden Kräfte, die für die Bewegung maßgeblich sind. Zunächst formulieren wir die Strategie in einer rezeptartigen Abfolge von Schritten, um dann anhand von Beispielen den Sinn der einzelnen Schritte zu erläutern und die Anwendung des Verfahrens zu illustrieren.

Schritt 1: System identifizieren Am Anfang der Problembearbeitung fertigt man eine Skizze an, in der alle beteiligten Körper dargestellt werden. Davon ausgehend muss das System identifiziert werden, das man betrachten möchte. Diejenigen Körper, an deren Bewegung man interessiert ist, werden durch eine imaginäre Grenzfläche von ihrer Umgebung abgegrenzt. Die *Systemgrenzen* werden in die Skizze eingezeichnet, z. B. mit einer gestrichelten Linie. Das „Systeminnere", d. h. die Körper, die sich im Inneren der Systemgrenzen befinden, wird in einer zweiten Skizze gesondert dargestellt.

Schritt 2: Äußere Kräfte identifizieren Im zweiten Schritt werden die *äußeren Kräfte* identifiziert. Das sind alle diejenigen Kräfte, die von außen am System angreifen, die also über die Systemgrenzen hinweg auf die Körper im Inneren der Systemgrenzen wirken. *Innere Kräfte*, die zwischen den verschiedenen Bestandteilen des Systems wirken, werden nicht berücksichtigt. Auch die Kräfte, die das System auf andere Körper ausübt, die also die Systemgrenzen von innen nach außen übergreifen, werden nicht berücksichtigt. Die äußeren Kräfte werden als Kraftpfeile in die zweite Skizze eingezeichnet. Damit hat man das System freigestellt. Alles, was außerhalb der Systemgrenzen liegt, ist nur noch durch die Kräfte repräsentiert, die über die Systemgrenzen hinweg wirken. Die Modellbildung ist damit abgeschlossen und wir können die newtonsche Bewegungsgleichung anwenden.

Schritt 3: Bewegungsgleichung aufstellen und lösen In der newtonschen Bewegungsgleichung $\vec{F} = m \cdot \vec{a}$ steht das $\vec{F}$ für die *Gesamtkraft*, d. h. für die Vektorsumme aller äußeren Kräfte. Alle äußeren Kräfte, die in unserer Skizze am freigestellten System angreifen, werden daher nun vektoriell addiert und bilden zusammen die Gesamtkraft. Die Bewegungsgleichung

$$\vec{F} = m \cdot \vec{a} \tag{5.11}$$

kann nun explizit aufgeschrieben und gelöst werden. Die Lösung beschreibt die Bewegung des *Schwerpunkts aller im System zusammengefassten Körper*. Diese Aussage ist keine Näherung, sondern auch für ausgedehnte Systeme in Strenge richtig. Die oftmals aus Unsicherheit vorgenommene Beschränkung auf „Punktmassen" ist bei der hier beschriebenen Vorgehensweise nicht erforderlich.

Wahl der Systemgrenzen

Dass die Wahl der Systemgrenzen ein unverzichtbarer Schritt bei der Lösung des Problems ist, wird schon dadurch deutlich, dass es ansonsten gar nicht möglich ist, zwischen äußeren und inneren Kräften zu unterscheiden. Da nur die äußeren Kräfte in die newtonsche Bewegungsgleichung eingehen, ist diese Unterscheidung eine Notwendigkeit.

Um einem Missverständnis vorzubeugen: Es gibt keinen prinzipiellen Unterschied in der Natur der äußeren und inneren Kräfte. Sie unterscheiden sich nur darin, dass sie über Systemgrenzen hinweg wirken oder nicht. Ändert man die Systemgrenzen, können dadurch äußere zu inneren Kräften werden und umgekehrt.

In den Lehrbüchern für Ingenieure ist das Verfahren als das „Freistellen" oder "Freischneiden" eines Körpers bekannt. Auch in der englischsprachigen Literatur steht in der Regel das Erstellen eines „*free-body diagram*" am Anfang der Problem-

(a)

(b)

Abb. 5.2: Zwei unterschiedliche Möglichkeiten für die Wahl der Systemgrenzen beim Radfahrer: (a) Das System besteht aus Radfahrer und Rad. (b) Nur der Radfahrer bildet das System. Der Übersichtlichkeit halber werden nur horizontal wirkende Kraftkomponenten betrachtet.

lösung. Eigenartigerweise kennt die deutsche Lehrtradition in der Physik ein vergleichbar einfaches und systematisches Verfahren zur Problemlösung normalerweise nicht – weder in den Schulbüchern noch in den Universitäts-Lehrbüchern. Das in der Regel praktizierte intuitive Identifizieren der äußeren Kräfte birgt jedoch zahlreiche Fallstricke, die zu Fehlern führen können.

Noch eine weitere Bemerkung zur Klarstellung: Die Wahl der Systemgrenzen ist ein rein gedanklicher Prozess. Die Systemgrenzen existieren nur auf dem Papier. Beim Bestimmen ihres Verlaufs ist man frei. Es gibt keine Vorschrift für die Festlegung der Systemgrenzen. Die Kräfte, die in die newtonsche Bewegungsgleichung einzusetzen sind, hängen von der Wahl der Systemgrenzen ab. Es gibt daher mehr oder weniger geschickte Grenzverläufe. Durch die zweckmäßige Wahl der Systemgrenzen kann man sich manchmal die Lösung eines Problems erleichtern, wie das folgende Beispiel zeigt.

Beispiel: Fahrradfahrer. Um die Wahl der Systemgrenzen und die Unterscheidung zwischen äußeren und inneren Kräften zu verdeutlichen, untersuchen wir den Fahrradfahrer aus Abb. 5.1. Es gibt mehrere Möglichkeiten für die Wahl der Systemgrenzen. Wir wollen zwei davon näher betrachten:

1.   Das System enthält den Radfahrer zusammen mit seinem Fahrrad. Die Systemgrenzen und die entsprechenden Kraftpfeile sind in Abb. 5.2 (a) dargestellt. Um die Darstellung möglichst einfach zu halten, werden nur horizontale Kraftkomponenten betrachtet. Zu beachten ist: Beim Einzeichnen der Kräfte werden nur diejenigen Kräfte berücksichtigt, die von außen über die Systemgren-

zen *auf* den Radfahrer wirken. Irrelevant sind dagegen die Kräfte, die der Radfahrer *auf andere Körper ausübt*. Sie tragen zur Bewegung des Radfahrers nicht bei. Insofern ist in Abb. 5.2 (a) *nicht* die Kraft dargestellt, die der Reifen auf die Straße ausübt (denn sie wirkt ja auf die Straße), sondern die Gegenkraft dazu: die Kraft der Straße auf den Reifen. Sie ist in Fahrtrichtung gerichtet und treibt das Fahrrad nach vorn.

Entgegen der Fahrtrichtung (also abbremsend) gerichtet ist die Luftwiderstandskraft. Wenn sie kleiner ist als die Antriebskraft, beschleunigt das Fahrrad. Ist sie größer, dann bremst es ab. Dosiert der Fahrer die Antriebskraft gerade so, dass die Gesamtkraft null ist, also Kräftegleichgewicht herrscht, dann fährt das Fahrrad mit konstanter Geschwindigkeit.

2. Eine zweite Möglichkeit zur Wahl der Systemgrenzen ist in Abb. 5.2 (b) gezeigt: Das System besteht nur aus dem Radfahrer allein. Äußere Kräfte sind nun die Luftwiderstandskraft sowie diejenigen Kräfte, die zwischen dem Radfahrer und seinem Fahrrad wirken. Das sind die Kraft, die der Sattel auf ihn ausübt und die Kraft, die die Pedale auf seine Füße ausüben (also die Gegenkraft zur Kraft der Füße auf die Pedale). Aufgrund der komplexen Hebelverhältnisse gibt es keine einfache Beziehung zwischen der Pedalkraft und der Luftwiderstandskraft, die man ohne genaue Kenntnis der Geometrie herstellen könnte.

Der Radfahrer wird von der Kraft, die der Sattel auf ihn ausübt, vorangetrieben. Bei konstanter Geschwindigkeit steht ein Teil dieser Kraft im Gleichgewicht mit der Luftwiderstandskraft. Der andere Teil dient als Widerlager für die Pedalkraft und steht (wenn man von den Kreisbeschleunigungen beim Pedaltreten selbst absieht) mit ihr im Kräftegleichgewicht.

Die Kraft zwischen Straße und Reifen tritt bei dieser Wahl der Systemgrenzen an keiner Stelle auf, denn sowohl Straße als auch Reifen liegen außerhalb der Systemgrenzen.

Man erkennt an diesem Beispiel, dass es günstigere und ungünstigere Möglichkeiten für die Wahl der Systemgrenzen gibt. Die komplizierten Hebelverhältnisse am Pedal, die das Problem im zweiten Fall so kompliziert machen, treten im ersten Fall überhaupt nicht auf, weil es sich um innere Kräfte handelt, die in der newtonschen Bewegungsgleichung nicht erscheinen. Diese Wahl der Systemgrenzen führt also zu einer wesentlich einfacheren Beschreibung der Bewegung. Ist man dagegen gerade an den Hebelkräften an den Pedalen interessiert, etwa bei der Konstruktion eines Fahrrads, muss man die zweite Variante wählen.

Analogie: Zahnradbahn

Es mag irritierend wirken und den Alltagsvorstellungen widersprechen, dass die Kraft, die das Fahrrad vorantreibt, von der Straße ausgeübt wird. Eine Analogie kann helfen, diesen Umstand plausibler erscheinen zu lassen. Wir untersuchen dazu, auf welche Weise sich eine Zahnradbahn voranbewegt (Abb. 5.3). Der Antrieb erfolgt über ein Zahnrad, das in die Sprossen einer Zahnstange greift. Das Zahnrad wird vom Motor der Zahnradbahn angetrieben und übt dadurch eine Kraft auf die Zahnstange aus. Die Gegenkraft zu dieser Kraft wirkt von der Zahnstange auf das Zahnrad. Es ist diese Kraft, die den Zug vorantreibt. In einer bildlichen Redeweise, die das Verständnis vielleicht erleichtert, kann man sich vorstellen, dass sich die Zahnradbahn an der Zahnstange „abstößt".

Beim Fahrradfahrer ist der Wirkungsmechanismus der Kräfte der gleiche wie bei der Zahnradbahn. Die Haftreibungskraft tritt an die Stelle der Kraft zwischen Zahnrad und Zahnstange. Der Fahrradfahrer „stößt sich damit von der Straße ab".

Abb. 5.3: Zahnradbahn.

5.4 Beispiel: Schieben einer Kiste

Als Vorüberlegung zum komplexeren Problem der schiefen Ebene betrachten wir die in Abb. 5.4 gezeigte instruktive, wenn auch nicht sehr realitätsnahe Situation, in der ein Arbeiter eine schwere Holzkiste über den Boden schieben soll. Wir gehen nach dem oben beschriebenen Schema vor.

Schritt 1

Die Skizze mit allen beteiligten Körpern (Kiste, Boden und Arbeiter) ist in Abb. 5.4 gezeigt. Für den Verlauf der Systemgrenzen gibt es im Wesentlichen zwei Möglichkeiten: (1) Die Kiste allein, ohne den Arbeiter, bildet das System, (2) Arbeiter und Kiste bilden zusammen das System. Wenn wir die erste Möglichkeit wählen, verlaufen die Systemgrenzen so wie in Abb. 5.4 dargestellt.

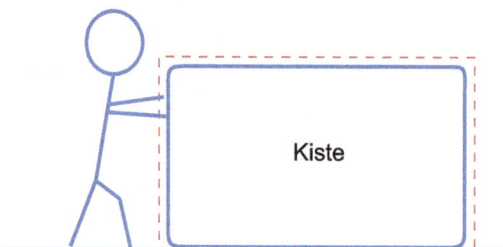

Kiste

Abb. 5.4: Systemgrenzen beim Schieben einer Kiste.

Schritt 2

Nun werden die äußeren Kräfte identifiziert. Die folgenden vier Kräfte wirken von außen über die Systemgrenzen hinweg auf das System „Kiste":

- die „Schiebekraft" F_S, die der Arbeiter auf die Kiste ausübt,
- die Gewichtskraft F_G, die die Erde über die Gravitationsanziehung auf die Kiste ausübt,
- die Normalkraft F_N, die vom Boden auf die Kiste wirkt,
- und schließlich die Reibungskraft F_R, die ebenfalls vom Boden auf die Kiste wirkt.

Erfahrungsgemäß fällt es Lernenden schwer, zu identifizieren, von welchen Körpern auf welche die jeweiligen Kräfte ausgeübt werden. Bei der Aufzählung oben wurde dies daher jeweils mit angegeben. Die vier Kräfte werden nun wie in Abb. 5.5 in eine Skizze eingezeichnet. Damit ist das System „Kiste" freigestellt.

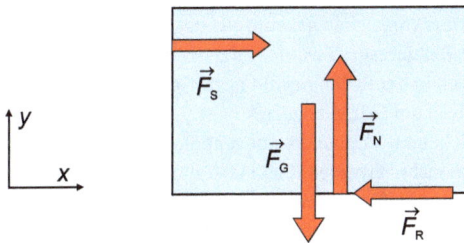

Abb. 5.5: Kräfte an der freigestellten Kiste.

Schritt 3

Wenn alle am System angreifenden Kräfte identifiziert sind, wird die Bewegungsgleichung aufgestellt und gelöst. Weil die newtonsche Bewegungsgleichung eine Vektorgleichung ist, können wir x- und y-Richtung getrennt betrachten. In x-Richtung wirken Schiebe- und Reibungskraft:

$$m\frac{d^2x}{dt^2} = F_S - F_R. \tag{5.12}$$

Es gibt zwei Möglichkeiten:

1. $F_S > F_R$: Die Schiebekraft ist größer als die Reibungskraft. In diesem Fall ist rechte Seite von Gl. (5.12) positiv. Die Kiste wird nach rechts beschleunigt. Wenn man konkrete Werte für F_S und F_R hat, kann man die Bewegungsgleichung Gl. (5.12) quantitativ lösen. Ist speziell die rechte Seite konstant, ergibt sich eine gleichmäßig beschleunigte Bewegung. Bei konstanter Kraft wird die Kiste gleichmäßig schneller.
2. $F_S = F_R$: Es herrscht Kräftegleichgewicht. Die rechte Seite von Gl. (5.12) hat den Wert null und die Geschwindigkeit der Kiste ändert sich nicht. Sie ist entweder

in Ruhe oder bewegt sich mit konstanter Geschwindigkeit. Bemerkenswert ist, dass das Schieben der Kiste mit konstanter Geschwindigkeit voraussetzt, dass die Schiebekraft exakt gleich der Reibungskraft ist. Im konkreten Fall dosieren wir, ohne dass uns dies bewusst wird, die von uns ausgeübte Kraft so, dass das gerade der Fall ist.

Vorzeichen von Kraftkomponenten: Es stellt sich die Frage, warum F_R auf der rechten Seite von Gl. (5.12) ein negatives Vorzeichen hat. Generell gibt es bei vektoriell formulierten Gleichungen keine Notwendigkeit, die Richtung einer Kraft durch Vorzeichen auszudrücken. Die Richtung der Vektoren enthält die notwendige Information bereits. Hier aber sind wir zu Komponenten von Kräften übergegangen. Die Richtung wird dabei durch positive und negative Werte der Kraft ausgedrückt, und man muss vereinbaren, was die Vorzeichen bedeuten sollen.

Es haben sich zwei unterschiedliche Möglichkeiten eingebürgert, das Vorzeichen von Kraftkomponenten festzulegen: Entweder man trifft die Konvention, dass das Vorzeichen einer Kraft positiv ist, wenn sie so gerichtet ist wie in der jeweiligen Skizze eingezeichnet. Beim Aufstellen der Bewegungsgleichung wird dann die Richtung der Kraft durch das Vorzeichen gekennzeichnet. So ist es in Gl. (5.12) geschehen: Die in der Skizze nach links zeigende Reibungskraft wurde in der newtonschen Gleichung mit einem Minuszeichen berücksichtigt. Wenn sich in der Rechnung ein negativer Wert für eine Kraft ergibt, weiß man, dass sie anders gerichtet ist als in der Skizze eingezeichnet.

Bei der zweiten, hier nicht gewählten Möglichkeit trifft man die Konvention, dass Kräfte in positive x-Richtung (also nach rechts) immer positiv gerechnet werden. Ob eine Kraft nach links oder nach rechts gerichtet ist, kann man daran ablesen, ob sie einen negativen oder positiven Wert hat. Bei dieser Konvention darf man die (vermutete) Richtung der Kraft dann aber nicht mehr durch ein Vorzeichen in der newtonschen Gleichung ausdrücken. In den Bewegungsgleichungen oben stünde also vor jeder Kraft ein Pluszeichen. Der Wert der Kraft wäre entsprechend positiv oder negativ. Man kann sich frei für eine der beiden Möglichkeiten entscheiden, man darf sie nur nicht durcheinanderwerfen.

Die Normalkraft

Bisher haben wir nur die Bewegung der Kiste in x-Richtung betrachtet. In die Skizze haben wir aber auch die Kräfte in y-Richtung eingezeichnet. Hier wirken Normal- und Gewichtskraft auf die Kiste. Die newtonsche Bewegungsgleichung lautet:

$$\frac{d^2 y}{dt^2} = F_N - F_G. \tag{5.13}$$

Diese Gleichung sieht auf den ersten Blick genauso aus wie Gl. (5.12). Sie hat aber einen völlig anderen Charakter. Zu Anfang des Kapitels wurde bereits erwähnt, dass man mit der newtonschen Gleichung auch die bereits bekannte Bewegung eines Körpers analysieren kann, um etwas über die Kräfte zu erfahren, die auf ihn wirken. Dieser Fall liegt hier vor. Wir wissen nämlich, dass in y-Richtung keine Bewegung der Kiste stattfindet. Schuld daran ist die vom Boden auf die Kiste wirkende Normalkraft. Sie verhindert, dass die Kiste durch den Boden fällt. Ohne die Normalkraft wäre in y-Richtung die Gewichtskraft die einzige Kraft auf die Kiste, und die Kiste würde nach unten beschleunigt.

leichter Gegenstand

$\vec{F}_N$

schwerer Gegenstand

$\vec{F}_N$

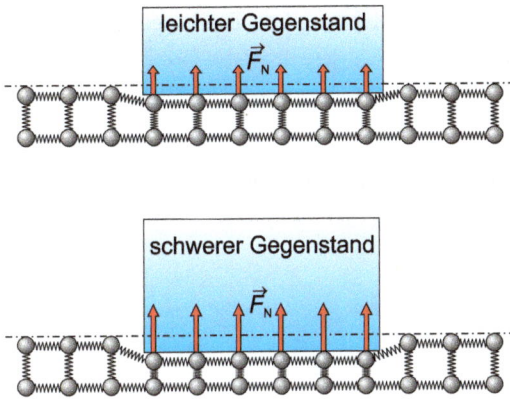

Abb. 5.6: Modell zum „Sich-Einstellen" der Normalkraft.

Aus der Feststellung, dass die Kiste sich in y-Richtung nicht bewegt, können wir die Eigenschaften der Normalkraft erschließen. Sie ist offenbar gerade so groß, dass sie die Gewichtskraft der Kiste kompensiert. An der Kiste herrscht Kräftegleichgewicht zwischen Gewichtskraft und Normalkraft. Die Normalkraft ist demnach immer so groß wie die Gewichtskraft und entgegengesetzt gerichtet. Die Normalkraft ist dabei nicht die Gegenkraft zur Gewichtskraft – das ist die Gravitationskraft, mit der die Kiste die Erde anzieht. Die Normalkraft ist die Gegenkraft zur gleich großen Kraft, mit der die Kiste auf den Boden drückt. Der Boden drückt entsprechend zurück.

Bemerkenswert ist, dass der Wert der Normalkraft nicht von vornherein festgelegt ist. Die Normalkraft stellt sich dynamisch so ein, dass an der Kiste immer Kräftegleichgewicht in y-Richtung herrscht. Erhöht man die Gewichtskraft, indem man einen Stein auf die Kiste legt, wird die Normalkraft um den gleichen Betrag größer.

Das Zustandekommen dieses „dynamischen Sich-Einstellens" kann man sich mit dem folgenden Modell erklären. Wir stellen uns vor, dass die Unterlage aus Teilchen zusammengesetzt ist, die durch Federn verbunden sind (Abb. 5.6). Wenn wir einen leichten Gegenstand (eine leichte Kiste) auf die Unterlage stellen, werden die Federn etwas zusammengedrückt. Die Unterlage verformt sich ein wenig (oberes Bild). Die Normalkraft ist die Kraft, die die gespannten Federn von unten gemeinsam auf die Kiste ausüben. Sie ist genauso groß und entgegengesetzt gerichtet wie die Gewichtskraft der Kiste. Entsprechendes gilt, wenn man einen schwereren Gegenstand auf die Unterlage legt. Die Federn werden weiter zusammengedrückt, und im Gegenzug üben sie auch eine größere Kraft auf den Gegenstand aus.

5.5 Schiefe Ebene

Die oftmals unübersichtlichen Kräfteverhältnisse an der schiefen Ebene werden durch die drei Schritte des systematischen Lösungsverfahrens überschaubarer. Es handelt sich um eine Variante der Kistenaufgabe, bei der aufgrund der Neigung der Ebene die

Gravitationskraft relativ zur Kiste eine andere Richtung hat. Die Vorgehensweise ist die gleiche wie bei der Kistenaufgabe.

Schritt 1

Abb. 5.7 zeigt die Skizze mit den beteiligten Körpern. Es liegt nahe, die Systemgrenzen so zu wählen, dass sie nur die Kiste umfassen.

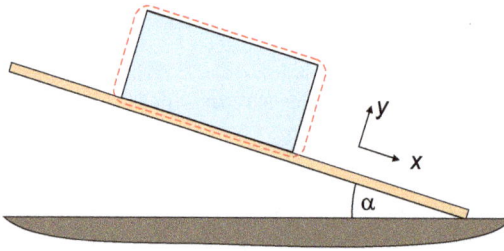

Abb. 5.7: Kiste auf einer schiefen Ebene.

Schritt 2

Die äußeren Kräfte sind bis auf die Schiebekraft, die nun wegfällt, die gleichen wie im voranstehenden Abschnitt (Abb. 5.8 links). In Bezug auf das eingezeichnete Koordinatensystem hat die Gewichtskraft allerdings ihre Richtung geändert. Sie hat nun sowohl eine x- als auch eine y-Komponente, deren Größe vom Neigungswinkel α abhängt. Die x-Komponente der Gewichtskraft vertritt nun die Schiebekraft. Diesen Teil der Gewichtskraft bezeichnet man als *Hangabtriebskraft* $\vec{F}_{HA}$.

Schritt 3

Für die komponentenweise Betrachtung der newtonschen Bewegungsgleichung wird die Gewichtskraft in Teilkräfte parallel zu den Koordinatenachsen zerlegt. Diese Zerlegung ist in Abb. 5.8 rechts gezeigt. Es empfiehlt sich, die Gewichtskraft nach der

Abb. 5.8: Die freigestellte Kiste auf der schiefen Ebene vor (links) und nach (rechts) der Kräftezerlegung der Gewichtskraft.

Kräftezerlegung mit einem Doppelstrich „auszustreichen", damit auf den ersten Blick deutlich wird, dass sie nicht mehr beiträgt.

Für die Bewegung in y-Richtung, also senkrecht zur schiefen Ebene, gilt das oben Gesagte. Die Normalkraft stellt sich so ein, dass sie ebenso groß ist wie die y-Komponente der Gewichtskraft. Es findet keine Bewegung in y-Richtung statt. Zur Bewegung in x-Richtung tragen die Reibungskraft und die Hangabtriebskraft bei. Für deren Betrag gilt:

$$F_{HA} = F_G \sin \alpha. \tag{5.14}$$

Die x-Komponente der newtonschen Bewegungsgleichung lautet somit:

$$m \frac{d^2 x}{dt^2} = F_G \sin \alpha - F_R. \tag{5.15}$$

Abb. 5.8 zeigt eine Situation, in der die Hangabtriebskraft etwas größer als die Reibungskraft ist. Die Kiste rutscht also in beschleunigter Bewegung die Ebene hinunter.

5.6 Reibungskräfte

Bei der Reibung zwischen festen Körpern unterscheidet man grundsätzlich zwischen *Haftreibung* und *Gleitreibung*, je nachdem ob die beiden beteiligten Oberflächen sich gegeneinander bewegen oder nicht. Als Sonderfall tritt noch die *Rollreibung* hinzu, die durch das „Durchkneten" eines Rades beim Abrollen auf einer Oberfläche und den damit einhergehenden Energieverlust verursacht wird.

Die Haftreibungskraft wirkt bei der *ruhenden* Kiste. Sie ist die Kraft, die verhindert, dass man die ruhende Kiste ohne Weiteres wegschieben kann. Die Gleitreibungskraft wirkt, wenn man es geschafft hat, die Kiste in Bewegung zu setzen. Man muss zum Schieben immer weiter eine Kraft ausüben, sonst bremst die Gleitreibungskraft die Kiste wieder ab.

Haft- und Gleitreibung

Die Haftreibungskraft ist wie die Normalkraft eine Kraft, die sich dynamisch einstellt. Sie wirkt der Schiebekraft entgegen und kompensiert diese gerade. Man kann nicht im Voraus einen festen Wert für die Haftreibungskraft angeben, den man als Zahlenangabe in die newtonsche Bewegungsgleichung einsetzt. Wenn man die Schiebekraft von null bis zu einem Maximalwert kontinuierlich erhöht, steigt auch die entgegengerichtete Haftreibungskraft kontinuierlich an – bis zu einer gewissen Grenze. Die Haftreibungskraft kann einen bestimmten Maximalwert nicht überschreiten. Ist die Schiebekraft größer als der Maximalwert der Haftreibungskraft, setzt sich die Kiste plötzlich in Bewegung.

Für diesen maximalen Wert der Haftreibungskraft zwischen einem Körper und seiner Unterlage gibt es ein empirisches Gesetz:

Die Haftreibungskraft F_H zwischen einem ruhenden Körper und seiner Unterlage ist genauso groß und entgegengesetzt gerichtet wie die parallel zur Unterlage gerichtete Schiebekraft. Sie kann allerdings einen bestimmten Maximalwert nicht übersteigen, der durch

$$F_{H,max} = \mu_H \cdot F_N \tag{5.16}$$

gegeben ist. In dieser Formel ist F_N der Betrag der Normalkraft und μ_H eine Proportionalitätskonstante, der Haftreibungskoeffizient.

Wird die maximale Haftreibungskraft überschritten, beginnt die Kiste sich zu bewegen und die *Gleitreibung* setzt ein. Sie ist ebenfalls entgegengesetzt zur Schiebekraft gerichtet und gehorcht für viele Materialien dem einfachen empirischen Gesetz:

$$F_G = \mu_G \cdot F_N. \tag{5.17}$$

Die Konstante μ_G heißt Gleitreibungskoeffizient. Der Gleitreibungskoeffizient ist immer kleiner als der Haftreibungskoeffizient. Bemerkenswert ist, dass die Gleitreibungskraft unabhängig von der Gleitgeschwindigkeit und der Auflagefläche ist.

Die Gl. (5.16) und (5.17) gelten nur für trockene Reibung. Wenn man ein Schmiermittel (z. B. Öl) zwischen die beiden aufeinander gleitenden Flächen bringt, verringert sich die Reibungskraft stark. Die Oberflächenmoleküle der beiden Festkörper stehen nun nicht mehr direkt in Kontakt, sondern sind durch einen Flüssigkeitsfilm voneinander getrennt. Die Moleküle der Flüssigkeit sind leicht gegeneinander verschiebbar, so dass die relative Bewegung der beiden Oberflächen erleichtert wird. Für geschmierte Reibung gelten daher kompliziertere Gesetzmäßigkeiten.

Die Werte für Haft- und Gleitreibungskoeffizienten sind für einige Materialienpaare in Tab. 5.1 zusammengestellt. Es handelt sich dabei aber nur um ungefähre Angaben. Der Wert hängt stark von der genauen Beschaffenheit der beteiligten Flächen ab. Die Größe der Reibungskräfte kann für gleiche Materialienpaare sehr stark variieren, denn die mikroskopische Rauigkeit der Oberflächen ist kaum jemals exakt zu kontrollieren, und auch die immer vorhandenen dünnen Oxidschichten oder Schichten aus adsorbiertem Wasser beeinflussen das Ergebnis stark.

Luftwiderstand

Die in vielen Alltagszusammenhängen relevanteste Reibungskraft ist die *Luftwiderstandskraft*. Sie ist im Wesentlichen dafür verantwortlich, dass wir beim Fahrradfah-

Stoffpaar	μ_H	μ_G
Stahl auf Stahl	0,2	0,1
Stahl auf Holz	0,5	0,4
Stahl auf Stein	0,8	0,7
Stein auf Holz	0,9	0,7
Leder auf Metall	0,6	0,4
Holz auf Holz	0,5	0,4
Stein auf Stein	1,0	0,9
Stahl auf Eis	0,03	0,01

Tab. 5.1: Haft- und Gleitreibungskoeffizienten für einige Materialienpaare. Die Zahlenangaben können nur als grobe Richtwerte verstanden werden, da die Größe von Reibungskräften sehr stark von der genauen Oberflächenbeschaffenheit der beteiligten Körper abhängt.

ren ständig in die Pedale treten müssen (statt, wie es das Trägheitsgesetz vorhersagt, ohne zu treten in geradlinig-gleichförmiger Bewegung dahinzurollen). Mathematisch wird die Luftwiderstandskraft durch die newtonsche Formel beschrieben:

$$F_L = \frac{1}{2} c_W \cdot \rho \cdot A \cdot v^2. \tag{5.18}$$

Die Formel gilt allgemein für Körper, die in einem gasförmigen oder flüssigen Medium der Dichte ρ turbulent umströmt werden. Die Kraft F_L ist proportional zur Frontfläche A des umströmten Körpers und zum Quadrat der Strömungsgeschwindigkeit v. Eine Verdoppelung der Geschwindigkeit bedeutet eine Vervierfachung der Luftwiderstandskraft.

Der dimensionslose Widerstandsbeiwert c_W hängt von der Form des Körpers ab. Er gibt an, wie „windschnittig" das umströmte Objekt ist. Der Wert von c_W liegt zwischen 0,05 („Stromlinienkörper") und 1,3 („Bremsfallschirm"). Einige Richtwerte für verschiedene geometrische Formen sind in Tab. 5.2 zusammengestellt.

Tab. 5.2: Widerstandsbeiwerte für verschiedene Formen umströmter Körper.

Platte	langer Zylinder	Kugel	Halbkugel (vorn)	Halbkugel (hinten)
$c_W = 1{,}1$–$1{,}3$	quer angeströmt: $c_W \approx 1{,}2$ längs angeströmt: $c_W \approx 1{,}0$	$c_W \approx 0{,}45$	mit Boden: $c_W \approx 0{,}4$ ohne Boden: $c_W \approx 0{,}34$	mit Boden: $c_W \approx 1{,}2$ ohne Boden: $c_W \approx 1{,}3$

Beispiel: Wir schätzen die Luftwiderstandskraft auf einen Radfahrer ab, der mit einer Geschwindigkeit von 18 km/h($= 5$ m/s) auf seinem Rad fährt.

Die Frontfläche schätzen wir mit $A = 0{,}6\,\mathrm{m}^2$ ab. Einen genaueren Wert könnte man gewinnen, indem man ein frontal aufgenommenes Foto mit sichtbaren Größenindikatoren mit einem Grafikprogramm auswertet. Den c_W-Wert kann man nur grob anhand von Tab. 5.2 abschätzen, indem man annimmt, dass der c_W-Wert eines Fahrradfahrers samt Fahrrad in der Größenordnung der Werte für Zylinder oder Kugel liegt. Die Körperhaltung spielt eine große Rolle; genaue Werte erhält man nur durch Windkanalmessungen. Wir nehmen $c_W \approx 1$ an. Für die Dichte von Luft setzen wir $\rho = 1{,}2\,\frac{\mathrm{kg}}{\mathrm{m}^3}$ ein. Damit ergibt sich:

$$F_L = \frac{1}{2} \cdot 1 \cdot 1{,}2\,\frac{\mathrm{kg}}{\mathrm{m}^3} \cdot 0{,}6\,\mathrm{m}^2 \cdot \left(5\,\frac{\mathrm{m}}{\mathrm{s}}\right)^2 = 9\,\mathrm{N}. \tag{5.19}$$

Das ist so viel wie die Gewichtskraft eines Körpers mit einer Masse von etwa 1 kg. Bei der doppelten Geschwindigkeit vervierfacht sich dieser Wert. Zum Vergleich: Die Rollwiderstandskraft ist unabhängig von der Geschwindigkeit und liegt je nach Reifendruck bei 5-10 N. Mit zunehmender Geschwindigkeit wird also die Luftwiderstandskraft immer wichtiger.

Physiologisch ist beim Fahrradfahren die *Leistung* allerdings wichtiger als die Kraft, denn sie gibt an, wie viel Energie pro Zeit umgesetzt wird. Bei konstanter Geschwindigkeit ist der Zusammenhang zwischen Kraft und Leistung durch $P = F \cdot v$ gegeben. Auf die Leistung beim Fahrradfahren werden wir in Kapitel 6 noch ausführlicher eingehen.

Turbulente und laminare Umströmung

Die newtonsche Formel für den Strömungswiderstand (5.18) gilt für die meisten Anwendungsfälle in der Mechanik. Um ihre Gültigkeitsgrenzen zu diskutieren, müssen wir etwas näher auf die Eigenschaften von Strömungen eingehen. Es spielt dabei keine Rolle, ob es sich um strömende Flüssigkeiten oder Gase handelt; die Gesetzmäßigkeiten sind die gleichen. Allgemein spricht man von Fluiden.

Bei niedrigen Geschwindigkeiten strömt das Fluid *laminar*, d. h. schichtweise ohne Durchmischung und Verwirbelungen. Bei höheren Strömungsgeschwindigkeiten wird die Strömung nach und nach *turbulent*. Es kommt zu starken Verwirbelungen, die räumlich und zeitlich fluktuieren und zu einer gründlichen Durchmischung des Fluids führen. Bei welcher Strömungsgeschwindigkeit der Übergang von der laminaren zur turbulenten Strömung erfolgt, wird durch die dimensionslose *Reynolds-Zahl* ausgedrückt:

$$\mathrm{Re} = \frac{\rho \cdot v \cdot D}{\eta}. \tag{5.20}$$

Dabei ist ρ die Dichte des strömenden Fluids, η seine dynamische Viskosität. D ist eine charakteristische Länge des betrachteten Objekts. Eine Rohrströmung ist bis zu $\mathrm{Re} \leq 2300$ laminar; bei größeren Reynolds-Zahlen setzt die Turbulenz ein. Freie Strömungen um ein Objekt bleiben bis zu Reynolds-Zahlen von etwa $2 \cdot 10^5$ laminar und werden für größere Reynolds-Zahlen turbulent.

Abb. 5.9 zeigt die experimentell gefundene Abhängigkeit des c_W-Wertes für eine umströmte Kugel von der Reynolds-Zahl (also von der Strömungsgeschwindigkeit). Die newtonsche Reibungsformel (5.18) mit konstantem c_W-Wert gilt für *turbulente* Strömungen und ist für Reynolds-Zahlen von etwa 1.000 bis 200.000 eine gute Näherung.

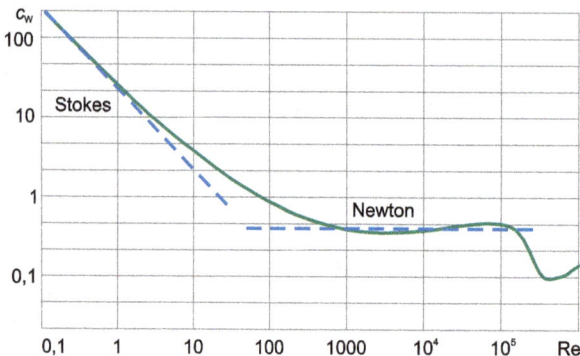

Abb. 5.9: Strömungswiderstand einer Kugel.

Mit etwas höherem c_W-Wert kann sie auch für noch niedrigere Reynolds-Zahlen verwendet werden.

Für laminare Strömungen mit Re < 10 gibt die newtonsche Reibungsformel die experimentellen Daten nur unzureichend wieder. Hier ist die *stokessche Reibungsformel* anwendbar, in der die Reibungskraft proportional zu v ist. Für eine Kugel mit Radius r lautet sie:

$$F_{Stokes} = 6\pi\eta r v. \tag{5.21}$$

Wie man am Vergleich mit den Daten in Abb. 5.9 erkennt, ist stokessche Reibungsformel nur für Reynolds-Zahlen kleiner als etwa 1 eine gute Näherung.

Die für unsere Alltagserfahrungen ganz ungewohnte Physik bei kleinen Reynolds-Zahlen hat E. M. Purcell 1977 in seinem Aufsatz *„Life at low Reynolds number"* beschrieben, in dem er insbesondere auf die Fortbewegung von kleinsten Lebewesen eingeht [15].

Was bedeutet die Anwendbarkeitsbedingung Re < 1 für die stokessche Formel konkret? Für eine Kugel mit einem Durchmesser von 1 cm muss dazu die Geschwindigkeit in Luft kleiner als 1,4 mm/s und in Wasser kleiner als 0,1 mm/s sein. Die stokessche Formel findet daher ihre Anwendung höchstens bei der Untersuchung sehr kleiner Tropfen, wie etwa beim Millikan-Versuch. Man kann sich also merken: In allen praktischen Anwendungsfällen mit makroskopischen Körpern muss die quadratische Luftwiderstandsformel (5.18) von Newton verwendet werden, um die Strömungswiderstandskraft zu beschreiben. Das gilt sowohl für Luft- als auch für Wasserströmungen.

5.7 Ausgedehnte Systeme und starre Körper

Die in Abschnitt 5.3 dargestellte Strategie zum Lösen von Problemen aus der Mechanik erlaubt es, die newtonschen Bewegungsgleichung in systematischer Weise zu formulieren. Es wurde schon gesagt, dass dabei eine Beschränkung auf Punktmassen nicht nötig ist. Diese wichtige Aussage werden wir in Kapitel 6 mit dem Impulserhaltungssatz begründen. Wir können mit der beschriebenen Lösungsstrategie auch ausgedehnte Körper beschreiben.

Wenn dem so ist, stellt sich sofort die Frage nach dem Angriffspunkt von Kräften. Es gibt verschiedene Arten von Kräften: Manche greifen an der Oberfläche des Körpers an, wie die Reibungskräfte, manche an jedem Atom des Körpers einzeln, wie die Gravitationskraft. Macht sich der Angriffspunkt von Kräften in ihrer Wirkung bemerkbar? Müssen wir über all die einzelnen Kräfte Buch führen oder dürfen wir sie zu einer Gesamtkraft addieren und nach belieben verschieben?

Diese Fragen müssen differenziert beantwortet werden. Die wichtigste Aussage zuerst: Ja, alle am System angreifenden Kräfte dürfen zu einer Gesamtkraft zusammengefasst werden. Mit Hilfe des Impulserhaltungssatz lässt sich die folgende Aussage herleiten, die auch unabhängig von einer etwaigen verformenden oder drehenden Wirkung der Kräfte gilt.

In der newtonschen Bewegungsgleichung für ein ausgedehntes System sind nur äußere Kräfte zu berücksichtigen, d. h. Kräfte, die über die Systemgrenzen hinweg wirken. Sie werden vektoriell zur Gesamtkraft $\vec{F}_{ges}$ addiert. Die Gleichung

$$m \cdot \frac{d^2\vec{r}_S}{dt^2} = \vec{F}_{ges} \qquad (5.22)$$

beschreibt dann die Bewegung des Schwerpunkts des ausgedehnten Systems.

Angriffspunkt einer Kraft

Für die Bewegung des Schwerpunkts eines Systems spielt es somit keine Rolle, wo und wie verteilt die Kräfte angreifen. Das bedeutet aber nicht, dass der Angriffspunkt einer Kraft generell außer Acht gelassen werden kann. Auf die Frage: *„Darf man den Angriffspunkt einer Kraft verschieben?"* muss man also antworten: *„Im Allgemeinen darf man es nicht."* Kräfte können Körper drehen, verformen, scheren oder – im Fall von Flüssigkeiten und Gasen – durchmischen. Für alle diese Effekte ist der Angriffspunkt der Kräfte und ihre Verteilung am und im Körper entscheidend. So beruht etwa die ganze Aussage des Hebelgesetzes gerade darauf, dass es einen Unterschied macht, ob eine Kraft mit einem langen oder einem kurzen Hebelarm angreift.

Für deformierbare Körper, Flüssigkeiten und Gase ist damit im Grunde alles gesagt. Möchte man mehr als die Schwerpunktsbewegung, also eine tiefergehende Beschreibung der inneren Bewegungen und Verformungen, muss man das System in Teilsysteme zerlegen und deren Bewegung individuell verfolgen. Bei Flüssigkeiten und Gasen führt dieser Ansatz auf sehr komplexe Gleichungen (die nichtlinearen Navier–Stokes-Gleichungen). Deshalb ist die Strömungsdynamik ein so schwieriges Teilgebiet der Physik.

Starre Körper und das Verschieben von Kräften

Weitergehende Aussagen kann man über ein einfaches Modellsystem treffen: den starren Körper. Bei einem starren Körper ist die Lage der Bestandteile relativ zueinander unveränderlich. Er kann sich nur als Ganzes ohne die geringste Formänderung bewegen. Nach der Punktmasse ist der starre Körper das einfachste Modellsystem der Mechanik. Für ihn gilt die folgende Aussage:

Am starren Körper darf man eine Kraft entlang ihrer Wirkungslinie verschieben.

Dies kann man mit einer geometrischen Argumentation veranschaulichen, die in Abb. 5.10 verdeutlicht ist. Auf einen starren Körper soll die links oben eingezeichnete Kraft $\vec{F}_1$ wirken. Er kann sich nicht verformen. Deshalb hat es keine Auswirkung, wenn man entlang der Wirkungslinie dieser Kraft zwei zusätzliche Kräfte $\vec{F}_2$ und $\vec{F}_3$ angreifen lässt, die gleich groß und entgegengesetzt gerichtet sind (für einen deformierbaren Körper gilt das nicht; er würde durch die beiden Kräfte verformt werden).

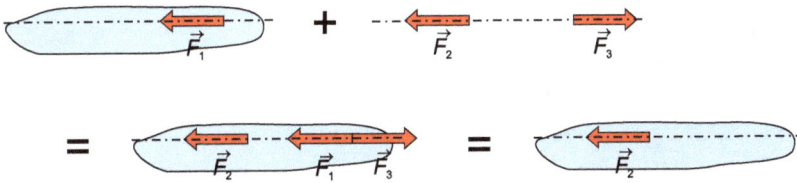

Abb. 5.10: Geometrische Argumentation zum Verschieben einer Kraft am starren Körper.

Die beiden am selben Punkt angreifenden, entgegengesetzt gerichteten Kräfte $\vec{F}_1$ und $\vec{F}_3$ heben sich in ihrer Wirkung gegenseitig auf, so dass am Ende nur noch $\vec{F}_2$ übrig bleibt. Diese Kraft ist aber nichts anderes als die ursprüngliche Kraft $\vec{F}_1$, entlang ihrer Wirkungslinie verschoben. Das Verschieben entlang der Wirkungslinie ändert also beim starren Körper die Wirkung einer Kraft *nicht*.

Drehmomente am starren Körper

Da sich ein starrer Körper nicht verformen kann, gibt es neben der Beschleunigung nur eine einzige weitere Wirkung, die Kräfte am starren Körper haben können: das Hervorrufen einer Drehbewegung (ohne Schwerpunktbewegung). Zur formalen Beschreibung benötigt man den Begriff des *Drehmoments*, den wir erst in Abschnitt 6.9 systematisch einführen werden. Der Vektor des Drehmoments $\vec{M}$ ist wie folgt definiert:

$$\vec{M} = \vec{r} \times \vec{F}. \tag{5.23}$$

An dieser Stelle reicht es aus, auf die Formulierung „Kraft mal Hebelarm" aus dem Hebelgesetz zu verweisen, die das Drehmoment anschaulich beschreibt. Der Hebelarm ist der senkrechte Abstand zwischen Drehachse und Wirkungslinie der Kraft. Damit kann man für starre Körper formulieren:

> Eine Kraft, die nicht am Schwerpunkt eines starren Körpers angreift, erzeugt ein Drehmoment. Sie verursacht somit eine Kombination aus Translations- und Rotationsbewegung.

Ihre Wirkung kann man sich mit der folgenden Argumentation veranschaulichen. Wir betrachten den Körper in Abb. 5.11, an dem die Kraft $\vec{F}_1$ angreift. Ihre Wirkungslinie trifft den Schwerpunkt des Körpers nicht.

Wieder addieren wir ein wirkungsloses Paar von Kräften $\vec{F}_2$ und $\vec{F}_3$, die beide am Schwerpunkt angreifen. Nun teilen wir die drei Kräfte gedanklich auf wie in der Abbildung unten gezeigt. Die Kraft $\vec{F}_3$ greift am Schwerpunkt an und ruft eine Translationsbewegung ohne Rotationsbewegung hervor. Das Kräftepaar $\vec{F}_1$ und $\vec{F}_2$ dagegen hat keine Auswirkung auf die Translationsbewegung des Körpers. Es erzeugt aber ein Drehmoment. Mit dieser gedanklichen Aufteilung lassen sich Translations- und Rotationsbewegung getrennt untersuchen.

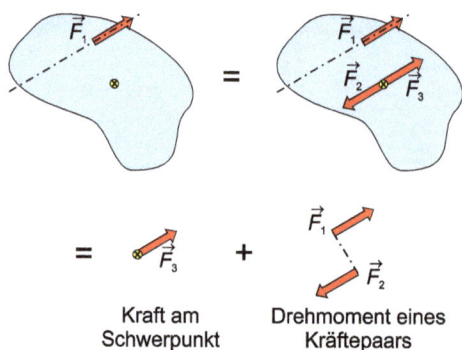

Kraft am Schwerpunkt	Drehmoment eines Kräftepaars

Abb. 5.11: Wirkung einer Kraft, die nicht am Schwerpunkt angreift.

Insbesondere wird an dieser Argumentation deutlich: Das Verschieben des Angriffspunktes einer Kraft in einer anderen Richtung als entlang der Wirkungslinie ist auch beim starren Körper nicht erlaubt. Dadurch ändert sich das Drehmoment, das die Kraft am Körper hervorruft. Das Hebelgesetz beschreibt diese Auswirkungen quantitativ.

5.8 Wurfbewegungen

Wurfbewegungen sind uns aus dem Alltag vor allem aus dem Sport bekannt. Vom Kugelstoßen bis zum Tennis gibt es viele Sportarten, bei denen das Sportgerät in Bewegung gesetzt wird und sich dann näherungsweise auf einer Wurfparabel bewegt. Beim Turmspringen und Skispringen sind es sogar die Sportler selbst, die unter dem Einfluss der Schwerkraft eine Wurfbewegung vollführen.

Bei einem Wurf bewegt sich der geworfene Körper nur unter dem Einfluss von zwei Kräften: der Gewichtskraft und der Luftwiderstandskraft. Ein Beispiel ist die Bewegung des Fußballs in Abb. 5.12. Er ist mit einer bestimmten Anfangsgeschwindigkeit unter einem bestimmten Winkel abgeschossen worden. Zum dargestellten Zeitpunkt zeigt sein Geschwindigkeitsvektor schräg nach unten; er befindet sich somit in der Phase der Abwärtsbewegung.

Die Gewichtskraft ist nach unten gerichtet, die Luftwiderstandskraft ist der Geschwindigkeit entgegen gerichtet, also schräg nach oben. Es wurde schon in Abschnitt 1.3 angesprochen, dass es Schülerinnen und Schülern schwer fällt, zu akzeptieren, dass *keine* Kraft in Bewegungsrichtung wirkt (auch keine „Trägheitskraft").

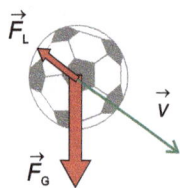

Abb. 5.12: Kräfte an einem geworfenen Körper.

Vernachlässigung der Luftwiderstandskraft

Wann immer möglich, versucht man bei der Behandlung von Wurfbewegungen, die Luftwiderstandskraft zu vernachlässigen – nicht weil dies eine exzellente Näherung wäre, sondern weil die newtonschen Bewegungsgleichungen mit Luftwiderstand so schwierig zu lösen sind. Für alle praktisch relevanten Fälle von Wurfbewegungen ist die quadratische Luftwiderstandsformel (5.18) relevant. Eine analytische Lösung für dieses Problem ist schwierig. Oftmals vernachlässigt man deshalb den Luftwiderstand auch dann, wenn die Näherung nicht besonders gut ist. Man erkauft sich auf diese Weise die mathematische Einfachheit der Beschreibung durch einen Verlust an Genauigkeit. Im Sinne einer reflektierten Modellbildung sollte man eine solche Vorgehensweise aber begründen und nicht die Luftwiderstandskraft „routinemäßig" vernachlässigen. Um Wurfbewegungen zu beschreiben, ohne die Luftwiderstandskraft zu vernachlässigen, greift man häufig auf numerische Verfahren zurück.

Beispiel: Wir vergleichen den Beträge von Gewichtskraft und Luftwiderstandskraft für einen Fußball mit einer Geschwindigkeit von 36 km/h (= 10 m/s).

Nach den FIFA-Regeln liegt die Masse des Fußballs bei etwa 430 g, so dass die Gewichtskraft

$$F_G = m \cdot g = 0{,}43 \, \text{kg} \cdot 9{,}81 \, \frac{\text{m}}{\text{s}^2} = 4{,}2 \, \text{N} \tag{5.24}$$

beträgt. Der Fußball hat einen Radius von etwa 11 cm, so dass die Frontfläche $A = (11 \, \text{cm})^2 \cdot \pi = 0{,}038 \, \text{m}^2$ ist. Der c_W-Wert für eine Kugel ist 0,45. Die Luftwiderstandskraft bei einer Geschwindigkeit von 10 m/s beträgt daher:

$$F_L = \frac{1}{2} c_W \cdot \rho_{\text{Luft}} \cdot A \cdot v^2 \tag{5.25}$$

$$= \frac{1}{2} \cdot 0{,}45 \cdot 1{,}2 \, \frac{\text{kg}}{\text{m}^3} \cdot 0{,}038 \, \text{m}^2 \cdot \left(10 \, \frac{\text{m}}{\text{s}}\right)^2 = 1{,}0 \, \text{N}. \tag{5.26}$$

Die Gewichtskraft ist also etwa viermal größer als die Luftwiderstandskraft. Wenn man unter diesen Bedingungen die Luftwiderstand vernachlässigt, darf man keine allzu genauen Ergebnisse erwarten. Hat der Ball nur die halbe Geschwindigkeit (also 18 km/h), beträgt die Luftwiderstandskraft nur 1/16 der Gewichtskraft. In diesem Fall ist die Näherung besser gerechtfertigt.

Eine allgemeinere Aussage über das Verhältnis von Luftwiderstandskraft und Gewichtskraft kann man treffen, wenn man für den speziellen Fall einer Kugel die Frontfläche allgemeine durch $A = r^2 \cdot \pi$ und die Masse durch $m = \rho_{\text{Körper}} \cdot V = \rho_{\text{Körper}} \cdot \frac{4\pi}{3} r^3$ ausdrückt, wobei $\rho_{\text{Körper}}$ die Dichte des geworfenen Körpers ist. Man erhält dann:

$$\frac{F_L}{F_G} = \frac{\frac{1}{2} c_W \cdot \rho_{\text{Luft}} \cdot r^2 \pi \cdot v^2}{\rho_{\text{Körper}} \cdot \frac{4\pi}{3} r^3 \cdot g}. \tag{5.27}$$

Nach Kürzen ergibt sich:

$$\frac{F_L}{F_G} = 0{,}17 \frac{\rho_{\text{Luft}}}{\rho_{\text{Körper}}} \cdot \frac{v^2}{r \cdot g}. \tag{5.28}$$

Verglichen mit der Gewichtskraft ist die Luftwiderstandskraft also klein für Körper mit hoher Dichte und großem Radius, die sich langsam bewegen.

Lösung der newtonschen Bewegungsgleichungen ohne Luftwiderstand

Wenn die Luftwiderstandskraft nicht vorhanden ist, nehmen die newtonschen Bewegungsgleichungen für Wurfbewegungen eine sehr einfache Gestalt an. Es handelt sich um eine zweidimensionale Bewegung unter dem Einfluss der Schwerkraft in der (x, y)-Ebene, wobei y die Vertikale bezeichnet. Mit $F_x = 0$ und $F_y = -m \cdot g$ lauten die newtonschen Gleichungen wie folgt:

$$m \cdot \frac{d^2 x}{dt^2} = 0, \tag{5.29}$$

bzw. für die y-Komponente:

$$m \cdot \frac{d^2 y}{dt^2} = -m \cdot g. \tag{5.30}$$

Lösen wir zunächst die Differentialgleichung für die y-Komponente. Die Masse kürzt sich heraus, und es bleibt:

$$\frac{d^2 y}{dt^2} = -g. \tag{5.31}$$

Das ist eine sehr einfache Differentialgleichung, weil auf der rechten Seite nur eine Konstante steht. Man kann die Gleichung auf beiden Seiten nach t integrieren:

$$\frac{dy}{dt} = -g \cdot t + \text{konst.} \tag{5.32}$$

Die sich aus der Integration ergebende Konstante auf der rechten Seite ist die Anfangsgeschwindigkeit v_{0y}. Weil die Gleichung immer noch eine Ableitung enthält, integrieren wir noch einmal beide Seiten. Mit der Integrationskonstanten y_0 ergibt sich:

$$y(t) = -\frac{1}{2} g t^2 + v_{0y} t + y_0. \tag{5.33}$$

Es handelt sich also um eine gleichmäßig beschleunigte Bewegung mit der Beschleunigung $a = -g$.

Die newtonsche Gleichung für die x-Richtung ergibt sich aus derjenigen für die y-Richtung, wenn man $g = 0$ setzt und y durch x ersetzt. Damit können wir schreiben:

$$x(t) = v_{0x} t + x_0. \tag{5.34}$$

In x-Richtung liegt also eine gleichförmige Bewegung mit der Geschwindigkeit v_{0x} vor.

Freier Fall

Die einfachste Wurfbewegung ist der freie Fall. Ein Körper wird ohne Anfangsgeschwindigkeit losgelassen und fällt senkrecht nach unten. Nur die y-Komponente der Bewegung ist relevant. Mit $v_{0y} = 0$ ergibt sich aus Gl. (5.33) das Zeit-Weg-Gesetz für den freien Fall:

$$y(t) = -\frac{1}{2}gt^2 + y_0.\tag{5.35}$$

Aus Gl. (5.32) folgt das Zeit-Geschwindigkeit-Gesetz für den freien Fall:

$$v_y(t) = -g \cdot t.\tag{5.36}$$

Die Masse des Körpers kommt in diesen Gleichungen nicht vor. Sofern es also gerechtfertigt ist, die Luftwiderstandskraft zu vernachlässigen, dann sollten also alle Körper gleich schnell fallen, unabhängig von ihrer Masse. Diese Aussage geht auf Galileo Galilei zurück, der dazu nach Auskunft seines ersten Biographen Vincenzo Viviani Fallexperimente am schiefen Turm von Pisa durchgeführt haben soll. Die Wissenschaftshistoriker verweisen diese Geschichte allerdings ins Reich der Legende. Die ersten verbürgten Fallexperimente wurden 1651 von Giovanni Battista Riccioli in Bologna am fast 100 Meter hohen Asinelli-Turm durchgeführt. Sie waren einflussreich und trugen dazu bei, die verbreitete Meinung zu widerlegen, dass die Fallgeschwindigkeit eines Körpers von seiner Masse abhängt.

Experiment 5.1 (Freier Fall und Luftwiderstand): Wenn man ein kleines Stück Papier, zum Beispiel einen Notizzettel fallen lässt, dann taumelt es in unregelmäßiger Bewegung zu Boden. Es braucht dazu viel länger als ein aus gleicher Höhe losgelassenes Buch. Das Papierstück wird vom Luftwiderstand abgebremst. Dass es genauso schnell fällt wie das Buch, sofern man die Luftwiderstandskraft ausschaltet, zeigt der folgende Freihandversuch: Man legt das Papierstück lose auf das Buch und lässt beide gemeinsam fallen. Das Papierstück ist nun dem Luftwiderstand nicht mehr ausgesetzt und fällt genauso schnell wie das Buch.

Experiment 5.2 (Fallröhre): Den gleichen Sachverhalt kann man mit einer Fallröhre demonstrieren. Das ist ein langer Glaskolben, der mit einer Vakuumpumpe luftleer gemacht werden kann und zwei Gegenstände enthält: eine Feder und eine Kunststoffkugel (Abb. 5.13). Zunächst führt man den Versuch mit Luft in der Röhre durch: Man dreht die Röhre plötzlich herum und beobachtet die Bewegung von Feder und Kugel. Die Feder fällt deutlich langsamer als die Kugel. Nun evakuiert man die Röhre und wiederholt den Versuch mit der luftleeren Röhre: Feder und Kugel fallen nun gleich schnell.

Berühmt geworden (und auf Videoportalen abrufbar) ist die Filmaufnahme von der Apollo-15-Mission im Jahr 1971, auf der der Astronaut David Randolph Scott auf dem Mond gleichzeitig einen Hammer und eine Feder fallen lässt. Da der Mond keine Atmosphäre hat, gibt es dort keinen Luftwiderstand. Auf dem Video erkennt man deutlich, dass Hammer und Feder gleichzeitig auf dem Boden ankommen.

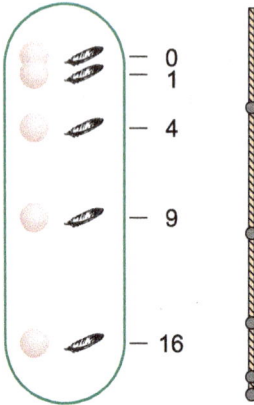

Abb. 5.13: Fallröhren-Experiment, quadratische Zunahme der zurückgelegten Wege und Fallschnur.

Experiment 5.3 (Fallschnur): Die quadratische Zeitabhängigkeit des Zeit-Weg-Gesetzes (5.33) kann man mit einer *Fallschnur* nachprüfen. In eine Schnur werden in quadratisch zunehmenden Abständen dicke Schraubenmuttern verknotet. Man hält die Schnur so, dass die erste Mutter den Boden berührt und lässt sie dann fallen. Das Aufschlaggeräusch der Muttern hört man in gleichen Zeitabständen.

Experiment 5.4 (Reaktionszeit mit Lineal): Ein beliebtes Experiment ist auch die Messung der Reaktionszeit mit einem Lineal. Ein Helfer hält ein 30-cm-Lineal an einem Ende und lässt es zu einem zufälligen Zeitpunkt fallen. Die Testperson fasst mit Daumen und Zeigefinger in dem Moment zu, in dem sie das Lineal fallen sieht. Der vom Lineal in der Reaktionszeit durchfallene Weg lässt sich an der Skala ablesen. Daraus lässt sich mit Gl. (5.35) die Reaktionszeit der Testperson bestimmen.

Beispiel: Wir berechnen die Geschwindigkeit, mit der ein Turmspringer auf der Wasseroberfläche aufprallt, wenn er vom 5-m-Turm springt.

Zunächst berechnen wir die Fallzeit t, die der Springer braucht, um den Weg $y_0 - y(t) = 5\,\mathrm{m}$ zurückzulegen. Aufgelöst nach t ergibt sich aus Gl. (5.35):

$$t = \sqrt{\frac{2 \cdot (y_0 - y(t))}{g}} = \sqrt{\frac{2 \cdot 5\,\mathrm{m}}{9{,}81\,\frac{\mathrm{m}}{\mathrm{s}^2}}} = 1{,}01\,\mathrm{s}. \tag{5.37}$$

Die Geschwindigkeit berechnet sich nach Gl. (5.36) zu $v_y = -g \cdot t = -9{,}9\,\frac{\mathrm{m}}{\mathrm{s}}$. Der Turmspringer erreicht also die Wasseroberfläche mit einer Geschwindigkeit von $35{,}7\,\frac{\mathrm{km}}{\mathrm{h}}$.

Freier Fall mit Luftwiderstand

Der freie Fall mit Luftwiderstand ist eine Gelegenheit, den Umgang mit numerischen Verfahren zu üben. Die newtonsche Gleichung für den Sturz mit Luftwiderstand lautet:

$$m \cdot \frac{\mathrm{d}^2 y}{\mathrm{d}t^2} = -mg + \frac{1}{2} c_W \rho A \cdot \left(\frac{\mathrm{d}y(t)}{\mathrm{d}t} \right)^2. \tag{5.38}$$

Zu Gl. (5.30) ist auf der rechten Seite nun noch der Term für die Luftwiderstandskraft (Gl. (5.18)) hinzugekommen. Die Lösung wird dadurch erschwert, dass die Gleichung nun nicht mehr linear in $y(t)$ und seinen Ableitungen ist. Man kann aber durch Grenzfallbetrachtungen immerhin einigen Aufschluss über den qualitativen Verlauf eines freien Falls mit Luftwiderstand bekommen.

Der Luftwiderstandsterm in Gl. (5.38) ist proportional zum Quadrat der Geschwindigkeit. Bei geringen Geschwindigkeiten ist dieser Term klein gegenüber dem konstanten ersten Term und kann vernachlässigt werden. Dann reduziert sich die Bewegung auf den freien Fall ohne Luftwiderstand. Die Bedingung für das Vernachlässigen des Luftwiderstands-Terms ist ganz am Anfang des Sprungs erfüllt, wenn die Geschwindigkeit des fallenden Körpers noch gering ist. Wir können also festhalten: Am Anfang der Bewegung spielt der Luftwiderstand keine Rolle und der Körper fällt nach dem Bewegungsgesetz für den freien Fall.

Wenn die Geschwindigkeit zunimmt, wird die Luftwiderstandskraft immer größer. Zu einem bestimmten Zeitpunkt ist sie gleich groß wie die Gewichtskraft (und entgegengesetzt gerichtet). Dann herrscht Kräftegleichgewicht am fallenden Körper. Die Geschwindigkeit ändert sich nun nicht mehr. Der fallende Körper hat seine *Endgeschwindigkeit* erreicht.

Dieses Verhalten kann man auch an Gl. (5.38) ablesen: Wenn auf der rechten Seite Gewichtskraft und Luftwiderstandskraft gleich groß sind, nimmt sie die Form $\dot{v}_y(t) = 0$ an. Das bedeutet: Die Geschwindigkeit bleibt unter diesen Umständen zeitlich konstant. In einem Experiment mit fallenden Papierhütchen kann man die Konstanz der Endgeschwindigkeit gut demonstrieren.

Insgesamt erwarten wir also für den freien Fall mit Luftwiderstand für den Betrag der Geschwindigkeit einen Verlauf wie in Abb. 5.14: Am Anfang einen linearen Anstieg, entsprechend dem freien Fall; im Gleichgewicht dann eine konstante Geschwindigkeit, deren Betrag sich aus dem Gleichsetzen der beiden Terme auf der rechten Seite von Gl. (5.38) errechnen lässt:

$$v_G = \frac{2mg}{c_W \rho A}. \tag{5.39}$$

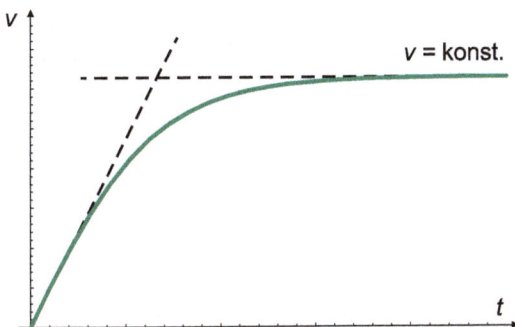

Abb. 5.14: Qualitativer Verlauf der Geschwindigkeit für den freien Fall mit Luftwiderstand.

ℹ️ **Numerische Lösung mit dem Euler-Verfahren:** Am Beispiel des freien Falls mit Luftwiderstand lässt sich ein allgemeines Verfahren zur numerischen Lösung der newtonschen Bewegungsgleichungen erläutern. Wir schreiben sie dazu in der Form

$$m\dot{v} = F, \tag{5.40}$$

wobei F eine beliebige orts- und zeitabhängige Kraft bedeuten kann. Gesucht ist die Lösung dieser Differentialgleichung, also die Geschwindigkeit als Funktion der Zeit. Wir zerlegen die Zeitvariable t in kleine Intervalle Δt. Die diskretisierte Fassung von Gl. (5.40) lautet:

$$\Delta v = \frac{F}{m}\Delta t. \tag{5.41}$$

Ausgehend von einem Anfangswert der Geschwindigkeit $v(t)$ berechnet man mit Gl. (5.41) die Geschwindigkeitsänderung Δv im Zeitintervall Δt. Damit bestimmt man den neuen Wert der Geschwindigkeit: $v(t+\Delta t) = v(t)+\Delta v$. Im Zeitintervall Δt wird die wahre Lösung durch ein kleines Geradenstück approximiert. Der zeitliche Verlauf der Geschwindigkeit wird somit durch eine Folge von stückweise geraden Abschnitten beschrieben. Das Ganze ist natürlich nur eine Näherung, die sich durch Wahl eines kleineren Zeitintervalls Δt verbessern lässt.

Beim **Euler-Verfahren** bestimmt man F am Anfang des betrachteten Zeitintervalls, also zum Zeitpunkt t. Um mit dem Computer den Zeitschritt Δt zu „überwinden", muss man die folgende Formel programmieren:

$$v(t + \Delta t) = v(t) + \frac{F(t)}{m}\Delta t. \tag{5.42}$$

Die entsprechende Gleichung für den Ort lautet:

$$y(t + \Delta t) = y(t) - v(t)\Delta t. \tag{5.43}$$

Das Minuszeichen kommt von der Konvention, dass $v(t)$ positive Werte hat, wenn y kleiner wird (der Körper sich also nach unten bewegt). Die Berechnung lässt sich mit einem Tabellenkalkulationsprogramm durchführen (Abb. 5.15). Je kleiner das Zeitintervall Δt gewählt wird, umso genauer ist das Ergebnis. In Abb. 5.15 wurde der freie Fall eines Papierhütchens aus 5 m Höhe modelliert. Die qualitative Übereinstimmung mit dem aus Abb. 5.14 erwarteten Verlauf ist gut zu erkennen.

Waagerechter Wurf

Wir gehen nun wieder davon aus, dass wir den Luftwiderstand vernächlässigen dürfen und betrachten einen waagerechten Wurf. Bei dieser Bewegung hat der geworfene Körper eine Anfangsgeschwindigkeit in horizontaler Richtung. In Gl. (5.34) ist also v_{0x} von null verschieden. Die Bewegungsgesetze für die x-Richtung lautet somit:

$$x(t) = v_{0x}t + x_0, \quad v_x(t) = v_{0x}. \tag{5.44}$$

In y-Richtung hat sich gegenüber dem freien Fall nichts verändert. Die Bewegungsgesetze lauten:

$$y(t) = -\frac{1}{2}gt^2 + y_0, \quad v_y(t) = -g \cdot t. \tag{5.45}$$

B7 | f_x | =B6 + (9,81-F3*F4*F6/(2*F7)* B6^2) * F2

Numerische Lösung der Bewegungsgleichungen

Parameter:
Δt	0.05
c_W	1.10
rho	1.20
r in m	0.05
A	0.01
m in kg	0,005

t	v(t) in m/s	y(t) in cm
0.00	0	500.00
0.05	0,49	500.00
0.10	0,97	497.55
0.15	1,41	492.70
0.20	1,80	485.65
0.25	2,12	476.66
0.30	2,38	466.06
0.35	2,58	454.17
0.40	2,72	441.29
0.45	2,83	427.68
0.50	2,90	413.54
0.55	2,96	399.02
0.60	2,99	384.23
0.65	3,02	369.26
0.70	3,04	354.15
0.75	3,05	338.96
0.80	3,06	323.71
0.85	3,06	308.42
0.90	3,07	293.10
0.95	3,07	277.76
1.00	3,07	262.41
1.05	3,07	247.05
1.10	3,07	231.68
1.15	3,07	216.31
1.20	3,08	200.93
1.25	3,08	185.56
1.30	3,08	170.18
1.35	3,08	154.80

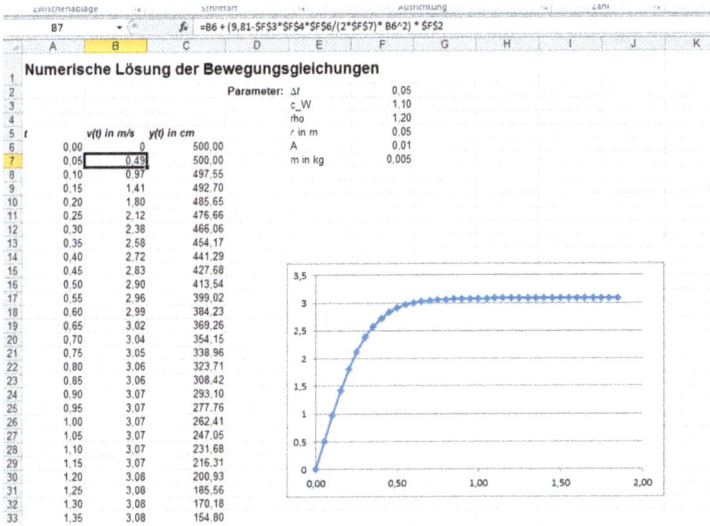

Abb. 5.15: Freier Fall mit Luftwiderstand: Ergebnis einer Tabellenkalkulation.

Der waagerechte Wurf ist eine Überlagerung aus zwei Bewegungen: dem freien Fall in y-Richtung und einer gleichförmigen Bewegung mit konstanter Geschwindigkeit v_{0x} in x-Richtung.

Diesen Überlagerungscharakter kann man mit einem Gedankenexperiment verdeutlichen: Wir stellen uns einen Skateboarder vor, der mit konstanter Geschwindigkeit vorbei fährt und dabei eine Kugel fallen lässt. Vom Skateboard aus gesehen handelt es sich um einen freien Fall senkrecht nach unten. Dieselbe Bewegung ist aus dem Laborsystem betrachtet ein waagerechter Wurf. Da sich Skateboard-System und Laborsystem nur um die gleichförmige Bewegung in x-Richtung unterscheiden, ist klar, dass die y-Bewegung in beiden Bezugssystemen gleich sein muss. Mit diesem Argument gelangen wir sofort zu den Gl. (5.44) und (5.45), auch ohne die newtonschen Bewegungsgleichungen zu lösen.

Das Bezugssystem-Argument hilft nicht weiter, wenn der Luftwiderstand berücksichtigt werden muss. Denn dann gibt es ein bevorzugtes Bezugssystem, in dem die Luft ruht. In allen anderen Bezugssystemen herrscht „Wind" in x-Richtung, der die Bewegung der Kugel zusätzlich beeinflusst.

Experiment 5.5 (Freier Fall und waagerechter Wurf): Zur Demonstration der Überlagerung von freiem Fall und gleichförmiger Bewegung beim waagerechten Wurf dient das in Abb. 5.16 skizzierte Experiment. Eine Abschussvorrichtung (im Bild nicht gezeigt) stößt die rechte Kugel waagerecht nach rechts. Dabei lässt sie gleichzeitig die linke Kugel frei fallen. Beide Kugeln kommen zur gleichen Zeit auf dem Boden auf. Filmt man das Experiment mit dem Smartphone, erkennt man, dass die beiden Kugeln zu jedem Zeitpunkt die gleiche Höhe in y-Richtung haben. Bei der rechten Kugel kommt die gleichförmige Bewegung in x-Richtung dazu.

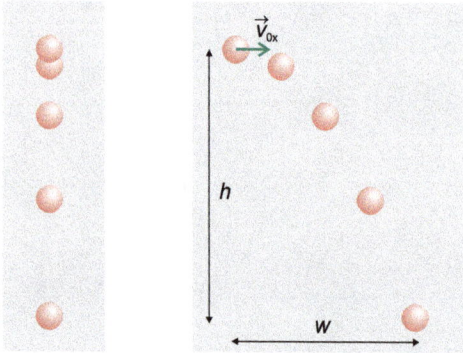

Abb. 5.16: Freier Fall und waagerechter Wurf.

Beispiel: Wir berechnen die Fallzeit und die Wurfweite beim waagerechten Wurf.
Die Fallzeit ergibt sich aus Gl. (5.45). Der Körper hat den Boden erreicht, wenn er die Abwurfhöhe h durchfallen hat, wenn also $y_0 - y(t) = h$ ist. Aufgelöst nach t ergibt sich für die Fallzeit t_{Fall}:

$$t_{Fall} = \sqrt{\frac{2h}{g}}. \tag{5.46}$$

Die Wurfweite w ist die Strecke, den er in dieser Zeit in x-Richtung zurückgelegt hat. Nach Gl. (5.44) gilt:

$$w = v_{0x} \cdot \sqrt{\frac{2h}{g}}. \tag{5.47}$$

Den Betrag der Geschwindigkeit beim waagerechten Wurf zu verschiedenen Zeiten lässt sich ebenfalls mit Hilfe der Gl. (5.44) und (5.45) berechnen:

$$v(t) = \sqrt{v_x^2(t) + v_y^2(t)} = \sqrt{v_{0x}^2 + (g \cdot t)^2} \tag{5.48}$$

Schräger Wurf

Beim schrägen Wurf wird der Körper nicht waagerecht, sondern in einem Winkel α zur Horizontalen abgeworfen. Der Vektor $\vec{v}_0$ der Anfangsgeschwindigkeit ist daher um den Winkel α zur x-Achse geneigt (Abb. 5.17). Der Zusammenhang zwischen dem Betrag von $\vec{v}_0$, dem Abwurfwinkel α und den beiden Komponenten v_{0x} und v_{0y} lässt sich aus

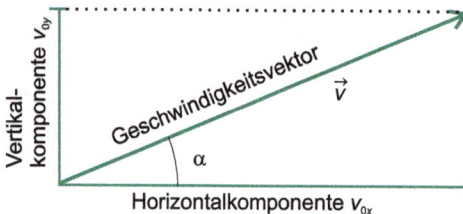

Abb. 5.17: Geschwindigkeitsvektor und Geschwindigkeitskomponenten.

Abb. 5.17 ablesen:

$$v_{0x} = |\vec{v}_0| \cos \alpha, \tag{5.49}$$

$$v_{0y} = |\vec{v}_0| \sin \alpha. \tag{5.50}$$

Experiment 5.6 (Überlagerung beim schrägen Wurf): Auch beim schrägen Wurf handelt es sich – sofern man den Luftwiderstand vernachlässigen kann – um eine ungestörte Überlagerung zweier Bewegungen: einen senkrechten Wurf in y-Richtung und eine gleichförmige Bewegung in x-Richtung. Das zeigt das in Abb. 5.18 dargestellte Experiment. Auf einer Fahrbahn fährt mit konstanter Geschwindigkeit ein Wagen mit einer Abschussvorrichtung. Mit dieser schießt er eine Kugel senkrecht nach oben. Die Kugel bewegt sich in einer schrägen Wurfbewegung auf einer Wurfparabel und landet am Ende wieder in der Abschussvorrichtung des Wagens, der sich unterdessen mit konstanter Geschwindigkeit weiterbewegt hat.

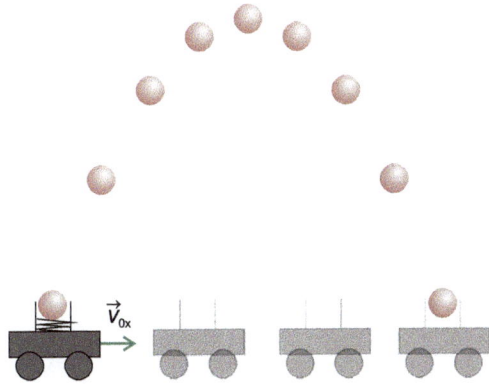

Abb. 5.18: Bewegungsüberlagerung beim schiefen Wurf.

Die Bewegungsgesetze für den schrägen Wurf erhalten wir aus den Gl. (5.33) und (5.34), wenn wir dort die beiden Ausdrücke (5.49) und (5.50) für die Geschwindigkeitskomponenten einsetzen:

$$x(t) = x_0 + v_{0x}t = x_0 + (|\vec{v}_0| \cos \alpha)t, \tag{5.51}$$

$$y(t) = y_0 + v_{0y}t - \frac{1}{2}gt^2 = y_0 + (|\vec{v}_0| \sin \alpha)t - \frac{1}{2}gt^2. \tag{5.52}$$

Beim schrägen Wurf bewegt sich der geworfene Körper auf einer Parabelbahn. Um diese Bahnform mathematisch zu beschreiben, lösen wir Gl. (5.51) nach t auf:

$$t = \frac{x(t) - x_0}{v_{x0}}. \tag{5.53}$$

Nun setzen wir Gl. (5.52) ein, um t zu eliminieren. Es ergibt sich:

$$y - y_0 = \frac{v_{0y}}{v_{0x}}(x - x_0) - \frac{g}{2v_{x0}^2}(x - x_0)^2. \tag{5.54}$$

Diese Gleichung beschreibt die Bahnkurve $y(x)$ des geworfenen Körpers. Es handelt sich um eine quadratische Gleichung die eine (nach unten geöffnete) Parabel beschreibt.

Um die *Wurfweite* zu berechnen, bestimmt man denjenigen Wert von x, bei dem der geworfene Körper wieder am Boden aufkommt, für den also $y - y_0 = 0$ gilt. Man findet:

$$w = \frac{2v_{0x}v_{0y}}{g} = \frac{|\vec{v}_0|^2 \sin 2\alpha}{g}, \tag{5.55}$$

wobei im zweiten Schritt Gl. (5.49) und Gl. (5.50) benutzt wurden. Die *Wurfhöhe* kann man berechnen, indem man durch Differenzieren das Maximum der Parabel (5.54) und den dazugehörigen Wert der Höhe $y - y_0$ ermittelt. Es ergibt sich:

$$h = \frac{v_{0y}^2}{2g} = \frac{|\vec{v}_0|^2 \sin^2 \alpha}{2g}. \tag{5.56}$$

Als Spezialfall für $\alpha = 90°$ ergibt sich die Wurfhöhe beim senkrechten Wurf: $h = \frac{v_0^2}{2g}$, wobei v_0 die Abwurfgeschwindigkeit senkrecht nach oben ist. Insgesamt können wir für den schrägen Wurf festhalten:

Wurfweite und -höhe beim schrägen Wurf ohne Luftwiderstand:

$$w = \frac{|\vec{v}_0|^2 \sin 2\alpha}{g}, \tag{5.57}$$

$$h = \frac{|\vec{v}_0|^2 \sin^2 \alpha}{2g}. \tag{5.58}$$

5.9 Schwerelosigkeit

Bei den allgemeinen Bewegungsgesetzen für die Wurfbewegungen (Gl. (5.33) und (5.34)) ist uns bereits aufgefallen, dass in den Formeln die Masse nicht auftritt. In Abwesenheit des Luftwiderstands ist also bei allen Wurfbewegungen die Bahn des Körpers unabhängig von seiner Masse. Anders ausgedrückt: Wenn nur die Schwerkraft wirkt, bewegen sich alle Körper bei gleichen Anfangsbedingungen auf gleichen Bahnen. Diese Aussage ist das eigentlich Zukunftsweisende an Galileis Entdeckung, dass zwei unterschiedlich schwere Körper gleich schnell fallen. Sie enthält das folgende allgemeine Prinzip:

Prinzip der Universalität der Bewegung im Gravitationsfeld: Die Bahn eines Körpers im Gravitationsfeld ist unabhängig von seiner Masse.

Diese Aussage gilt nicht nur für das homogene Gravitationsfeld nahe der Oberfläche der Erde, das wir bisher betrachtet haben. Sie gilt für alle Bewegungen unter dem Einfluss der Gravitation, zum Beispiel für die Bewegung der Planeten um die Sonne (beschrieben durch die keplerschen Gesetze) oder die Bewegung eines Satelliten um die Erde. Für Albert Einstein war das Prinzip von zentraler Bedeutung bei der Entwicklung der Allgemeinen Relativitätstheorie. Es ermöglichte ihm nämlich, die Gravitation nicht als eine Kraft, sondern als eine Auswirkung von nicht-euklidischer Geometrie aufzufassen. Gravitation wird in der Allgemeinen Relativitätstheorie geometrisch beschrieben: als Krümmung der Raum-Zeit. Körper bewegen sich auf Bahnen, die ihnen die Geometrie der Raum-Zeit vorgibt. Das ist nur möglich, wenn sie für alle Körper gleich wirkt.

Schwerelosigkeit

Eine praktische Auswirkung des Prinzips von der Universalität der Bewegung im Gravitationsfeld ist uns aus den Fernsehbildern vertraut, die von Raumstationen wie der ISS zu uns gesendet werden. Die Astronauten sind dort schwerelos. Sie schweben in der Raumstation frei umher.

Die Schwerelosigkeit in einer Raumstation ist keinesfalls darauf zurückzuführen, dass dort die Schwerkraft der Erde nicht mehr wirken würde. Das kann man sich allein dadurch verdeutlichen, dass man den Radius der Erde (6380 km) mit der Höhe der ISS über dem Erdboden (400 km) vergleicht. In diesem Maßstab befindet sich die ISS immer noch nahe an der Erdoberfläche. Die Schwerkraft hat dort immer noch fast 90 % ihres Wertes an der Erdoberfläche. Die Schwerelosigkeit der Astronauten muss eine andere Ursache haben. Wir können sie uns mit einem Experiment verdeutlichen.

Experiment 5.7 (Schwerelosigkeit 1): Man benötigt einen Joghurtbecher, in dessen Boden man ein Loch gebohrt hat. Man verschließt das Loch zunächst mit dem Finger und füllt Wasser in den Becher. Von einer Stehleiter lässt man den Joghurtbecher in eine Wanne fallen. Dabei öffnet man vor dem Loslassen des Bechers zunächst das Loch: Das Wasser fließt heraus. Aber sofort nach dem Loslassen hört das Wasser auf, aus dem Loch zu strömen und fällt gemeinsam mit dem Becher in die Wanne.

Der Grund, warum das Wasser nach dem Loslassen des Bechers nicht mehr aus dem Loch fließt ist die Schwerelosigkeit im freien Fall. Unter normalen Umständen verhindert der Boden des Bechers, dass das Wasser herausfließt. Bohrt man ein Loch hinein, fließt es heraus. Das Prinzip von der Universalität der Bewegung im Gravitationsfeld besagt nun, dass nach dem Loslassen das Wasser und der Becher auf gleichen Bahnen fallen – auch ohne dass der Joghurtbecher dazu einen Boden haben muss. Wasser und Joghurtbecher sind relativ zueinander unbeschleunigt und daher kräftefrei.

Dass das Wasser in einem geworfenen Behälter schwerelos ist, kann man mit dem folgenden Experiment sichtbar machen:

Experiment 5.8 (Schwerelosigkeit 2): Von einer durchsichtigen, fast ganz mit Wasser gefüllten Plastikflasche entfernt man das Etikett, so dass der Inhalt gut sichtbar ist. Zwei Personen werfen sich nun die Flasche durch den Raum gegenseitig zu. Die eingeschlossene Luft, die sich vorher zwischen Wasseroberfläche und Deckel befand, schwebt während des Wurfs als schwerelose Blase mitten in der Flasche.

Anders als der Ausdruck „im freien Fall" suggeriert, tritt die Schwerelosigkeit nicht nur bei der Abwärtsbewegung der Flasche auf, sondern sofort nach dem Abwurf. Sie ist Ausdruck des Prinzips von der Universalität der Bewegung im Gravitationsfeld und tritt deshalb bei allen Bewegungen auf, die allein unter dem Einfluss der Gravitation stattfinden – insbesondere auch bei den Astronauten in der ISS.

6 Erhaltungssätze

6.1 Was ist Energie?

Die Energie wird allgemein als eine der zentralen Größen in der Physik anerkannt. Sie durchdringt die Physik in umfassender Weise. Von der Elementarteilchenphysik bis zur Klimaforschung – in allen Gebieten ist die Energie relevant.

Woran liegt es, dass die Energie so wichtig ist? Zum einen ist sie in praktischer Hinsicht eine sehr hilfreiche Größe. Sie erleichtert die Beschreibung physikalischer Prozesse enorm. Wir werden sehen, dass die Behandlung von Vorgängen aus der Mechanik mit dem Energiesatz wesentlich einfacher fällt, als wenn man die newtonschen Gleichungen lösen müsste.

Energie als universeller Maßstab

Ihre Nützlichkeit ist es aber nicht allein, was die Energie in der Physik zu einer so zentralen Stellung verhilft. Ihre eigentliche Bedeutung erhält sie dadurch, dass sie eine die Physik umspannende Rolle ausübt. Der Satz von der Erhaltung der Energie verknüpft Mechanik, Elektrizitätslehre, Quantenphysik, Thermodynamik und alle anderen Disziplinen der Physik. In allen diesen Gebieten gilt der Erhaltungssatz für die Energie – und noch wichtiger: Er gilt über die Grenzen der Teilgebiete hinweg und verknüpft sie.

Als Theorie „weiß" zum Beispiel die Mechanik zunächst nichts von elektrischen Größen und umgekehrt die Elektrizitätslehre nichts von mechanischen Größen. Der Energiesatz lässt aber die Umwandlung von mechanischer in elektrische Energie zu. Er gilt nicht in der Mechanik allein und nicht in der Elektrizitätslehre allein, sondern verknüpft beide Gebiete. Das zeigt, dass die Energie eine die Physik umspannende Größe ist. Sie ist umfassender als die einzelnen Teilgebiete der Physik, die jeweils nur Teilaspekte der Natur abbilden.

Was diese abstrakte Überlegung konkret bedeutet, zeigt sich in der Möglichkeit, ganz verschiedene Erscheinungsformen der Energie quantitativ in der Einheit Joule zu vergleichen. Es ist möglich, die Energie einer Kanne heißen Wassers mit derjenigen einer geworfenen Kugel oder einer Tafel Schokolade vergleichen. Auch der Energieumsatz für eine Stunde Fahrradfahren oder zehn Minuten Haare föhnen kann in Joule angegeben werden. Es ist bemerkenswert, dass wir uns einen solchen Vergleichsmaßstab nicht künstlich selbst definieren müssen, sondern dass ihn die Natur zur Verfügung stellt.

Was ist eigentlich Energie?

Den Umgang mit dem Energieerhaltungssatz kann man leicht lernen. Man kann die Energie auch quantitativ erfassen und präzise Vorhersagen damit machen. Nur eines ist noch niemandem gelungen: zu sagen, was Energie eigentlich ist. Es handelt sich um einen der tiefen Begriffe der Physik, die sich einer Definition in Worten entziehen. Es ist so wie bei Augustinus' bekanntem Diktum zur Definierbarkeit der Zeit: „Wenn

https://doi.org/10.1515/9783110495812-006

mich niemand danach fragt, weiß ich es; wenn ich es aber einem Fragenden erklären sollte, weiß ich es nicht."

Die Tatsache, dass es mit der Energie einen zentralen Begriff in der Schulphysik gibt, der sich nicht recht definieren lässt, ist misslich – speziell vor dem Hintergrund, dass gerade die Physik sich viel auf ihre klare Fachsprache zugute hält. Doch könnte es nicht sein, dass die Frage „Was ist Energie?" von vornherein falsch gestellt ist? Dass in dieser Frage nicht das Wort „Energie" problematisch ist, sondern das Wort „ist"? Darf man von der Energie überhaupt sagen, dass sie etwas „ist"? Noch stärker: dass sie im ontologischen Sinn als ein „Etwas" wirklich existiert?

Die Sprache der Physik tut jedenfalls so, als ob das der Fall wäre. Sie neigt nämlich zur Nominalisierung. Die Fachbegriffe der Physik sind oft Substantive, wo die Alltagssprache Adjektive verwendet: Im Alltag ist etwas schnell oder langsam, heiß oder kalt, leicht oder schwer. Die Fachsprache der Physik hat dafür die Begriffe Geschwindigkeit, Temperatur und Masse. Das macht einen Unterschied: Adjektive bezeichnen Eigenschaften, Substantive bezeichnen Dinge. Und es liegt jedenfalls die Vermutung nahe, ein Substantiv bezeichne etwas, das es tatsächlich gibt. Für die Adjektive gilt das nicht: Sie geben nicht vor, auf etwas mit einer unabhängigen Existenz zu verweisen. Sie bezeichnen einfach Eigenschaften von etwas. Für die genannten Beispiele hat die Alltagssprache offenbar die bessere Wahl der Wortart getroffen. Dass Geschwindigkeit, Temperatur und Masse etwas real Existierendes benennen, würde wohl kaum jemand behaupten.

Ist es mit der Energie vielleicht ähnlich? Handelt es sich dabei vielleicht eigentlich nur um eine Eigenschaft, die der Nominalisierung der physikalischen Fachsprache zum Opfer gefallen ist? Dann hätte das Problem der Definierbarkeit der Energie viel von seiner Relevanz verloren. Eigenschaften sind einfacher zu erklären als Dinge, denn man muss nur angeben, woran man sie erkennt.

Mit dem Hang zur Nominalisierung von Eigenschaften steht die Physik jedenfalls nicht allein. Die Philosophie hat eine reiche Erfahrung damit, die sich mindestens bis zu Platon zurückverfolgen lässt. In dessen Dialogen sind sich die Teilnehmer einig, dass es gute Taten, gerechte Entscheidungen, wahre Schlüsse und schöne Körper gibt. Die Nominalisierung führt zur Frage, was denn eigentlich das Gute, das Schöne und das Gerechte sei. Nicht nur Platon konnte diese Fragen nicht beantworten, sondern seit über 2.000 Jahren ist es auch sonst niemandem gelungen. Es steht zu vermuten, dass es auch nie gelingen wird und dass die Frage nach dem Wahren, Schönen und Guten keine Antwort hat.

Dass die Definition physikalischer Begriffe nicht so unproblematisch ist, wie man gemeinhin meint, wurde schon in Kapitel 4 angesprochen. Im Fall der Energie ist das Problem aber noch einmal anders gelagert, weil sie sich nicht so sehr der strengen Definition, sondern eher der Beschreibung in Worten entzieht. Mathematisch lässt sich die Energie sehr wohl definieren: In der allgemeinsten Form ist sie die Erhaltungsgröße, die mit der Invarianz der physikalischen Gesetze gegenüber Zeittranslationen verknüpft ist. Das ist die Aussage des Noether-Theorems. Aber das erklärt nichts; es bringt uns dem Verständnis dieser Größe nicht näher.

Feynmans Analogie

Richard Feynman ist einer derjenigen, die sich darum bemüht haben, den Begriff der Energie in Worten greifbar zu machen. In seinen „Vorlesungen über Physik" [7] stellt er die Energie in einer Alltags-Analogie mit Bauklötzen als eine Bilanzgröße dar, die uns dabei hilft, physikalische Vorgänge vollständig zu erfassen und mathematisch zu

Abb. 6.1: Feynmans Analogie veranschaulicht die Energieerhaltung durch die Konstanz der Anzahl von Bauklötzen – auch wenn sie vielleicht versteckt oder verborgen sind.

beschreiben (Abb. 6.1). Aber auch er kommt zu dem Ergebnis, dass „wir bis heute nicht wissen, was Energie ist":

> Denken wir an einen Jungen, etwa an „Bob den Baumeister" der Bauklötze besitzt, die absolut unzerstörbar sind und nicht in Teile zerlegt werden können. Jeder Bauklotz ist dem anderen gleich. Nehmen wir an, dass er 28 Bauklötze besitzt. Seine Mutter setzt ihn mit seinen 28 Bauklötzen am Morgen in ein Zimmer. Am Ende des Tages ist sie neugierig und zählt die Bauklötze sehr sorgfältig und entdeckt ein phänomenales Gesetz – ganz egal, was der Junge mit den Bauklötzen tut, es bleiben immer 28. Das geht einige Tage so weiter, bis eines Tages nur 27 Bauklötze vorhanden sind. Eine kurze Nachforschung ergibt, dass einer unter dem Teppich steckt – die Mutter muss also einfach nur gründlich genug hinschauen, um festzustellen, dass sich die Zahl der Bauklötze nicht geändert hat. Eines Tages scheint sich die Anzahl aber doch zu ändern es sind nur 26 Bauklötze vorhanden. Eine sorgfältige Suchaktion ergibt, dass das Fenster offen ist und beim Hinausschauen werden die fehlenden beiden Klötze gefunden. An einem anderen Tag ergibt sorgfältiges Zählen, dass 30 Bauklötze vorhanden sind! Das verursacht eine beträchtliche Verblüffung, bis man sich besinnt, dass Bruce zu Besuch war, der seine eigenen Bauklötze mitgebracht hatte und einige davon bei Bob zurückgelassen hat. [...]
> Es ist wichtig einzusehen, dass wir bis heute nicht wissen, was Energie ist. Wir haben keinen Anhaltspunkt dafür, dass Energie in kleinen „Klötzen" definierter Größe vorkommt. So ist es nicht. Jedoch gibt es Formeln zur Berechnung einer numerischen Größe, und wenn wir alle diese Formeln addieren, ergibt sich „28" – immer die gleiche Zahl. Energie ist eine abstrakte Größe insofern, als sie uns nichts über den Mechanismus oder die Gründe für die verschiedenen Formeln mitteilt.

⚡ Die klassische Schulbuchdefinition: „Energie ist die Fähigkeit, Arbeit zu verrichten" ist physikalisch und didaktisch problematisch. Sie verschleiert die Grundaussage des zweiten Hauptsatzes der Thermodynamik, nach dem die spontane Abkühlung eines Körpers unter Verrichtung von Arbeit jedenfalls nicht ohne äußere Hilfsmittel möglich ist. Ein oft zitiertes Beispiel erläutert das Problem: Die Weltmeere sind ein gigantisches Reservoir an innerer Energie. Gelänge es, nur einen winzigen Teil davon als Arbeit nutzbar zu machen, wären alle Energieprobleme der Menschheit gelöst. Aber das Meerwasser kann noch so viel innere Energie enthalten: Auf keine Weise, auch nicht mit einer Wärmekraftmaschine, können wir es einfach abkühlen, um Arbeit zu gewinnen.

In didaktischer Hinsicht kommt hinzu, dass der Arbeitsbegriff für Schülerinnen und Schüler weder anschaulicher noch leichter zu lernen ist als der Energiebegriff. Mit der traditionellen Energiedefinition wird also ein unbekannter Begriff durch einen anderen unbekannten Begriff erklärt, zwischen deren unterschiedlicher Bedeutung dann auch noch differenziert werden soll.

Als gangbarste Möglichkeit erscheint es, die Energie dadurch einzuführen, dass man sie verwendet, dass man Anwendungen, Beispiele und Gegenbeispiele betrachtet. Die Bedeutung des Begriffs Energie erschließt sich dann im handelnden Umgang damit. Ein solcher Zugang entspricht der erkenntnistheoretischen Position des späten Wittgenstein [22], die er in dem Satz: „Die Bedeutung eines Wortes ist sein Gebrauch in der Sprache" zusammenfasst (Philosophische Untersuchungen 43). In der heutigen erkenntnistheoretischen Debatte hat dieser Zugang eine dominierende Stellung erlangt.

6.2 Aspekte der Energie

Wenn Physikerinnen und Physiker in der täglichen Praxis mit dem Energiesatz umgehen, ist die Frage nach der Definierbarkeit der Energie nicht von Bedeutung. In didaktischer Hinsicht ist sie ebenso wenig relevant. Sowohl im Labor als auch in der Schule steht der handelnde Umgang mit der Energie im Vordergrund. Die Schülerinnen und Schüler lernen an Beispielen, wie man mit dem Begriff umgeht, was das Konzept der Energie beinhaltet und was es zu leisten vermag. Wenn es dadurch gelingt, die Schülerinnen und Schülern mit den wesentlichen Aspekten des Energiebegriffs vertraut zu machen und sie in den Umgang mit Energie in verschiedenen Anwendungszusammenhängen einzuführen, dann ist ein wesentliches Ziel erreicht.

Gesellschaftliche Aspekte

In den Lehrplänen und Kerncurricula der Länder tritt neben das rein fachliche Lernen noch ein weiterer Aspekt: die gesellschaftliche Dimension des Energiebegriffs. Zumeist gegen Ende der Sekundarstufe I sollen die Schülerinnen und Schüler auf physikalischer Basis für die gesellschaftlichen Auswirkungen unserer technisierten Gesellschaft sensibilisiert werden: für Probleme der Energieversorgung, für Umwelt- und zunehmend auch für Klimaaspekte. Historisch ging diese Thematik seit den 1970er Jahren aus der „*Science-Technology-Society*"-Bewegung hervor, und heutzutage gewinnen ähnliche Themen unter dem Schlagwort „Bildung für nachhaltige Entwicklung" zunehmend Relevanz.

Grundideen des Energiebegriffs

Duit [6] geht der Frage nach geeigneten Elementarisierungen des Energiebegriffs für die Schule nach. Er benennt dabei vier „Grundideen des Energiebegriffs", die die wesentlichen Aspekte der Energie charakterisieren: *Energieumwandlung, Energietransport, Energieerhaltung* und *Energieentwertung*. Mit diesen Aspekten sind die wesentlichen Charakteristika der Größe Energie erfasst, die innerhalb der Physik, aber auch in den darüber hinausgehenden Anwendungsgebieten relevant sind. Anhand von Beispielen, Anwendungen und Experimenten gewinnen die Schülerinnen und Schüler

Erfahrungen im Umgang mit der Energie und erwerben auf diese Weise ein Verständnis des Energiebegriffs.

6.3 Energie im Unterricht

Wir skizzieren im Folgenden einen inhaltlichen Gang zur Einführung des Energiebegriffs, der als roter Faden zur Gliederung in der Sekundarstufe I verwendet werden kann. Dabei werden die genannten Grundideen der Energie berücksichtigt und Konzepte, die sich in der Schulphysik eingebürgert haben (wie zum Beispiel Energieübertragungsketten) thematisiert.

Energie als Antrieb

Mit dem Begriff Energie verbinden viele Schülerinnen und Schüler aus ihrer Alltagserfahrung eine Vorstellung von „Antrieb", etwas Stoffliches, eine Art „Treibstoff". Es ist sinnvoll, Beispiele und Gegenbeispiele zu sammeln, damit an die Vorerfahrungen anzuknüpfen und die Verwendung des Energiebegriffs auf diese Weise zu einzuführen. Wir starten mit der Feststellung, dass viele Geräte, Maschinen und natürliche Vorgänge Energie benötigen, um zu funktionieren. Die Energiezufuhr kann in unterschiedlicher Weise erfolgen, z. B. durch Treibstoff, Strom oder Sonnenlicht. Jedem ist vertraut, dass der Smartphone-Akku regelmäßig aufgeladen werden muss. Das gleiche gilt für das Elektroauto (Abb. 6.2), und herkömmliche Autos brauchen Benzin, damit sie fahren können. Um die Wohnung zu heizen, wird Gas oder Holz verbrannt. Auch dem menschlichen Körper muss Energie zugeführt werden, damit er funktioniert. Das geschieht mit der Nahrung.

Es gibt aber auch Gegenbeispiele: Gegenstände, die etwas Nützliches bewirken, ohne dass sie Energie dafür benötigen. Zum Beispiel kann eine Brücke schwere Lasten tragen, ohne dass ihr dafür Energie zugeführt werden muss. Auch ein Ruderboot schwimmt auf der Wasseroberfläche, ohne dass dafür Energie nötig ist. Erst zur Fortbewegung im Wasser muss man rudern und dabei Energie aufwenden (Abb. 6.3).

Energieformen und Energieumwandlungen

Wie die Beispiele gezeigt haben, kann Energie in vielen verschiedenen Erscheinungsformen auftreten. Ihr systematisches Erfassen gelingt mit dem Begriff der *Energieformen*. Sie erleichtern das Arbeiten mit dem Energiebegriff, weil sie die Vielfalt der Erscheinungsformen von Energie in eine Handvoll verschiedener Kategorien gliedern. Mathematisch sind die Energieformen dadurch gekennzeichnet, dass man für jede von ihnen eine Formel oder einen Tabellenwert angeben kann, die sich additiv zur Gesamtenergie zusammensetzen. Zwischen den verschiedenen Energieformen sind Energieumwandlungen möglich.

Abb. 6.2: Energie als Antrieb: Aufladen von Elektroautos.

Abb. 6.3: Ein Ruderboot schwimmt auch ohne Energiezufuhr. Erst wenn man es durch Rudern voranbewegen will, braucht man Energie.

Abb. 6.4: Jeder Energieform wird im Kontomodell ein Energiekonto zugeordnet.

Manche Energieformen sind unmittelbar erkennbar, einleuchtend und an den Phänomenen ablesbar, wie die kinetische Energie. Andere, wie die chemische Energie, sind nicht direkt erkennbar, können aber im Experiment verdeutlicht werden.

Experiment 6.1 (chemische Energie): Die „direkte" Umwandlung von chemischer Energie in kinetische Energie kann im folgenden Versuch gezeigt werden: Man gibt eine Brausetablette mit etwas Wasser in eine kleine verschließbare Dose. Nach kurzer Zeit kann man sehen, wie der Deckel mit großer Geschwindigkeit weggeschnellt wird. Die chemische Energie, die in der Brausetablette gespeichert war, ist (jedenfalls zum Teil) in kinetische Energie des Deckels umgewandelt worden.

Weitere einfach zu zeigende Beispiele für Energieumwandlungen (diesmal mit Spannenergie) sind Federpistole, Tennisschläger mit Ball oder Wagen mit Blattfeder auf der Fahrbahn. Insgesamt können wir festhalten:

> Energie kann in verschiedenen Formen vorkommen, die ineinander umgewandelt werden können. Es gibt z. B. kinetische Energie, potentielle Energie, Spannenergie, chemische oder elektrische Energie.

Kontomodell

Um über das Wechselspiel der Energieformen einen Überblick zu behalten, hat sich das „Kontomodell" bewährt. Dabei wird die Energie als eine Art „Währung" angesehen. Jeder Energieform wird ein „Energiekonto" zugeordnet, das einen höheren oder niedrigeren Kontostand aufweisen kann (Abb. 6.4). Zwischen den Konten sind Überweisungen möglich. Das entspricht den Energieumwandlungen. Ähnlich wie beim Bezahlen in einem Onlineshop Geld von einem Konto auf das andere übertragen wird, so kann auch bei physikalischen Prozessen Energie von einer Energieform in eine andere umgewandelt werden. Dabei sinkt der Kontostand der einen Energieform, während er bei der anderen ansteigt.

Phase 1: Anlauf

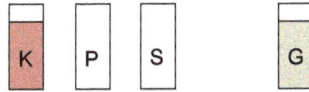

K	P	S		G

Phase 2: Stab wird gespannt

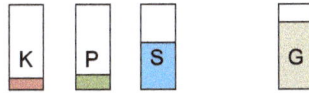

K	P	S		G

Phase 3: Springer überquert die Latte

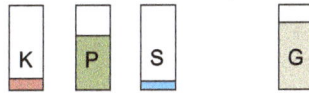

K	P	S		G

Phase 4: Abwärtsbewegung im freien Fall

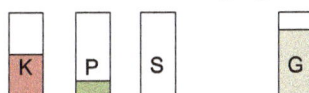

K	P	S		G

Abb. 6.5: Kontomodell beim Stabhochsprung.

Beispiel: Abb. 6.5 erläutert die Energieumwandlungen bei einem Stabhochsprung im Kontomodell.

Phase 1 – Anlauf: Der Springer versucht, mit einem schnellen Anlauf eine möglichst große kinetische Energie zu erzielen. Potentielle Energie und Spannenergie spielen noch keine Rolle.

Phase 2 – Der Stab wird gespannt: Der Stab ist elastisch und kann Energie als Spannenergie speichern. Der Springer sticht den Stab in einen Kasten im Boden. Der Stab biegt sich. Dabei wird der Springer abgebremst. Die im Anlauf gewonnene kinetische Energie wird zum großen Teil in Spannenergie umgewandelt.

Phase 3 – Aufwärtsbewegung und Überqueren der Latte: Der Stab katapultiert den Springer nach oben und entspannt sich dabei. Der Springer gewinnt an potentieller Energie. Sie stammt aus der Spannenergie des Stabes.

Phase 4 – Abwärtsbewegung: Bei der Abwärtsbewegung wird die potentielle Energie des Springers wieder in kinetische Energie umgewandelt.

In Abb. 6.5 ist jeweils schon das Konto der Gesamtenergie eingezeichnet, die Summe der Kontostände für die einzelnen Energieformen. Die Gesamtenergie bleibt während des gesamten Ablaufs konstant.

Energieumwandlungsketten

Wenn mehrere Energieumwandlungen hintereinander stattfinden, kann man eine *Energieumwandlungskette* zeichnen. Abb. 6.6 zeigt die Energieumwandlungskette für den Stabhochsprung. Die blauen Pfeile verdeutlichen dabei den zeitlichen Ablauf.

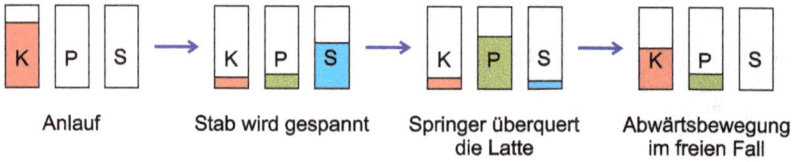

| Anlauf | Stab wird gespannt | Springer überquert die Latte | Abwärtsbewegung im freien Fall |

Abb. 6.6: Energieumwandlungskette für den Stabhochsprung.

Energieerhaltung

Der physikalisch wichtigste Aspekt der Energie ist ihre Erhaltung. Bei allen Energieumwandlungen wird Energie weder erzeugt noch vernichtet. Das lässt sich experimentell plausibel machen, aber für Schülerinnen und Schüler nicht wirklich überzeugend demonstrieren. Deshalb ist an dieser Stelle das explizite Eingehen auf die physikalische Modellbildung notwendig.

Ein oft betrachtetes Beispiel ist das Springen auf einem Trampolin. Die trampolinspringenden Kinder in Abb. 6.7 müssen sich bei jedem Sprung mit den Beinen abstoßen, damit sie so hoch kommen wie beim ersten Sprung. Bei jedem Sprung geht etwas Energie verloren. Die Ursachen dafür sind die Reibung der Federn und Aufhängungen sowie der Luftwiderstand. Nur bei einem „idealen" Trampolin käme man ohne weiteren Energieaufwand so hoch wie beim ersten Sprung.

Abb. 6.7: Trampolin zur Verdeutlichung der Energieerhaltung.

Experiment 6.2 (Energieerhaltung): Wie man sich an solche idealen Bedingungen annähert, kann man in einem Fallversuch mit Tennisball, Gummiball und Stahlkugel auf einer Stahlplatte untersuchen. Im Vergleich mit Tennisball und Gummiball verliert die Stahlkugel bei jedem Sprung am wenigsten an Höhe. Doch immer noch geht bei jedem Aufprall ein wenig Energie dadurch „verloren", dass sich Stahlplatte und Kugel ein wenig erwärmen. Könnte man diese Art der Energieumwandlung verhindern, käme die Kugel immer wieder bis zur ursprünglichen Höhe.

Höher als bis zu ihrer Ausgangshöhe kann die Kugel es allerdings nicht schaffen. Dies lässt sich mit dem bekannten Pendelversuch bestätigen, bei dem ein an der Decke befestigtes Pendel mit einer schweren Eisenkugel fast bis zum Kinn des „Opfers" ausgelenkt wird und anschließend gerade eben nicht bis dorthin zurückschwingt. Im Kontomodell äußert sich die Energieerhaltung darin, dass die Summe aller Kontostände (die Gesamtenergie im Balken rechts in Abb. 6.5) immer konstant bleibt.

Energieerhaltung: Energie kann nicht erzeugt oder vernichtet werden, sie kann nur von einer Form in die andere umgewandelt werden. Bei allen Vorgängen in Natur und Technik bleibt die Energie erhalten.

Die bei einem springenden Ball „fehlende" Energie erwärmt teilweise den Boden und teilweise den Ball selbst. Die Erwärmung des Bodens beim Aufprall eines fest geworfenen Balls kann man heutzutage mit Wärmebildkameras sichtbar machen. Auf diese Weise wird sichtbar, wo die fehlende Energie bleibt. Auf Videoportalen sind entsprechende Filme verfügbar.

Die Forschung über Schülervorstellungen und Lernschwierigkeiten zeigt, dass Schülerinnen und Schüler die Idee der Energieerhaltung zwar akzeptieren, aber Probleme mit den zur Veranschaulichung verwendeten Experimenten, Idealisierungen und Modellen haben. Schecker und Duit [17] schreiben: „Schülerinnen und Schüler gehen im Mechanikunterricht problemlos darauf ein, statt von ‚Energieverlust' davon zu sprechen, dass Energie auf thermischem Wege abfließt – was im Unterricht oft unzulässig als ‚Umwandlung in Wärme' bezeichnet wird. Damit rückt für Lernende jedoch keineswegs der Energieerhaltungsaspekt in den Vordergrund. Die gedankliche Fixierung auf den eigentlich interessierenden Vorgang – die Pendelschwingung oder die Fortbewegung – lässt den ‚Verlust' als das Hervorzuhebende erscheinen. [...] Dieser Fokus auf die kleinen ‚Verluste' statt auf die globale Erhaltung führt bei Aufgaben [...] dazu, dass Schülerinnen und Schüler Wert darauf legen, die Kugel rolle auf der rechten Seite ‚nicht ganz auf die gleiche Höhe' [...]. Auch beim Fadenpendel trete ein ‚klitzekleiner Unterschied' immer auf."

Eine mögliche Strategie gegen diese Lernschwierigkeit besteht darin, den Weg der Idealisierung nicht zu Ende zu gehen, sondern die abgegebene Energie (also die „Energieverluste") explizit zu thematisieren. Immer kann man andere Körper finden, auf die die scheinbar fehlende Energie übertragen wird. Bei der springenden Kugel ist es der Boden und die Erwärmung der Kugel selbst, beim Pendel ist es die umgebende Luft, die in Bewegung versetzt wird. Das ist die eigentliche Aussage des Energiesatzes: Bei jedem Vorgang kann man bei genauerer Untersuchung die „verlorene" Energie wiederfinden. Diese Sichtweise ist auch das Herzstück von Feynmans Analogie: Wenn Bauklötze scheinbar fehlen, kann man sich sicher sein, dass man sie bei genügend gründlicher Suche wiederfindet.

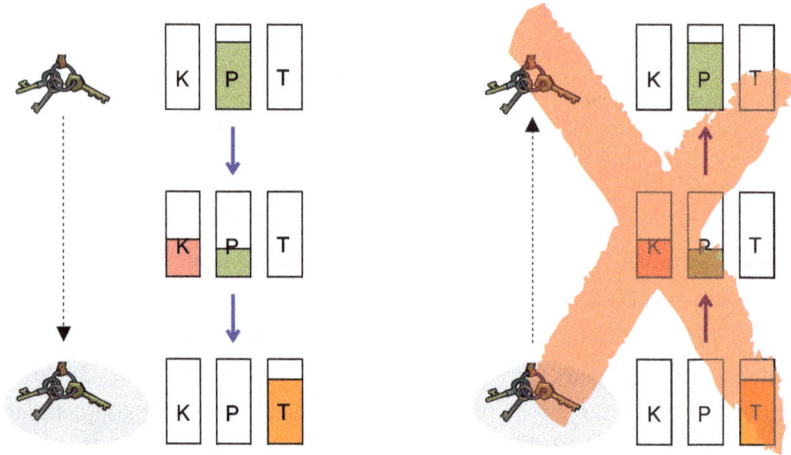

Abb. 6.8: Mit Energieentwertung verbundene Vorgänge sind nicht umkehrbar. Es kommt nicht vor, dass die thermische Energie des Bodens (T) abnimmt und dafür die kinetische Energie (K) und potentielle Energie (P) des Schlüsselbunds zunimmt. Der Schlüsselbund wird niemals unter Abkühlung des Bodens nach oben geschleudert.

Energieentwertung

In engem Zusammenhang mit den „Energieverlusten" bei allen real auftretenden Vorgängen steht der Aspekt der *Energieentwertung*. Er hängt eng mit dem zweiten Hauptsatz der Thermodynamik zusammen, der die Irreversibilität von allen Prozessen beschreibt, die in der Natur von selbst ablaufen.

Aus dem Alltag kennen die Schülerinnen und Schüler viele Vorgänge, bei denen die Energieerhaltung nicht offensichtlich ist. Beim Fahrradfahren nimmt z. B. die kinetische Energie rasch ab, wenn man nicht in die Pedale tritt. Ein Schlüsselbund oder ein Stück Kreide, die man auf den Boden fallen lässt, bleiben dort liegen. Die Energie geht dabei nicht verloren, sondern wird auf andere Körper übertragen. Es ist kennzeichnend für diese Vorgänge, dass sie nicht umkehrbar sind, auch wenn die Energie erhalten ist. Man nennt solche Prozesse *irreversibel*.

Ein Beispiel sind die Energieumwandlungsketten in Bild 6.8. Der links gezeigte Vorgang ist alltäglich: Ein Schlüsselbund fällt zu Boden und bleibt dort liegen. Seine kinetische Energie wird in thermische Energie des Bodens umgewandelt.

Bei der rechten Energieumwandlungskette wird ein Teil der thermischen Energie des Bodens in kinetische Energie des Schlüsselbunds umgewandelt. Ein solcher Prozess kommt in der Natur nicht vor, obwohl er mit dem Energieerhaltungssatz verträglich wäre. Es lassen sich viele andere Energieumwandlungsketten finden, die „rückwärts gelesen" in der Natur nicht auftreten, z. B. ein Kinderkarussell auf dem Spielplatz, das sich plötzlich zu drehen anfängt, während sich die Drehachse abkühlt oder eine Herdplatte, die das Essen abkühlt und dabei elektrische Energie abgibt. Auch wenn der Energieerhaltungssatz immer gilt, finden in der Natur nicht alle Vorgänge statt, die mit ihm vereinbar sind.

Wenn man nach Gemeinsamkeiten bei den irreversiblen Vorgängen sucht, stellt man fest, dass bei ihnen immer Energie „zerstreut" oder „gleichmäßig verteilt" wird. Die vom Schlüsselbund auf den Boden übertragene Energie wird gleichmäßig im Boden verteilt. Die von einem Bootsmotor gelieferte Energie wird gleichmäßig im Wasser verteilt. Beim Abbrennen einer Kerze wird Energie gleichmäßig in der Umgebung verteilt. Das Verteilen der Energie in der Umgebung kann man nicht ohne Weiteres rückgängig machen. So kommt etwa die im Boden gleichmäßig verteilte Energie nicht mehr von selbst an einer Stelle zusammen und wandelt sich dort in kinetische Energie des Schlüsselbunds um. Man spricht hier von *Energieentwertung*. In die Umgebung verteilte Energie ist zwar nicht „weg", aber man kann sie nicht mehr unbeschränkt nutzen. Sie ist uns nicht mehr nützlich, sie ist „entwertet".

Energieentwertung: Wenn bei einem Vorgang Energie in der Umgebung verteilt wird, kann der umgekehrte Vorgang nicht von selbst stattfinden. Die verteilte Energie ist „entwertet", weil sie nicht ohne Weiteres in andere Energieformen umgewandelt werden kann.

Abb. 6.9: Mit einer Kaffeemaschine lässt sich ein scheinbar irreversibler Vorgang umkehren.

Experiment 6.3 (Umkehrung eines irreversiblen Vorgangs): Wenn man einen Wassertropfen in eine Schüssel mit Wasser fallen lässt, wird die kinetische Energie des Tropfens unumkehrbar im Wasser verteilt. Ist es denkbar, dass der umgekehrte Vorgang abläuft: Energie wird dem Wasser entzogen, um einen Tropfen nach oben zu schleudern?

Wenn es gelingt, das Verteilen von Energie in der Umgebung zu verhindern, dann lassen sich auch scheinbar unumkehrbare Vorgänge wie dieser wenigstens teilweise umkehren. Man benötigt eine altmodische Kaffeemaschine mit Glaskanne (Abb. 6.9). Darin bereitet man einige Tassen Kaffee zu. Einzelne Tropfen, die am Ende noch in die Kanne fallen, erzeugen kreisförmige Wellen. Diese werden an den Rändern der Kanne reflektiert und treffen sich wieder in der Mitte. Es passiert das scheinbar Unmögliche: Ein kleiner Tropfen springt nach oben.

⚡ Der Begriff des „Energieverbrauchs" ist (ebenso wie der des „Stromverbrauchs") in der Schule streng verpönt. Dadurch soll die Schülervorstellung „Energie geht verloren" vermieden und an ihrer Stelle die Vorstellung von der Energieerhaltung gestärkt werden. Diese Energieverbrauchsvorstellung ist in der Tat ein Hindernis beim Verständnis des Energiesatzes, insbesondere bei heiklen Beispielen wie dem Fadenpendel, wo nicht unmittelbar einsichtig ist, wohin die Energie scheinbar verschwindet.

Das Wort „Verbrauch" hat aber auch die Bedeutung „durch Gebrauch entwerten". Wir sprechen vom Wasserverbrauch eines Haushalts, ohne dass damit die Vorstellung verbunden ist, dass das Wasser nach seiner Verwendung einfach verschwindet. Es ist verbraucht, zu Brauchwasser geworden. In gleicher Weise könnte man die Begriffe „Energieverbrauch" und „Stromverbrauch" auffassen: als im Kern etwas physikalisch Richtiges meinend. Die Energie ist nach ihrer Verwendung nicht verschwunden oder weniger geworden, aber sie ist entwertet und nicht mehr nutzbar. Die Verbrauchsvorstellung der Energie (oder des Stroms) würde auf diese Weise fruchtbar umgedeutet statt nur als falsch bekämpft.

Energieübertragungsketten

Bisher haben wir uns bei Energiebetrachtungen auf einen einzelnen Körper konzentriert und die Erhaltung der Gesamtenergie für dieses System betrachtet. Bei konstanter Gesamtenergie können Energieumwandlungen von einer Energieform in eine andere stattfinden. Energieumwandlungen haben wir im Kontomodell und in Energieumwandlungsketten dargestellt. Energieumwandlungsketten beschreiben zeitliche Abläufe, die wir durch blaue Pfeile dargestellt haben (Abb. 6.11 oben). Aus der Systemperspektive, auf die wir in diesem Kapitel noch eingehen werden, handelt es sich um ein abgeschlossenes System, in dem die Gesamtenergie erhalten bleibt.

Es gibt aber auch Prozesse, bei denen Energie räumlich übertragen wird. Man spricht dann von Energieübertragung. Es handelt sich dann um offene Systeme, bei denen Energie die Systemgrenzen überquert. Im Inneren des Systems kann die Energie entsprechend zu- oder abnehmen.

Zur Veranschaulichung solcher Energieübertragungsprozesse hat sich in der Schulphysik das Konzept der *Energieübertragungskette* eingebürgert (das es interessanterweise in den Ingenieurwissenschaften in dieser Form nicht gibt). Das Prinzip ist in Abb. 6.10 für den Vorgang gezeigt, bei dem die Energie von strömendem Wasser über Wasserrad und Dynamo dazu genutzt werden, um ein Lämpchen zum Leuchten zu bringen. Das Prinzip der Energieübertragungskette ist in Abb. 6.10 gezeigt. Die beteiligten Körper werden als gelbe Kästen dargestellt. Mit einem breiten roten Pfeil wird die Energieübertragung von einem Körper zu einem anderen verdeutlicht.

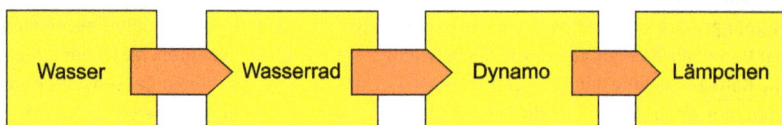

Abb. 6.10: Energieübertragungskette für ein Wasserrad, mit dem ein Lämpchen zum Leuchten gebracht wird.

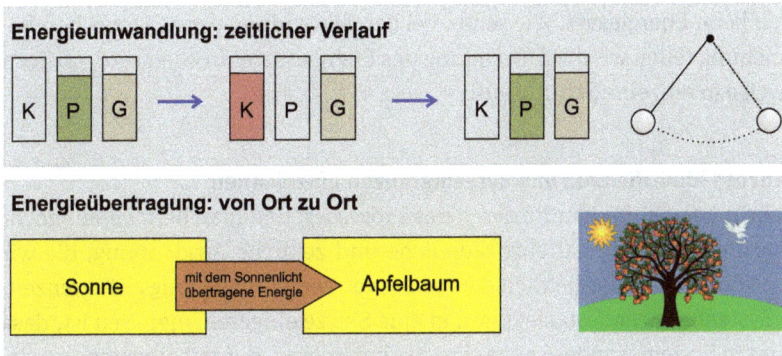

Abb. 6.11: Energieumwandlungsketten und Energieübertragungsketten.

Abb. 6.11 stellt die Konzepte der Energieumwandlungskette und der Energieübertragungskette gegenüber. Während die Energieumwandlungskette für das Pendel einen zeitlichen Ablauf zeigt, wird bei der Energieübertragung von der Sonne auf den Apfel die Energie räumlich transportiert. Oft findet aber auch beides gleichzeitig statt: Beim Stabhochsprung gibt es Energieumwandlungen, aber es wird auch Energie übertragen (vom Springer auf den Stab und wieder zurück).

Häufig wird der Begriff des *Energiewandlers* eingeführt. Davon spricht man, wenn ein Gerät nicht nur Energie überträgt, sondern sich dabei auch die Energieform ändert. Ein Energiewandler speichert die übertragene Energie üblicherweise nicht.

Ein Beispiel ist der Gabelstapler, der nicht nur Energie auf eine Last überträgt, sondern dabei auch als Energiewandler wirkt: Beim Anheben der Last wird chemische oder elektrische Energie in potentielle Energie umgewandelt. Der Begriff des Energiewandlers ist jedoch etwas künstlich, denn oft finden Energieumwandlungen auch statt, ohne dass man einen Körper angeben kann, der dies bewirkt. Es ist zudem schwierig, in diesem Zusammenhang die Begriffe der Fachsprache richtig zu verwenden. Häufig sind die Abläufe an einem Energiewandler angemessener mit den Transportgrößen Arbeit und Wärme zu beschreiben als mit den Zustandsgrößen bzw. Energieformen (kinetische, potentielle, thermische bzw. innere Energie), die im Unterricht bevorzugt verwendet werden sollten.

6.4 Umgang mit dem Energiesatz

Kommen wir nun zu den fachlichen Grundlagen für den Umgang mit dem Energiesatz. Für eine systematische Anwendung des Energiesatzes ist der erste und vielleicht wichtigste Schritt, sich über das *System* klar zu werden, das man betrachtet, und es gedanklich von seiner Umgebung abzugrenzen. Wie wir gesehen haben, ist das Identifizieren der Systemgrenzen schon beim Umgang mit der newtonschen Bewegungsgleichung hilfreich, weil es einen dazu zwingt, zwischen inneren und äußeren Kräften sauber zu unterscheiden. Aus dem gleichen Grund nützt das Einzeichnen der Systemgrenzen auch beim Energiesatz. Wie schon bei der Anwendung der newtonschen Bewegungsgleichung teilen wir die Anwendung des Energiesatzes in einer rezeptartigen Vorgehensweise in einzelne Schritte auf:

Schritt 1: Prozess identifizieren und Systemgrenzen einzeichnen

Der erste Schritt besteht im Identifizieren des Prozesses, den man betrachten möchte. Der betrachtete Vorgang hat eine räumliche und zeitliche Ausdehnung, die wir frei festlegen können. Um das betrachtete System von seiner Umgebung abzugrenzen, werden die Systemgrenzen festgelegt und in eine Skizze eingezeichnet. Neu ist, dass wir nicht nur ein System, sondern einen *Prozess* betrachten, der sich über eine gewisse Zeitspanne erstreckt. Deshalb muss zusätzlich noch ein Anfangs- und ein Endzeitpunkt der Betrachtung festgelegt werden. Je nach Wahl der Systemgrenzen und des betrachteten Zeitintervalls liefert der Energiesatz verschiedene Aussagen. Um mit einem konkreten Beispiel zu arbeiten, betrachten wir einen Stabhochsprung (Abb. 6.12). Wenn man Anfangs- und Endzeitpunkt für den betrachteten Prozess so wählt wie in Abb. 6.12, erhält man Auskunft über die Umwandlung von kinetischer Energie in potentielle Energie der Springerin.

Schritt 2: Offenes oder abgeschlossenes System?

Im zweiten Schritt muss zwischen offenen und abgeschlossenen Systemen unterschieden werden. Es gibt zwei verschiedene Formulierungen des Energiesatzes, je nachdem ob das betrachtete System offen oder abgeschlossen ist. Bei einem *offenen System* wirken Kräfte über die Systemgrenzen hinweg. Bei einem *abgeschlossenen System* wirken alle Kräfte innerhalb des Systems. Eine Ausnahme, auf die wir noch zurückkommen werden, bildet die Schwerkraft. Sie wird gesondert berücksichtigt und bleibt bei der Klassifikation in offene und abgeschlossene Systeme unberücksichtigt. Auch wenn in Abb. 6.12 die Schwerkraft über die Systemgrenzen hinweg wirkt (von der Erde auf die

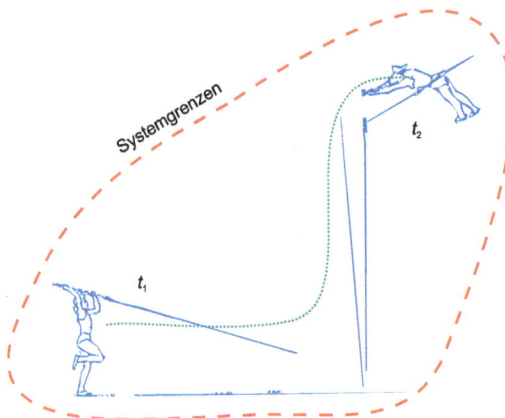

Abb. 6.12: Wahl der Systemgrenzen und Festlegen von Anfangs- und Endzeitpunkt des betrachteten Prozesses.

Springerin), handelt es sich trotzdem um ein abgeschlossenes System, da alle anderen Kräfte innerhalb der Systemgrenzen wirken.

Schritt 3: Energieformen identifizieren und Gesamtenergie berechnen

Wenn man Systemgrenzen, Anfangs- und Endzeitpunkt des betrachteten Prozesses festgelegt hat, wird die Gesamtenergie E_{ges} berechnet, indem man alle Energieformen innerhalb der Systemgrenzen addiert: Man betrachtet das System zum Anfangszeitpunkt t_1 und identifiziert alle vorkommenden Energieformen, die man zu diesem Zeitpunkt innerhalb der Systemgrenzen aufspüren kann. Die Gesamtenergie zum Zeitpunkt t_1 ergibt sich durch Addition der kinetischen Energie aller Körper innerhalb der Systemgrenzen, ihrer potentiellen Energie, Spannenergie usw. Auch für den Zeitpunkt t_2 wird die Gesamtenergie berechnet.

Schritt 4: Energiesatz anwenden

Für die weiteren Betrachtungen gehen wir zunächst davon aus, dass ein abgeschlossenes System vorliegt. Den Fall offener Systeme behandeln wir anschließend separat. Für abgeschlossene Systeme verknüpft der Energiesatz den Wert der Gesamtenergie zu den Zeitpunkten t_1 und t_2:

> **Energieerhaltungssatz für abgeschlossene Systeme:** In einem abgeschlossenen System ist die Gesamtenergie konstant; ihr Wert ändert sich zeitlich nicht:
>
> $$E_{ges}(t_2) = E_{ges}(t_1). \tag{6.1}$$

Beispiel: Stabhochsprung-Weltrekord. Wir schätzen mit dem Energiesatz die maximale Sprunghöhe ab, die beim Stabhochsprung möglich ist. Bei einem Sprung finden verschiedene Energieumwandlungen statt: Die kinetische Energie, die die Springerin beim Anlauf gewonnen hat, wird beim Absprung in Spannenergie des Stabes umgewandelt und weiter in potentielle Energie, wenn die Springerin vom Stab nach oben katapultiert wird.

 Schritt 1: Wir wählen die Systemgrenzen und den Anfangs- bzw. Endzeitpunkt so wie in Abb. 6.12 eingezeichnet.

 Schritt 2: Nur die Schwerkraft wirkt über die Systemgrenzen hinweg. Da sie bei der Klassifikation in abgeschlossene und offene Systeme unberücksichtigt bleibt, handelt es sich um ein abgeschlossenes System.

 Schritt 3: Zum Zeitpunkt t_1, kurz vor dem Einstich des Stabs in den Einstichkasten, sind die folgenden Energieformen relevant: die kinetische Energie $\frac{1}{2}mv_1^2$, die die Springerin aufgrund ihrer Anlaufgeschwindigkeit v_1 hat, sowie die potentielle Energie mgz_1. Dabei ist z_1 die Höhe des Körperschwerpunkts über dem Boden (etwa 1 m). Die Gesamtenergie zum Zeitpunkt t_1 ist somit:

$$E_{ges}(t_1) = \frac{1}{2}mv_1^2 + mgz_1. \tag{6.2}$$

Ein entsprechender Ausdruck ergibt sich für den Zeitpunkt t_2, an dem die Springerin die Latte überquert:

$$E_{ges}(t_2) = \frac{1}{2}mv_2^2 + mgz_2. \tag{6.3}$$

Wir nehmen an, dass v_2 vernachlässigbar ist, so dass die gesamte Energie als potentielle Energie vorliegt. Die Höhe z_2 des Körperschwerpunkts beim Überqueren der Latte ist eine gute Abschätzung für die Sprunghöhe.

Wir nehmen weiterhin an, dass die drei genannten Energieformen (kinetische, potentielle und Spannenergie) die einzig relevanten sind. Damit nehmen wir die Idealisierung vor, dass insbesondere die innere (oder thermische) Energie aller Körper im System sich nicht ändert. Reibung und andere Verlustmechanismen sollen also keine Rolle spielen. Es ist auffällig, dass die Spannenergie nicht in den Formeln für die Gesamtenergie auftritt. Sie spielt nur zwischen den Zeitpunkten t_1 und t_2 eine Rolle. Hätten wir die betrachtete Zeitspanne anders gewählt, würde in den Formeln für die Gesamtenergie auch die Spannenergie auftreten.

Schritt 4: Der Energiesatz für abgeschlossene Systeme lautet:

$$E_{ges}(t_2) = E_{ges}(t_1). \tag{6.4}$$

Mit den obigen Ausdrücken für E_{ges} und unter Vernachlässigung von v_2 ergibt sich:

$$mgz_2 = mgz_1 + \frac{1}{2}mv_1^2, \tag{6.5}$$

oder, auf beiden Seiten durch mg geteilt:

$$z_2 = z_1 + \frac{v_1^2}{2g}. \tag{6.6}$$

Um eine Abschätzung für die maximal erzielbare Höhe zu gewinnen, legen wir die Anlaufgeschwindigkeiten zugrunde, die beim Sprint von sehr guten Läufern erreicht werden: Für Männer nehmen wir $v_1 = 10$ m/s an, für Frauen $v_1 = 9$ m/s. Daneben setzen wir $z_1 = 1$ m (Ausgangshöhe des Körperschwerpunkts) und $g \approx 10$ m/s². Damit erhalten wir:

$$\text{für Männer:} \quad z_2 = 1\,\text{m} + \frac{100\,\frac{m^2}{s^2}}{2 \cdot 10\,\frac{m}{s^2}} = 6\,\text{m}, \tag{6.7}$$

$$\text{für Frauen:} \quad z_2 = 1\,\text{m} + \frac{81\,\frac{m^2}{s^2}}{2 \cdot 10\,\frac{m}{s^2}} = 5{,}05\,\text{m}. \tag{6.8}$$

Zum Vergleich: Die aktuellen Weltrekorde liegen bei 6,18 m (Männer) bzw. 5,06 m (Frauen). Die Übereinstimmung ist beeindruckend.

Zwei Effekte, die sich in ihren Auswirkungen auf die Sprunghöhe in etwa kompensieren, wurden in der Energiebilanz nicht berücksichtigt: (1) Mit einer Stange in der Hand kann man nicht ganz so schnell laufen wie beim Sprint. (2) Die Stabhochspringer nutzen den folgenden Trick, um noch etwas zusätzliche Höhe zu gewinnen: Nach dem Absprung setzen sie die Muskelkraft ihrer Arme ein, um sich an der Stange nach oben abzustoßen und ihren Körper in eine senkrechte Stellung mit den Füßen nach oben zu bringen. Bei diesem Vorgang wird chemische Energie der Muskeln in potentielle Energie umgewandelt. Wir haben die chemische Energie nicht in die Energiebilanz aufgenommen (also als konstant angenommen), deshalb ist dieser Effekt in unserer Rechnung nicht berücksichtigt.

Die potentielle Energie der Schwerkraft als Feldenergie

Bei der Klassifizierung in offene und abgeschlossene Systeme hat die Schwerkraft eine Sonderrolle. Auch wenn sie über die Systemgrenzen hinausgreift, macht sie das System nicht zu einem offenen System. Wie ist das zu erklären? Um diesen merkwürdigen Umstand zu verstehen, müssen wir die Herkunft der potentiellen Energie untersuchen. Den meisten ist der Umgang mit der potentiellen Energie schon so in Fleisch und Blut übergegangen, dass sie nicht mehr darüber nachdenken, was darunter eigentlich zu verstehen ist. Dass sie etwas mit der Schwerkraft zu tun hat, steht auf jeden Fall fest.

Die potentielle Energie, die mit der Schwerkraft verknüpft ist, hat ihren Ursprung in dem Bemühen, den Umgang mit dem Energiesatz einfacher zu gestalten. Denn eigentlich handelt es sich um Feldenergie des Gravitationsfeldes. Das Verständnis dieser Aussage fällt leichter, wenn man sie mit einer Analogie zum elektrischen Feld verdeutlicht. Jede elektrische Ladung erzeugt ein elektrisches Feld in ihrer Umgebung. Eine zweite elektrische Ladung erfährt in diesem Feld eine anziehende oder abstoßende elektrische Kraft. Betrachten wir zwei Ladungen, die sich anziehen. Um sie voneinander zu entfernen, muss Energie aufgewendet werden. Diese Energie geht nicht verloren. Sie ist im elektrischen Feld gespeichert. Nähert man die beiden Ladungen einander wieder an, wird die im elektrischen Feld gespeicherte Energie wieder freigesetzt.

Die Analogie lässt sich vollständig auf Massen im Gravitationsfeld übertragen. Die Masse eines Körpers entspricht dabei seiner Ladung, das Gravitationsfeld entspricht dem elektrischen Feld. Jeder Körper erzeugt in seiner Umgebung ein Gravitationsfeld. Ein anderer Körper erfährt eine Kraft in diesem Feld. Um die beiden Körper voneinander zu entfernen (zum Beispiel um einen Stein im Gravitationsfeld der Erde zu heben), muss Energie aufgewendet werden. Diese Energie geht nicht verloren. Sie ist im Gravitationsfeld gespeichert. Nähert man die beiden Massen einander wieder an (indem man den Stein absenkt), wird die im Gravitationsfeld gespeicherte Energie wieder freigesetzt. Man kann auch die quantitative Übereinstimmung zeigen, wenn man diesen Vorgang mathematisch beschreibt ([14], Abschnitt 7.8).

Obwohl demnach die Energie des Gravitationsfeldes bei allen Vorgängen, bei denen die Schwerkraft beteiligt ist, berücksichtigt werden sollte, haben wir das bisher nicht getan – scheinbar. Denn in Wirklichkeit haben wir die Feldenergie des Gravitationsfeldes unter dem Namen potentielle Energie sehr wohl berücksichtigt. Die potentielle Energie wird eingeführt, um den Umgang mit dem Energiesatz dadurch zu vereinfachen, dass man sich nicht in jedem Einzelfall über das Gravitationsfeld und seine Energie Rechenschaft ablegen muss. Diese Vereinfachung glückt so effektiv, dass der Ursprung der potentiellen Energie in der Regel völlig in Vergessenheit gerät.

Auf diese Weise wird die Sonderrolle der Schwerkraft bei der Klassifikation in offene und abgeschlossene Systeme verständlich. Dadurch, dass wir die potentielle Energie als Energieform berücksichtigen, schließen wir das Gravitationsfeld und seine

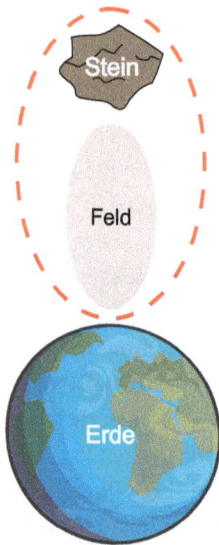

Abb. 6.13: Die Feldenergie gehört unter dem Namen potentielle Energie zum betrachteten System.

Energie in das betrachtete System mit ein (Abb. 6.13). Die Schwerkraft, die zwischen Körper und Feld wirkt, ist dann aber keine äußere Kraft mehr, sondern sie wirkt zwischen Bestandteilen des Systems. Wirken auch sonst keine Kräfte über die Systemgrenzen hinweg, handelt es sich um ein abgeschlossenes System.

Wie die Analogie zum elektrischen Feld zeigt, könnte man ebenso gut eine elektrische potentielle Energie definieren. In der Regel geschieht das nicht, weil man in Problemen der Mechanik nur selten mit geladenen Körpern zu tun hat. In welchen Fällen man eine potentielle Energie definieren kann (auch wenn es sich dabei nicht immer um Feldenergien handelt), betrachten wir auf S. 120.

Energieerhaltungssatz für offene Systeme

Für offene Systeme, bei denen andere Kräfte als die Schwerkraft über die Systemgrenzen hinweg wirken, gilt der Energieerhaltungssatz in der Form von Gl. (6.1) nicht mehr. Die Gesamtenergie innerhalb der Systemgrenzen ist nicht mehr konstant, denn

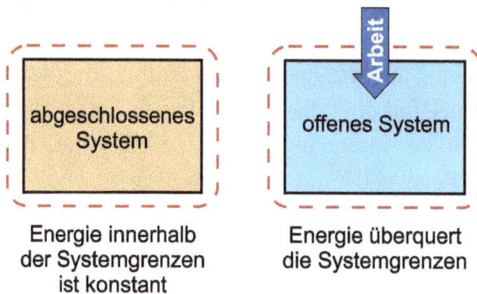

Energie innerhalb der Systemgrenzen ist konstant

Energie überquert die Systemgrenzen

Abb. 6.14: Bei offenen Systemen überquert Energie als Arbeit die Systemgrenzen. Die Gesamtenergie innerhalb des Systems ist dann nicht mehr konstant.

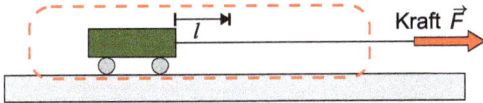

Abb. 6.15: Beispiel für eine äußere Kraft: Beschleunigung eines Wagens auf einer Fahrbahn.

aufgrund der äußeren Kräfte wird dem System Energie zugeführt oder entzogen (Abb. 6.14). Wir betrachten als Beispiel den Fahrbahnversuch in Abb. 6.15, in dem über das Seil eine Kraft auf den Wagen ausgeübt wird. Sie wirkt über die Systemgrenzen hinweg; es handelt sich somit um ein offenes System. Der Wagen wird durch die Seilkraft beschleunigt, seine kinetische Energie nimmt zu. Alle übrigen Energien innerhalb der Systemgrenzen bleiben unverändert. Die Gesamtenergie des Systems wird also größer. Ursache für die Energiezunahme im System ist die äußere Kraft, die über die Systemgrenzen hinweg auf den Wagen wirkt und dem System Energie zuführt.

Die Energie, die durch äußere Kräfte über die Systemgrenzen zu- oder abgeführt wird, nennt man *mechanische Arbeit W*. Im Energiesatz für offene Systeme muss diese Energieänderung berücksichtigt werden. Er lautet wie folgt:

Energieerhaltungssatz für offene Systeme:

$$E_{\text{ges}}(t_2) - E_{\text{ges}}(t_1) = W. \tag{6.9}$$

In Worten ausgedrückt besagt diese Gleichung, dass die Änderung der Gesamtenergie des Systems im betrachteten Zeitraum so groß ist wie die von außen zugeführte mechanische Arbeit. Mit anderen Worten: Die Energie innerhalb des Systems kann sich nur dadurch ändern, dass Energie als Arbeit die Systemgrenzen überquert (Abb. 6.14). Innerhalb des Systems kann Energie weder erzeugt noch vernichtet werden.

Für ein eindimensionales System (nur eine Raumrichtung, Kraft parallel oder antiparallel zum Weg) ist die durch eine äußere Kraft F_{ext} verrichtete mechanische Arbeit wie folgt definiert.

Mechanische Arbeit (eindimensional):

$$W = \int_0^l F_{\text{ext}} \, dx. \tag{6.10}$$

Das Integral erstreckt sich entlang des Weges, den der Angriffspunkt der äußeren Kraft zurücklegt, während die Arbeit verrichtet wird. Im einfachsten Fall ist die Kraft über den ganzen Weg konstant. Dann reduziert sich das Integral auf eine einfache Multiplikation mit der Weglänge l, und es ergibt sich die einfache und bekannte Formel:

$$\text{„Arbeit = Kraft} \cdot \text{Weg``,} \quad W = F_{\text{ext}} \cdot l. \tag{6.11}$$

i **Beispiel:** Wir analysieren den Fahrbahnversuch in Abb. 6.15 mit dem Energiesatz für offene Systeme. Wir gehen dabei schrittweise nach dem oben beschriebenen Rezept vor, nur dass dieses Mal der Energiesatz für offene Systeme verwendet wird.

Schritt 1: Wir wählen die Systemgrenzen so wie in Abb. 6.15 eingezeichnet. Die betrachtete Zeitspanne ist diejenige, die der Wagen benötigt, um den eingezeichneten Weg l zurückzulegen.

Schritt 2: Die Seilkraft wirkt über die Systemgrenzen hinweg; es handelt sich also um ein offenes System.

Schritt 3: Innerhalb der Systemgrenzen ist nur der Wagen für die Energiebilanz relevant. Da die Fahrbahn flach ist, ändert sich seine potentielle Energie nicht. Alle Energieformen, die während des betrachteten Prozesses konstant bleiben, fallen beim Aufstellen des Energiesatzes in der Differenz $E_{ges}(t_2) - E_{ges}(t_1)$ heraus. Sie können deshalb von vornherein bei der Berechnung der Gesamtenergie unberücksichtigt bleiben. Für die Gesamtenergie zum Zeitpunkt t_1 müssen wir also nur die kinetische Energie einbeziehen:

$$E_{ges}(t_1) = \frac{1}{2}mv_1^2. \tag{6.12}$$

Ein entsprechender Ausdruck gilt für den Zeitpunkt t_2.

Schritt 4: Der Energiesatz für offene Systeme lautet:

$$E_{ges}(t_2) - E_{ges}(t_1) = W. \tag{6.13}$$

Da die Kraft konstant ist, lässt sich die Arbeit W einfach als „Kraft mal Weg" berechnen:

$$W = F \cdot l. \tag{6.14}$$

Aus dem Energiesatz für offene Systeme ergibt sich also:

$$\frac{1}{2}mv_2^2 - \frac{1}{2}mv_1^2 = F \cdot l. \tag{6.15}$$

Das Ergebnis sieht einfach genug aus. Man muss sich aber immer Rechenschaft darüber ablegen, ob der gewählte Ansatz die experimentelle Situation erfasst, die man beschreiben möchte. Wollte man die externe Kraft durch die Gewichtskraft $m_G \cdot g$ eines Massestücks realisieren, die über eine Umlenkrolle vom Seil übertragen wird, wäre das in diesem Beispiel nicht der Fall. Das Massestück muss nämlich mitbeschleunigt werden, und die Seilkraft ist nach dem newtonschen Gesetz um den Betrag $m_G \cdot a$ kleiner als die Gewichtskraft. Sowohl die Beschreibung durch das newtonsche Gesetz als auch durch den Energiesatz für abgeschlossene Systeme berücksichtigen diesen Effekt „von selbst". In der Beschreibung als offenes System ist Vorsicht geboten; man muss den korrekten Wert für die verminderte Seilkraft „von Hand" einsetzen.

i **Beispiel:** Wir berechnen die Arbeit beim Spannen einer Feder, für die das hookesche Gesetz gilt.

Der Nullpunkt der x-Achse wird so gewählt, dass das Ende der Feder im entspannten Zustand bei $x = 0$ liegt. Die Systemgrenzen wählen wir wie in Abb. 6.16. Es gibt bei dieser Wahl der Systemgrenzen zwei externe Kräfte. Wir müssen also den Energiesatz für offene Systeme benutzen und die am System verrichtete Arbeit berechnen.

Der Angriffspunkt der Kraft F_{Wand}, die die Wand auf die Feder ausübt, bewegt sich nicht. Diese Kraft verrichtet daher keine Arbeit. Die zweite äußere Kraft F_{Zug} verrichtet dagegen Arbeit am System. Laut Annahme gehorcht sie dem hookeschen Gesetz: $F_{Zug} = D \cdot x$. Damit gilt:

$$W = \int_0^l F_{Zug}\, dx = D \cdot \int_0^l x\, dx = \frac{1}{2}Dl^2. \tag{6.16}$$

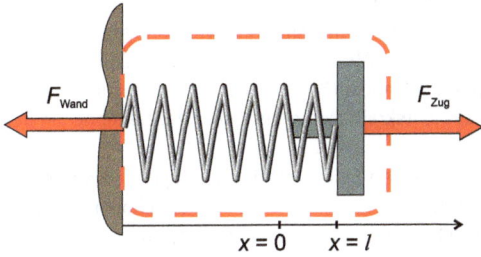

Abb. 6.16: Kräfte beim Spannen einer Feder.

Der Energiesatz lautet:

$$E_{\text{ges}}(\text{nachher}) - \underbrace{E_{\text{ges}}(\text{vorher})}_{=0} = \frac{1}{2}Dl^2. \tag{6.17}$$

Die Formel beschreibt die Energie, die zum Spannen einer Feder aufgewendet werden muss (oft als *Spannenergie* bezeichnet).

Beispiel: Die *lose Rolle* ist ein einfacher Fall einer „kraftsparenden Maschine". Die Last hängt an zwei Seilstücken; jedes Seilstück trägt nur die halbe Gewichtskraft. In Abb. 6.17 gilt also: $F_{\text{Zug}} = \frac{1}{2}F_{\text{G}}$. Beim Anheben der Last muss das Seil auf beiden Seiten der Rolle verkürzt werden. Dadurch verdoppelt sich der Weg: Will man die Last um den Weg s anheben, muss man das Seilende um $2s$ nach oben ziehen. Die verrichtete Arbeit bleibt dabei die gleiche wie zuvor:

$$W = F_{\text{Zug}} \cdot 2s = \frac{1}{2}F_{\text{G}} \cdot 2s = F_{\text{G}} \cdot s. \tag{6.18}$$

Dabei ist vorausgesetzt, dass die Gewichtskraft der losen Rolle so klein ist, dass sie vernachlässigt werden kann und dass keine Reibung auftritt.

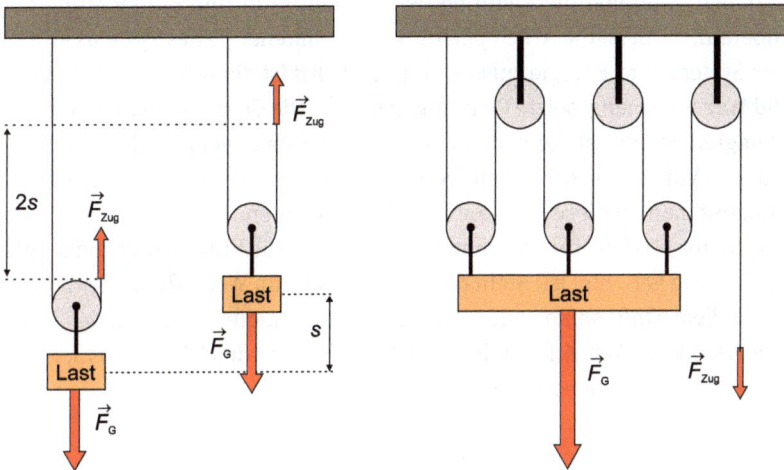

Abb. 6.17: Lose Rolle und Flaschenzug.

ℹ️ **Beispiel:** Beim *Flaschenzug* wird die Gewichtskraft der Last auf eine noch größere Anzahl von tragenden Seilen verteilt; entsprechend verringert sich die Zugkraft und verlängert sich der Weg. Zusätzlich werden feste Rollen zum Umlenken der Zugkraft benutzt. In Abb. 6.17 rechts verteilt sich die Gewichtskraft der Last auf sechs tragende Seile, so dass jedes Seil nur ein Sechstel der Last trägt. Entsprechend beträgt auch die Zugkraft nur ein Sechstel der Gewichtskraft. Dafür muss aber das Seilende um den Weg 6*s* gezogen werden.

Generell gilt: Bei einem Flaschenzug mit *n* tragenden Seilen beträgt die Zugkraft ein *n*-tel der Gewichtskraft. Der Zugweg ist dafür das *n*-fache des Weges, um den die Last angehoben wird. Die beim Heben der Last verrichtete Arbeit bleibt gleich (dabei ist vorausgesetzt, dass man die Reibung und die Gewichtskraft der losen Rollen vernachlässigen kann).

Der Flaschenzug ist nur ein Beispiel für eine kraftsparenden Maschine. Andere sind Hebel oder schiefe Ebene. Bei allen gilt: Eine verringerte Kraft erkauft man sich mit einem verlängerten Weg. Die verrichtete Arbeit bleibt gleich.

Erläuterungen zum Begriff der Arbeit

Die mechanische Arbeit ist einer derjenigen physikalischen Begriffe, die häufig Anlass zu Lernschwierigkeiten geben. Einige zusätzliche Erläuterungen sind deshalb angebracht:

1. Anders als die Gesamtenergie beschreibt die Arbeit *nicht* den Zustand des Systems. Sie ist *keine Zustandsgröße*. Man kann sagen: „Die Gesamtenergie im System beträgt 45 kJ". Die Aussage: „Die Arbeit des Systems beträgt 45 kJ" ist dagegen sinnlos. Die Arbeit, die während des betrachteten Zeitintervalls am System verrichtet wird, ist hinterher im System als potentielle, elektrische oder innere Energie gespeichert, in einer der Energieformen die zur Gesamtenergie beitragen. Arbeit ist keine Energieform, sondern „Energie auf dem Weg". Sie ist eine Prozessgröße, die nur in Bezug auf die Systemgrenzen und nur während des betrachteten Vorgangs definiert ist.

2. Die in Gl. (6.10) definierte mechanische Arbeit kann positives oder negatives Vorzeichen haben. Stimmen die Richtung der äußeren Kraft und die Richtung des Weges überein, dann ist die Arbeit positiv. Die Gesamtenergie des Systems erhöht sich, dem System wird Energie zugeführt. Umgekehrt ist die Arbeit negativ, wenn Kraft und Weg entgegengesetzte Richtungen haben. Die Gesamtenergie innerhalb der Systemgrenzen nimmt dann ab. In der Literatur gibt es verschiedene Konventionen für das Vorzeichen der Arbeit. Verwendet man Formeln aus verschiedenen Quellen, muss man an dieser Stelle sorgfältig vergleichen.

3. Gl. (6.10) gilt nur für den eindimensionalen Fall, wenn die Kraft parallel oder antiparallel zum Weg gerichtet ist. Steht die Kraft schräg zum Weg, wird in der Formel nur die *parallele Kraftkomponente* berücksichtigt, d. h. die Projektion des Kraftvektors auf den Weg (Abb. 6.18). Schließen Kraft und Weg den Winkel ϕ ein, lautet die allgemeinere Fassung von Gl. (6.10):

$$W = \int_0^l F_{\text{ext}} \cos \phi \, \mathrm{d}s. \tag{6.19}$$

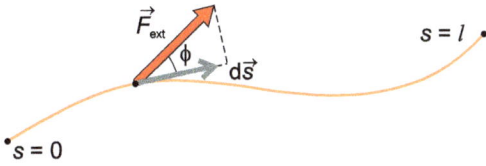

Abb. 6.18: Zur Interpretation des Integranden in Gl. (6.20) als Skalarprodukt aus Kraftvektor und Linienelement. Das Linienelement d$\vec{s}$ ist das Produkt aus dem Differential ds der Bogenlänge und dem Tangenteneinheitsvektor $\vec{e}_T$ an die Kurve.

Man kann die Terme unter dem Integralzeichen als das Skalarprodukt von Kraftvektor $\vec{F}$ und differentiellem Linienelement d$\vec{s}$ auffassen, so dass sich der folgende Ausdruck ergibt:

$$W = \int_0^l \vec{F}_{ext}\, d\vec{s}. \qquad (6.20)$$

4. Ein Spezialfall liegt vor, wenn der Winkel ϕ gerade 90° beträgt. Die Kraft steht dann senkrecht zum Weg. Die Projektion des Kraftvektors auf den Weg ist gleich null (cos 90° = 0). In diesem Fall wird keine Arbeit verrichtet. *Kräfte senkrecht zur Wegrichtung verrichten keine Arbeit.* Ein Beispiel ist die Lorentz-Kraft in der Elektrodynamik.

Der physikalische korrekte Gebrauch des Wortes Arbeit ist nicht nur fachlich schwierig. Die Bedeutung des physikalischen Begriffs Arbeit deckt sich oftmals nicht mit dem Alltagsgebrauch. Schecker und Duit [17] schreiben zu den Alltagsvorstellungen von Schülerinnen und Schülern: „Zwischen dem Arbeitsbegriff der Physik und dem Alltagsverständnis von Arbeit bestehen jedoch grundlegende Unterschiede. Mit ‚Arbeit' assoziieren Schülerinnen und Schüler körperliche Anstrengung. Sie denken an das, was sie selbst oder andere Personen beim ‚Arbeiten' tun. Anders als ‚Energie' ist ‚Arbeit' negativ konnotiert (unangenehm, anstrengend)." Die Fachdidaktik plädiert daher schon seit 30 Jahren dafür, den Arbeitsbegriff im Physikunterricht möglichst sparsam oder besser gar nicht zu verwenden und dafür den Begriff der Energie in den Mittelpunkt zu stellen.

Gleichung (6.9) gibt den Energieerhaltungssatz der Mechanik wieder. In der Thermodynamik wird der Energieerhaltungssatz als erster Hauptsatz der Thermodynamik bezeichnet. Er hat fast die gleiche Gestalt wie Gl. (6.9):

$$E_{ges}(t_2) - E_{ges}(t_1) = W + Q. \qquad (6.21)$$

Auf der rechten Seite ist ein zweiter Term hinzugekommen. Wie die Arbeit handelt es sich um eine Prozessgröße: Q ist die Energie, die aufgrund einer Temperaturdifferenz die Systemgrenzen überquert. Diese Energie wird als *Wärme* bezeichnet. In der Thermodynamik fasst man den Begriff der Arbeit weiter als in der Mechanik und bezeichnet alle Energie als Arbeit, die die Systemgrenzen überquert und keine Wärme ist. Das schließt zum Beispiel auch die elektrische Arbeit ein.

In der Thermodynamik spielt in der Gesamtenergie die Energieform *innere Energie U* eine zentrale Rolle (umgangssprachlich spricht man häufig auch von thermischer Energie). Wenn im Prozess nur Änderungen der inneren Energie auftreten, ist $E_{ges}(t_2) - E_{ges}(t_1) = \Delta U$ und der erste Hauptsatz lautet:

$$\Delta U = W + Q. \qquad (6.22)$$

In dieser Form findet man ihn in vielen Thermodynamik-Büchern. Es handelt sich aber nur um eine Spezialisierung der allgemeinen Formulierung (6.21), die sowohl den Energiesatz in der Mechanik als auch den ersten Hauptsatz in der Form von Gl. (6.22) als Spezialfälle enthält.

6.5 Kraftfelder und potentielle Energien

Für den Fall der Schwerkraft haben wir bereits über die Möglichkeit gesprochen, einem Kraftfeld eine potentielle Energie zuzuordnen, um den Umgang mit dem Energiesatz zu vereinfachen. Diese Möglichkeit gibt es nicht nur für den Fall der Schwerkraft. Unter bestimmten Bedingungen ist das auch für andere Kraftfelder möglich.

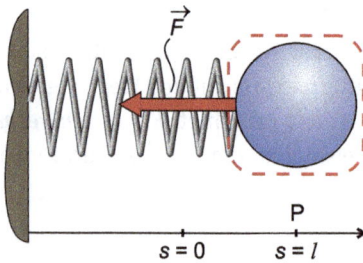

Abb. 6.19: Zur Definition der potentiellen Energie für das Kraftfeld einer Feder.

Betrachten wir zunächst einen Körper, der sich auf einer vorgegebenen Bahn bewegt, zum Beispiel die an einer Feder schwingende Kugel in Abb. 6.19. Auf den Körper soll eine Kraft wirken, die nur vom Ort abhängt, nicht von der Zeit oder der Geschwindigkeit. Dann kann man auf der Bahnkurve die Funktion

$$V(\mathrm{P}) = -\int_0^{\mathrm{P}} \vec{F}\,\mathrm{d}\vec{s} \tag{6.23}$$

definieren, die nur vom Punkt P auf der Bahn abhängt, an dem sich der Körper momentan befindet. Die Integration erstreckt sich entlang der Bahnkurve des Körpers; s ist die Bogenlänge des Weges. Dafür kann man auch schreiben:

$$V(\mathrm{P}) = -\int_0^{l} F_{\parallel}\,\mathrm{d}s; \tag{6.24}$$

wobei $F_{\parallel} = |\vec{F}| \cdot \cos\phi$ die Komponente von $\vec{F}$ parallel zur Bahntangente ist (vgl. Abb. 6.18). Für die hier betrachtete eindimensionale Bewegung lässt sich diese Funktion als Definition der potentiellen Energie auffassen, die dem Kraftfeld $\vec{F}(\vec{x})$ zugeordnet ist. Umgekehrt kann man die tangentiale Kraftkomponente durch Differentiation aus der potentiellen Energie gewinnen:

$$F_{\parallel} = -\frac{\mathrm{d}V}{\mathrm{d}s}. \tag{6.25}$$

Die Ähnlichkeit von Gl. (6.23) zu Gl. (6.10) sticht ins Auge. Bis auf das Vorzeichen sind die Formeln identisch. Der Vergleich von Abb. 6.16 und Abb. 6.19 zeigt aber, dass in den Formeln jeweils verschiedene Kräfte gemeint sind. Bei der Berechnung der Arbeit in einem Kraftfeld betrachtet man die dem Feld entgegengesetzte Kraft $-\vec{F}$, die zur Verschiebung eines Körpers im Feld aufgebracht werden muss.

Beispiel: Wir berechnen die potentielle Energie (Spannenergie) für die Feder in Abb. 6.19. Zur Berechnung der potentiellen Energie müssen wir das Integral

$$V(l) = -\int_0^l |\vec{F}| \cdot \cos\phi \, ds; \tag{6.26}$$

auswerten. Der Winkel ϕ aus Abb. 6.18 beträgt 180°, so dass $\cos\phi = -1$ ist. Für die Feder soll das hookesche Gesetz gelten, so dass $|\vec{F}| = D \cdot s$ gilt. Wir erhalten damit

$$V(l) = +\int_0^l D \cdot s \, ds = \frac{1}{2} D \cdot l^2. \tag{6.27}$$

Die Spannenergie kann man also als potentielle Energie im eindimensionalen Kraftfeld der Feder auffassen. Umgekehrt kann man die Kraft durch Differentiation aus der potentiellen Energie gewinnen:

$$F_{\parallel} = -\frac{dV(l)}{dl} = -D \cdot l. \tag{6.28}$$

Um die schon vektoriell formulierte Gl. (6.23) auf den Fall zu verallgemeinern, dass der betrachtete Körper in drei Dimensionen beweglich ist, müssen wir sicherstellen, dass das entlang der Bahnkurve ausgewertete Integral nicht vom Weg abhängt. Es muss eindeutig durch die Lage des Endpunktes P bestimmt sein. Nur dann ist die Definition einer potentiellen Energie als einer an jedem Raumpunkt eindeutig definierten Größe möglich. Ein Kraftfeld, für das die Wegunabhängigkeit des Integrals (6.23) gilt, nennt man *konservativ*. In der Vektoranalysis kann man zeigen, dass dies dann der Fall ist, wenn das Kraftfeld rotationsfrei ist, wenn also $\nabla \times \vec{F} = 0$ gilt. Die Kraft kann man dann als Gradient der potentiellen Energie V berechnen:

Zusammenhang zwischen Kraft und potentieller Energie:

$$\vec{F}(\vec{x}) = -\vec{\nabla}V(\vec{x}). \tag{6.29}$$

Der Vektoroperator $\vec{\nabla}$ („Nabla") ist dabei als der Vektor der partiellen Ableitungen in die drei Raumrichtungen definiert:

$$\vec{\nabla} = \left(\frac{\partial}{\partial x}, \frac{\partial}{\partial y}, \frac{\partial}{\partial z} \right). \tag{6.30}$$

Energiesatz und newtonsche Bewegungsgleichung

Mit der oben gewonnenen Beziehung zwischen Kraft und potentieller Energie kann man die Gültigkeit des Energiesatzes in der Mechanik auf die newtonsche Bewegungsgleichung zurückführen. Wir betrachten den eindimensionalen Fall eines Körpers mit kinetischer Energie $\frac{1}{2}mv^2$ und einer potentiellen Energie $V(s)$. Man bildet die zeitliche Ableitung der Gesamtenergie des Körpers:

$$\frac{d}{dt}E_{\text{ges}} = \frac{d}{dt}\left[\frac{1}{2}mv^2 + V(s)\right]. \tag{6.31}$$

Um die Differentiation auszuführen, muss man berücksichtigen, dass sowohl der Ort des Körpers, der im Argument der potentiellen Energie auftritt, als auch seine Geschwindigkeit von der Zeit abhängen. Man muss daher in beiden Termen die Kettenregel der Differentialrechnung benutzen: Wenn $f(x) = g(h(x))$, dann ist $f'(x) = g'(h(x)) \cdot h'(x)$ (innere Ableitung mal äußere Ableitung):

$$\frac{d}{dt}E_{\text{ges}} = mv \cdot \underbrace{\frac{dv}{dt}}_{=\dot{s}} + \underbrace{\frac{dV}{ds}}_{=-F(s)} \cdot \underbrace{\frac{ds}{dt}}_{=v}. \tag{6.32}$$

Die durch geschweifte Klammern gekennzeichneten Terme kann man mit den Definitionen von Geschwindigkeit, Beschleunigung und potentieller Energie (Gl. (6.25)) vereinfachen. Damit lautet die Gleichung:

$$\frac{d}{dt}E_{\text{ges}} = v \cdot \underbrace{(m\ddot{s} - F(s))}_{=\,0\ (\text{Newton})} = 0. \tag{6.33}$$

Das bedeutet: Die Gesamtenergie ist konstant, sofern, wie im letzten Schritt angenommen, die newtonsche Gleichung $F(s) = m\ddot{s}$ gilt. Innerhalb der Mechanik sichert die Gültigkeit der newtonschen Gleichung die Konstanz der Energie.

6.6 Leistung

Die physikalische Größe *Leistung* gibt an, wie viel Energie pro Zeit bei einem physikalischen Vorgang umgesetzt wird. Entsprechend ist sie wie folgt definiert:

> Die Leistung P ist definiert als Energieumsatz pro Zeit:
>
> $$P = \frac{dE}{dt}. \tag{6.34}$$
>
> Die Einheit der Leistung ist das Watt: $1\,\text{W} = 1\,\frac{J}{s}$.

Mit dem Formelzeichen E in Gl. (6.34) kann Verschiedenes gemeint sein: (1) Es kann sich um den Energieumsatz innerhalb eines Systems handeln, z. B. wenn ein Elektromotor eine Last anhebt und dabei eine gewisse Leistung aufbringt; (2) es kann sich aber auch um Energie handeln, die als Arbeit oder Wärme die Systemgrenzen überquert und dadurch die Gesamtenergie des Systems ändert (wenn man etwa die Energie angibt, die pro Sekunde von der Sonne auf einen Quadratmeter der Erdoberfläche trifft). Beide Verwendungsweisen des Leistungsbegriffs – als Energieänderungsrate oder als Energietransportrate – sind legitim und werden in der Praxis verwendet.

Anwendungen des Leistungsbegriffs

Es gibt hauptsächlich zwei Anwendungsbereiche aus dem Alltag, in denen der Leistungsbegriff von zentraler Relevanz ist: in der Technik und im Sport. Vor allem bei Motoren und im Bereich der Energieversorgung werden regelmäßig Leistungsangaben gemacht, etwa bei der installierten Kapazität von Windkraft- oder Photovoltaikanlagen. Dagegen haben die Wattangaben auf Glühlampen für Schülerinnen und Schüler zur Veranschaulichung der Einheit Watt keine Bedeutung mehr, weil Glühlampen aus ihrem Erfahrungsbereich verschwunden sind. Heutzutage kommen Schülerinnen und Schüler am ehesten im Fitnessstudio mit der Einheit Watt in Berührung, wo Fahrradergometer die momentane mechanische Leistung anzeigen. Der Kontext Sport ist daher gut zur Behandlung des Leistungsbegriffs geeignet. Insbesondere das Thema Fahrradfahren bietet sich an, weil hier die physikalische Analyse relativ einfach ist.

Leistung beim Radsport

Die Leistung ist bei einer Ausdauersportart wie dem Radfahren von großer Bedeutung, weil sie diejenige physikalische Größe ist, die von unmittelbarer physiologischer Relevanz ist. Für Rennradfahrer ist beim Training weniger die erzielte Durchschnittsgeschwindigkeit relevant (die vom Geländeprofil und den Windverhältnissen abhängt), sondern vielmehr die mittlere und momentane Leistung. Mit der relativ neuen Möglichkeit, Leistung direkt am Rennrad zu messen, sind auch individuelle Trainingsprogramme, zum Beispiel Intervalltrainings mit variierender momentaner Leistung, möglich.

Ein Gefühl für die mechanische Leistung und die Einheit Watt vermittelt das Fahrradergometer. Eine Leistung von 100 W lässt sich von den meisten ohne größere Anstrengung erzielen, 150 W sind schon mit sportlicher Anstrengung verbunden und 200 W schafft man nur mit Training. Die folgende Übersicht gibt eine Einschätzung der Leistungsbereiche bei Alltagstätigkeiten:

- 25 bis 50 Watt: normales Gehen (langsam bis zügig),
- 75 bis 100 Watt: langsames Radfahren oder Treppensteigen,
- 125 bis 150 Watt: Joggen, schnelles Radfahren,
- > 150 Watt: hohe sportliche Belastung im Ausdauerbereich,
- > 300 Watt: kurzzeitige Spitzenbelastungen.

i **Physiologische Aspekte der physikalischen Leistung:** Ein für Ausdauersportler wichtiger Begriff ist die *anaerobe Schwelle*. Sie kennzeichnet die maximal vom Körper über eine längere Zeitspanne erbringbare physikalische Leistung (angegeben in Watt). Unterhalb der anaeroben Schwelle vermag der Körper ein Fließgleichgewicht aufrechtzuerhalten, und dauerhaft Größen wie Sauerstoff- und Laktatgehalt in den Muskeln und im Blut stabil zu halten. Deshalb kann der Körper Leistungen unterhalb der anaeroben Schwelle über eine längere Zeitdauer erbringen. Leistungen oberhalb der anaeroben Schwelle sind dagegen nur kurzzeitig möglich (zum Beispiel beim Sprint maximal bis zum 400-m-Lauf). Der Stoffwechsel ist dabei nicht in einem Fließgleichgewicht.

Die genauen physiologischen Hintergründe für die anaerobe Schwelle sind in der Sportwissenschaft umstritten. Eine populäre Theorie besagt, dass das Wechselspiel zwischen der Bildung und dem Abbau von Laktat (Milchsäure) entscheidend ist: Je höher die Leistung, umso mehr Laktat wird gebildet. Weil der Abbau von Laktat durch den Körper begrenzt ist, existiert eine Schwelle, oberhalb derer nicht mehr alles produzierte Laktat abgebaut werden kann. Sportler sprechen dann davon, dass sie aufgeben müssen, weil die Muskeln „übersäuert" sind.

Für das Training ist die Kenntnis der individuellen anaeroben Schwelle deshalb von Bedeutung, weil das Training direkt unterhalb der anaeroben Schwelle als besonders effektiv gilt. Individuelle Trainingsprogramme werden daher normalerweise in Bezug auf die jeweilige anaerobe Schwelle zusammengestellt. Gemessen wird die anaerobe Schwelle, indem den Sportlern auf dem Fahrradergometer Blut aus dem Ohrläppchen entnommen wird und der Laktatgehalt bestimmt wird.

Radfahren am Berg

Beim Radfahren lassen sich zwei Grundsituationen unterscheiden, in denen jeweils eine Kraft dominant ist, gegen die der Radfahrer antreten muss: beim bergauf Fahren ist es die Schwerkraft und beim Fahren in der Ebene der Luftwiderstand. Die Rollwiderstandskraft liegt im Bereich von wenigen Newton und ist für Rennräder kleiner als für Tourenräder. Für höhere Geschwindigkeiten und generell am Berg spielt sie nur eine Nebenrolle. Die Tatsache, dass jeweils nur eine Kraft relevant ist, macht die Analyse des Rennradfahrens so einfach.

Analysieren wir zunächst das Radfahren am Berg (Abb. 6.20). Die potentielle Energie ist $E_{pot} = m \cdot g \cdot z$. Der Fahrradfahrer muss Energie aufbringen, um die potentielle Energie zu ändern. Die Leistung, also die Energieänderung pro Zeit, ist:

$$P = \frac{dE_{pot}}{dt} = m \cdot g \cdot \frac{dz}{dt}. \tag{6.35}$$

Dabei ist $\frac{dz}{dt}$ die Vertikalkomponente der Geschwindigkeit. In der Radfahrsprache wird dieser Wert als VAM bezeichnet (italienisch: *velocità ascensionale media*), also als durchschnittliche Steiggeschwindigkeit. Sie wird in m/h angegeben.

Der Fahrrad-Tachometer zeigt die Geschwindigkeit v bezüglich der Straße an. Nach Abb. 6.21 hängt v mit $\frac{dz}{dt}$ über den Steigungswinkel ϕ zusammen:

$$\frac{dz}{dt} = v \cdot \tan \phi. \tag{6.36}$$

Abb. 6.20: Rennradfahrer am Berg.

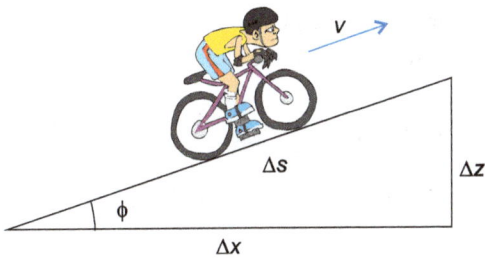

Abb. 6.21: Steigung und Geschwindigkeit am Berg.

Auf Straßenschildern wird die Steigung in Prozent angegeben. Sie ist wie folgt definiert:

$$\text{Steigung einer Straße (in Prozent):} \quad \frac{\Delta z}{\Delta x} \cdot 100 = 100 \cdot \sin \phi. \qquad (6.37)$$

Für alle existierenden Straßen können wir die Kleinwinkelnäherung anwenden und $\tan \phi \approx \sin \phi$ annehmen.

Beispiel: Wir berechnen die Leistung, die nötig ist, um einen Berg mit 9 % Steigung mit einer Geschwindigkeit von 11 km/h ($\approx 3{,}1$ m/s) hinaufzufahren. Die Masse des Radfahrers inklusive Rad soll 85 kg betragen.

Wir setzen dazu Gl. (6.36) in Gl. (6.35) ein:

$$P = m \cdot g \cdot v \cdot \tan \phi. \qquad (6.38)$$

Einsetzen der Zahlenwerte ergibt:

$$P \approx 85 \, \text{kg} \cdot 9{,}81 \, \frac{\text{m}}{\text{s}^2} \cdot 3{,}1 \, \frac{\text{m}}{\text{s}} \cdot 0{,}09 = 233 \, \frac{\text{Nm}}{\text{s}} = 233 \, \text{W}. \qquad (6.39)$$

Das ist eine sportliche Leistung, die nur Trainierte schaffen.

Beispiel: Wie steile Berge kann man überhaupt hinauffahren? Eine Antwort auf diese Frage gibt die Beobachtung, dass man langsamer als etwa 5 km/h ($\approx 1{,}4$ m/s) nicht stabil fahren kann ohne umzukippen. Bei gegebener Maximalleistung des Sportlers begrenzt das die Steigung der Berge, die er hinauffahren kann. Wir berechnen die maximale Steigung für eine Maximalleistung von 200 W, 250 W und 300 W (mit m = 85 kg).

Wir benutzen die gleichen Formeln wie in der vorigen Aufgabe und schreiben:

$$\sin\phi \approx \frac{P}{m \cdot g \cdot v}. \tag{6.40}$$

Für eine Maximalleistung von 200 W ergibt sich eine maximale Steigung von 17 %, für 250 W ergibt sich 21 % und für 300 W sind es 26 %. Steilere Straßen muss man hochschieben.

Fahren gegen den Luftwiderstand

Die Kraft, gegen die man auf dem Fahrrad gegen den Luftwiderstand ankämpfen muss, wurde bereits auf S. 77 angesprochen. Die Luftwiderstandskraft wächst quadratisch mit der Relativgeschwindigkeit v_{rel} zwischen Luft und Radfahrer (Gl. (5.18)):

$$F_L = \frac{1}{2}c_W \cdot \rho \cdot A \cdot v_{rel}^2. \tag{6.41}$$

Die Leistung ist die zeitliche Ableitung der gegen die Luftwiderstandskraft verrichteten Arbeit:

$$P = \frac{d}{dt}(F_L \cdot s). \tag{6.42}$$

Für konstante Fahrgeschwindigkeit v (d. h. Geschwindigkeit relativ zur Straße) und Windgeschwindigkeit ist der Integrand eine Konstante, und die Formel vereinfacht sich zu:

$$P = F_L \cdot v, \tag{6.43}$$

also

$$P = \frac{1}{2}c_W \cdot \rho \cdot A \cdot v_{rel}^2 \cdot v. \tag{6.44}$$

Welche Möglichkeiten gibt es, bei gegebener körperlicher Maximalleistung mit möglichst hoher Geschwindigkeit zu fahren? Von den Variablen in Gl. (6.44) sind vom Fahrradfahrer nur c_W und A beeinflussbar, und in Abb. 6.22 ist zu erkennen, wie Profifahrer das tun. Sie minimieren die angeströmte Fläche, indem sie sich tief über den Lenker beugen und beim Zeitfahren oder Triathlon sogar spezielle Lenker benutzen. Der c_W-Wert lässt sich über eine möglichst „windschnittige" Form wie die Eiform des Fahrers und die Verkleidungen der Räder in Abb. 6.22 minimieren. Die Reglements setzen jedoch der Minimierung von c_W Grenzen. So ist es zum Beispiel nicht erlaubt, mit Liegerädern zu fahren, die aufgrund des geringeren Luftwiderstands bei ebener Fahrt einem Rennrad deutlich überlegen sind.

Abb. 6.22: Minimieren von c_W und A beim Zeitfahren.

Leistung und Luftwiderstand

Der weitaus bedeutendste Einflussfaktor auf die zum Treten benötigte Leistung ist die Geschwindigkeit. Wir betrachten nur den Fall der Windstille, wo die Relativgeschwindigkeit zwischen Luft und Radfahrer gleich der Fahrgeschwindigkeit ist. Nach Gl. (6.44) wächst die aufzuwendende Leistung mit der *dritten Potenz* der Fahrgeschwindigkeit. Für die doppelte Fahrgeschwindigkeit ist also die achtfache Leistung nötig.

Beispiel: Wir berechnen die bei Windstille für eine Fahrgeschwindigkeit von 20 km/h, 25 km/h, 30 km/h und 35 km/h benötigte Leistung.

Wir legen die Zahlenwerte aus der Beispielaufgabe auf S. 77 zugrunde: $A = 0{,}6\,\mathrm{m}^2$, $c_W \approx 1$ und $\rho = 1{,}2\,\frac{\mathrm{kg}}{\mathrm{m}^3}$. Für Windstille gilt $v_{\mathrm{rel}} = v$ und somit:

$$P = \frac{1}{2} c_W \cdot \rho \cdot A \cdot v^3 \tag{6.45}$$

$$= \frac{1}{2} \cdot 1 \cdot 1{,}2\,\frac{\mathrm{kg}}{\mathrm{m}^3} \cdot 0{,}6\,\mathrm{m}^2 \cdot v^3. \tag{6.46}$$

Setzen wir der Reihe nach die angegebenen Geschwindigkeiten ein, dann ergeben sich die Werte in der folgenden Tabelle:

Geschwindigkeit	Leistung gegen Luftwiderstand	Leistung gegen Rollreibung
20 km/h	62 W	22 W
25 km/h	121 W	28 W
30 km/h	208 W	33 W
35 km/h	331 W	39 W

Zum Vergleich berechnen wir auch die Leistung, die durch die konstante Rollwiderstandskraft von 4 N verursacht wird. Nach Gl. (6.43) gilt dafür bei konstanter Geschwindigkeit ebenfalls $P = F \cdot v$. Es ergeben sich die Werte in der rechten Spalte der Tabelle. Man erkennt, dass die Rollreibung zwar nie völlig zu vernachlässigen ist, mit zunehmender Geschwindigkeit jedoch einen immer geringeren Einfluss hat.

Beispiel: Unter Fahrradfahrern ist die folgende Vorstellung über das Fahren bei Wind verbreitet: Wenn man auf dem Hinweg Gegenwind hat und auf dem Rückweg Rückenwind, dann gleicht sich die Anstrengung insgesamt aus. Wir wenden Gl. (6.44) auf den Fall an, dass die Windgeschwindigkeit $\pm w$ beträgt. Dann ist die Relativgeschwindigkeit zwischen Fahrer und Luft $v \pm w$ und Gl. (6.44) wird zu:

$$P = \frac{1}{2} c_W \cdot \rho \cdot A \cdot (v \pm w)^2 v. \tag{6.47}$$

Wir gehen von den gleichen Parametern wie im vorigen Beispiel aus und nehmen der Einfachheit halber an, dass die Fahrgeschwindigkeit sowohl auf dem Hinweg als auch auf dem Rückweg 25 km/h beträgt. Die Windgeschwindigkeit soll ±10 km/h betragen. Es er

$$\text{Gegenwind:} \quad P = \frac{1}{2} \cdot 1 \cdot 1{,}2 \, \frac{\text{kg}}{\text{m}^3} \cdot 0{,}6 \, \text{m}^2 \cdot \left(35 \, \frac{\text{km}}{\text{h}}\right)^2 \cdot 25 \, \frac{\text{km}}{\text{h}} = 236 \, \text{W} \tag{6.48}$$

$$\text{Rückenwind:} \quad P = \frac{1}{2} \cdot 1 \cdot 1{,}2 \, \frac{\text{kg}}{\text{m}^3} \cdot 0{,}6 \, \text{m}^2 \cdot \left(15 \, \frac{\text{km}}{\text{h}}\right)^2 \cdot 25 \, \frac{\text{km}}{\text{h}} = 43 \, \text{W}. \tag{6.49}$$

Im Mittel ergibt sich eine Leistung von 140 W, also mehr als die 121 W die wir im vorherigen Beispiel für diese Geschwindigkeit bei Windstille berechnet haben. Rückenwind und Gegenwind gleichen sich nicht aus. Der Grund dafür liegt in der quadratischen Abhängigkeit der Luftwiderstandskraft von der Geschwindigkeit.

In Wirklichkeit wird man die gesamte Strecke nicht mit konstanter Geschwindigkeit zurücklegen, sondern mit ungefähr konstanter Leistung. Das entspricht eher den physiologischen Bedingungen. Die Strecke gegen den Wind wird man also mit deutlich geringerer Geschwindigkeit fahren.

6.7 Impulserhaltung

Der zweite Erhaltungssatz, der nicht nur in der Mechanik, sondern in der gesamten Physik gilt, ist der Impulserhaltungssatz. Der *Impuls* ist eine vektorielle Größe. Er ist als das Produkt aus Masse und Geschwindigkeit eines Körpers definiert:

Impuls eines Körpers mit der Geschwindigkeit $\vec{v}$:

$$\vec{p} = m \cdot \vec{v}. \tag{6.50}$$

Der Impuls ist demnach ein Vektor, also eine gerichtete Größe. Er ist proportional zur Geschwindigkeit des Körpers und zu seiner Masse. Oftmals wird der Impuls als eine unanschauliche Größe empfunden; vor allem die Abgrenzung zur kinetischen Energie fällt schwer. Die Alltagsbegriffe „Schwung" oder „Wucht" beschreiben eher den Impuls als die kinetische Energie, denn mit beiden Begriffen würde man eher ein lineares Anwachsen mit der Geschwindigkeit assoziieren als ein quadratisches. Der gerichtete Charakter des Impulses ist allerdings in beiden nicht enthalten.

Der Impuls und der Impulserhaltungssatz haben physikalisch den gleichen Status wie die Energie und der Energieerhaltungssatz, auch wenn in den Anwendungen die Energie eine weitaus bedeutendere Rolle spielt. In der speziellen Relativitätstheorie werden Energie und Impuls zu einem Vierervektor zusammengefasst, dessen Komponenten sich beim Bezugssystemwechsel untereinander transformieren. Vom relativistischen Standpunkt sind also Energie und Impuls Manifestationen der gleichen übergeordneten physikalischen Größe, die im Energie-Impuls-Vierervektor repräsentiert wird.

Ebenso wie die Energie ist der Impuls eine universelle Erhaltungsgröße, die über die Mechanik hinaus Bedeutung besitzt. So können auch Felder wie das elektromagnetische Feld an Impulsübertragungsprozessen teilnehmen und Impuls transportieren. Der Impulserhaltungssatz lässt sich ganz analog zum Energieerhaltungssatz formulieren und anwenden. Wie dort gehen wir rezeptartig in einer Abfolge von Schritten vor. Als Beispiel betrachten wir den Stoß zweier Kugeln (Abb. 6.23).

Schritt 1: Prozess identifizieren und Systemgrenzen einzeichnen
Wie bei der Anwendung des Energiesatzes wählt man die Systemgrenzen und legt die Zeitspanne fest, über die man den Vorgang betrachten möchte. Der Impulssatz wird oft bei Stößen angewendet, bei denen die beteiligten Körper am Anfang und Ende des Prozesses keine Wechselwirkung aufweisen. Das ist aber nicht unbedingt erforderlich.

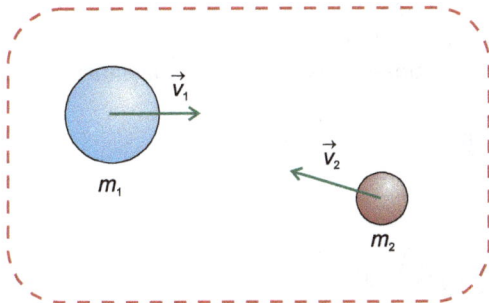

Abb. 6.23: Stoß zweier Kugeln.

Schritt 2: Offenes oder abgeschlossenes System?

Auch beim Impulssatz muss zwischen offenen und abgeschlossenen Systemen unterschieden werden. Bei einem *offenen System* wirken Kräfte über die Systemgrenzen hinweg. Bei einem *abgeschlossenen System* wirken alle Kräfte innerhalb des Systems. Anders als beim Energiesatz wird in diesem Fall auch die Schwerkraft als äußere Kraft bilanziert.

Schritt 3: Gesamtimpuls berechnen

Der Gesamtimpuls $\vec{p}_{\text{ges}}$ ist die Summe aller Einzelimpulse der Körper im System

$$\vec{p}_{\text{ges}} = \vec{p}_1 + \vec{p}_2 + \cdots + \vec{p}_n. \tag{6.51}$$

Schritt 4: Impulssatz aufstellen

Wir betrachten zunächst den Fall eines abgeschlossenen Systems, bei dem keine äußeren Kräfte wirken. Der Impulserhaltungssatz für abgeschlossene Systeme besagt, dass der Gesamtimpuls des Systems zeitlich konstant bleibt:

$$\vec{p}_{\text{ges}}(t_1) = \vec{p}_{\text{ges}}(t_2). \tag{6.52}$$

Für das System aus zwei Kugeln aus Abb. 6.23 nimmt der Impulssatz die folgende einfache Form an:

$$m_1\vec{v}_1(t_1) + m_2\vec{v}_2(t_1) = m_1\vec{v}_1(t_2) + m_2\vec{v}_2(t_2). \tag{6.53}$$

Schwerpunkterhaltung

Der Impulserhaltungssatz ist eng mit einem anderen Gesetz verknüpft, das als *Schwerpunkterhaltungssatz* bezeichnet wird. Der aus dem Alltag vertraute Begriff des Schwerpunkts (oder Massenmittelpunkts) ist physikalisch wie folgt definiert:

$$\vec{r}_S = \frac{1}{M} \sum_{k=1}^{n} m_k \vec{r}_k. \tag{6.54}$$

Die Summe erstreckt sich dabei über alle Körper innerhalb der Systemgrenzen, und $M = \sum m_k$ ist die im System vereinte Gesamtmasse.

Wir schreiben den Impulssatz für abgeschlossene Systeme in der folgenden Form:

$$\frac{\mathrm{d}}{\mathrm{d}t}\vec{p}_{\text{ges}} = 0 \tag{6.55}$$

bzw.

$$\frac{\mathrm{d}}{\mathrm{d}t}\left(\sum_{k=1}^{n} m_k \dot{\vec{r}}_k\right) = 0. \tag{6.56}$$

Der Vergleich mit Gl. (6.54) zeigt, dass man den Impulserhaltungssatz für abgeschlossene Systeme auch als eine Aussage über die Schwerpunktsgeschwindigkeit des Systems formulieren kann:

$$\frac{d}{dt}\dot{\vec{r}}_S = 0. \tag{6.57}$$

In einem abgeschlossenen System bleibt die Geschwindigkeit des Schwerpunkts konstant. Unabhängig von allen inneren Wechselwirkungen bewegt sich sein Schwerpunkt geradlinig-gleichförmig. Diese Aussage bezeichnet man auch als *Schwerpunkterhaltungssatz*.

Impulssatz für offene Systeme

Der Impulserhaltungssatz für offene Systeme ist so aufschlussreich, dass wir ihn explizit herleiten wollen. Wir setzen dazu die Gültigkeit des dritten newtonschen Gesetzes (Kraft = Gegenkraft) für alle beteiligten Körper voraus. Wir betrachten ein System von Körpern der Masse m_i, die untereinander über die inneren Kräfte $\vec{F}_{i \to j}$ wechselwirken. Wir müssen nichts Näheres über die Art dieser Kräfte wissen. Daneben wirken auf jeden Körper im System noch äußere Kräfte. Mit $\vec{F}_i^{\text{ext}}$ bezeichnen wir die Summe aller von außerhalb des Systems auf den Körper i einwirkenden Kräfte.

Um die Notation einfach zu halten, betrachten wir ein System aus drei Körpern. Die Ergebnisse lassen sich ohne Probleme auf beliebig viele Körper erweitern. Die newtonschen Bewegungsgleichungen für die drei Körper lauten:

$$m_1 \ddot{\vec{r}}_1 = \vec{F}_{2 \to 1} + \vec{F}_{3 \to 1} + \vec{F}_1^{\text{ext}}, \tag{6.58}$$

$$m_2 \ddot{\vec{r}}_2 = \vec{F}_{1 \to 2} + \vec{F}_{3 \to 2} + \vec{F}_2^{\text{ext}}, \tag{6.59}$$

$$m_3 \ddot{\vec{r}}_3 = \vec{F}_{1 \to 3} + \vec{F}_{2 \to 3} + \vec{F}_3^{\text{ext}}. \tag{6.60}$$

Wir addieren alle drei Gleichungen und erhalten:

$$m_1 \ddot{\vec{r}}_1 + m_2 \ddot{\vec{r}}_2 + m_3 \ddot{\vec{r}}_3 = \cancel{\vec{F}_{2 \to 1}} + \cancel{\vec{F}_{3 \to 1}} + \cancel{\vec{F}_{1 \to 2}} + \cancel{\vec{F}_{3 \to 2}} + \cancel{\vec{F}_{1 \to 3}} + \cancel{\vec{F}_{2 \to 3}} \tag{6.61}$$

$$+ \vec{F}_1^{\text{ext}} + \vec{F}_2^{\text{ext}} + \vec{F}_3^{\text{ext}}. \tag{6.62}$$

Die inneren Kräfte auf der rechten Seite heben sich nach dem dritten newtonsche Gesetz $\vec{F}_{i \to j} = -\vec{F}_{j \to i}$ paarweise auf, wie in Abb. 6.24 veranschaulicht. Weil innere Kräfte *immer* paarweise auftreten, tritt dieses gegenseitige Wegheben der inneren Kräfte auch auf, wenn man statt dreier Körper beliebig viele betrachtet. Insgesamt ergibt sich:

$$m_1 \ddot{\vec{r}}_1 + m_2 \ddot{\vec{r}}_2 + m_3 \ddot{\vec{r}}_3 = \vec{F}_1^{\text{ext}} + \vec{F}_2^{\text{ext}} + \vec{F}_3^{\text{ext}}, \tag{6.63}$$

oder, auf ein System aus n Körpern verallgemeinert:

$$\sum_{k=1}^{n} m_k \ddot{\vec{r}}_k = \sum_{k=1}^{n} \vec{F}_k^{\text{ext}}. \tag{6.64}$$

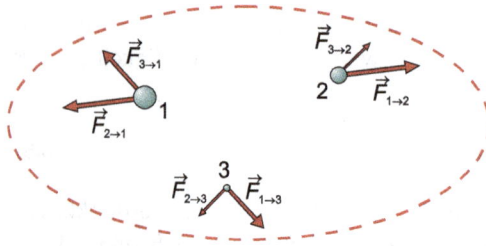

Abb. 6.24: Innere Kräfte in einem System aus drei wechselwirkenden Körpern. Zusätzlich wirken auf jeden Körper noch äußere Kräfte (nicht eingezeichnet).

Die Terme auf der rechten Seite sind die Summe aller äußeren Kräfte, die auf das System einwirken, also die *Gesamtkraft*. Wenn wir auf der linken Seite der Gleichung noch die Definition des Schwerpunkts verwenden, erhalten wir den einfachen Ausdruck:

$$M\ddot{\vec{r}}_S = \vec{F}_{\text{ges}}^{\text{ext}}. \tag{6.65}$$

Er hat die Gestalt der newtonschen Bewegungsgleichung, gilt aber für ein System aus untereinander wechselwirkenden Körpern. Mit dieser Gleichung liefert uns der Impulssatz für offene Systeme die folgende allgemeine Formulierung des newtonschen Bewegungsgesetzes, die man auch als Verallgemeinerung des Schwerpunkterhaltungssatzes verstehen kann:

In der newtonschen Bewegungsgleichung für ein ausgedehntes System sind nur *äußere Kräfte* zu berücksichtigen. Die Gleichung beschreibt dann die Bewegung des *Schwerpunkts* des ausgedehnten Systems:

$$M\ddot{\vec{r}}_S = \vec{F}_{\text{ges}}^{\text{ext}}. \tag{6.66}$$

Beispiel: Ein Skateboarder (m_{Skater} = 50 kg) steht auf dem ruhenden Skateboard und stößt einen Medizinball (m_{Ball} = 4 kg) horizontal mit einer Geschwindigkeit von 3 $\frac{m}{s}$ von sich. Durch den Rückstoß wird er selbst in die entgegengesetzte Richtung beschleunigt. Wir berechnen die Geschwindigkeit des Skateboarders nach dem Abwurf (unter Vernachlässigung der Rollreibung des Skateboards). Dabei verfahren wir nach dem oben beschriebenen Rezept:

Schritt 1: Die Systemgrenzen umfassen den Skateboarder und den Ball.

Schritt 2: Wir interessieren uns nur für die horizontale Geschwindigkeit. In horizontaler Richtung wirken keine Kräfte über die Systemgrenzen hinweg. Es handelt sich daher um ein abgeschlossenes System.

Schritt 3: Da sowohl Skateboarder wie auch Medizinball zu Beginn des Vorgangs ruhen, ist der Gesamtimpuls null, ...

Schritt 4: ...und da es sich um ein abgeschlossenes System handelt, ist er auch nach dem Abwurf null. Es gilt also:

$$m_{\text{Skater}}v_{\text{Skater}} + m_{\text{Ball}}v_{\text{Ball}} = 0, \tag{6.67}$$

oder, nach v_{Skater} aufgelöst:

$$v_{\text{Skater}} = -\frac{m_{\text{Ball}}}{m_{\text{Skater}}}v_{\text{Ball}} = -\frac{4\,\text{kg}}{50\,\text{kg}} \cdot 3\,\frac{m}{s} = -0{,}08\,\frac{m}{s} \tag{6.68}$$

Zu Gl. (6.67) wären wir auch direkt durch Anwendung des Schwerpunkterhaltungssatzes gekommen, der ja eine unmittelbare Folge des Impulserhaltungssatzes für abgeschlossene Systeme ist.

Es ist bemerkenswert, mit wie wenig Aufwand sich die Geschwindigkeit des Skateboarders mit dem Impulssatz berechnen lässt. Zum Vergleich: Zur Anwendung der newtonschen Bewegungsgleichung hätten wir eine detaillierte Information über den zeitlichen Verlauf der Kraft zwischen der Hand des Skateboarders und dem Ball gebraucht: eine Information, die – hier wie auch für viele andere Probleme – gar nicht zur Verfügung steht.

6.8 Stoßprozesse

Die Analyse von Stoßprozessen mit Energie- und Impulssatz ist ein mächtiges Werkzeug in der Physik, weil sich mit relativ geringer und einfach zu erlangender Information weitgehende Aussagen über die untersuchten Prozesse treffen lassen. Anders als der Name suggeriert, ist ein Stoßprozess nicht unbedingt dadurch gekennzeichnet, dass dabei Körper physisch aufeinanderprallen (auch wenn das meistens der Fall ist). Ein Stoßprozess lässt sich physikalisch wie folgt charakterisieren (Abb. 6.25):

Anfangszustand: Zu Beginn bewegt sich eine Anzahl von Körpern aufeinander zu, ohne sich gegenseitig zu beeinflussen.

Wechselwirkung: Die Körper wechselwirken miteinander. Es ist nicht notwendig, die dabei ablaufenden Vorgänge im Einzelnen zu verfolgen.

Endzustand: Im Endzustand sind die Körper wieder aus der Wechselwirkungsregion ausgetreten und wechselwirken nicht mehr miteinander.

Das Nicht-Miteinander-Wechselwirken im Anfangs- und Endzustand wird üblicherweise dadurch erreicht, dass die am Stoß beteiligten Körpern in diesen Phasen des Stoßprozesses sehr weit voneinander entfernt sind.

Elastische und inelastische Stöße

Stoßprozesse werden durch Anwendung von Energie- und Impulssatz behandelt. Äußere Kräfte sind bei einem Stoß normalerweise nicht vorhanden, so dass es sich um ein abgeschlossenes System handelt. Energie und Impuls bleiben deshalb erhalten. Je

Abb. 6.25: Die drei Phasen eines Stoßprozesses.

nachdem, ob bei dem Stoß innere Freiheitsgrade der Körper angeregt werden (durch Deformation oder Erwärmung) unterscheidet man verschiedene Klassen von Stößen:

Elastische Stöße: Die innere Energie der beteiligten Körper ändert sich bei dem Stoß nicht. Näherungsweise ist das beim Zusammenstoß von Billard- oder Stahlkugeln der Fall; experimentell kann man elastische Stöße auch durch Wagen mit Blattfedern auf einer Fahrbahn approximieren. Bei elastischen Stößen ist neben dem Impuls auch die Summe der kinetischen Energien erhalten.

Unelastische Stöße: Bei einem unelastischen Stoß wird ein Teil der anfangs vorhandenen kinetischen Energie in innere Energie der beteiligten Körper umgewandelt. Sie werden erwärmt oder deformiert. Ein Tennisball, den man gegen eine Wand wirft, prallt mit einer geringeren Geschwindigkeit von der Wand zurück. Ein Teil seiner ursprünglichen Energie ist dadurch „verloren" gegangen, dass sich Ball und Wand beim Aufprall etwas erwärmt haben. Im Energiesatz muss die Änderung der inneren Energie berücksichtigt werden. Oft sind hier keine genauen Aussagen möglich, so dass der Energiesatz nicht oder nur näherungsweise verwendet werden kann.

Total unelastische Stöße: Hierbei haften die beteiligten Körper nach dem Stoß aneinander, so dass sie nach dem Stoß die gleiche Geschwindigkeit haben. Dadurch verringert sich die Anzahl der unbekannten Variablen, und das Problem wird einfacher zu behandeln.

Notation

Wir betrachten im folgenden einige einfach zu behandelnde Beispiele für Stöße. Wir beschränken uns dabei auf eindimensionale Stöße zweier Körper. Eindimensional ist der Stoß, wenn die gesamte Bewegung der beiden Körper entlang ihrer Verbindungslinie stattfindet, wenn sie also zentral aufeinander zulaufen und auch die Kräfte zwischen ihnen entlang der Verbindungslinie wirken. Man spricht in diesem Fall auch von einem *zentralen Stoß.*

Wir verwenden die in Abb. 6.26 gezeigte Notation: Die beiden Körper werden durch die Indizes 1 und 2 gekennzeichnet, ihre Geschwindigkeit vor und nach dem Stoß durch die Indizes i (= initial) und f (= final). v_{1i} ist also die Geschwindigkeit von Körper 1 vor dem Stoß; v_{2f} die Geschwindigkeit von Körper 2 nach dem Stoß. Das Vorzeichen der Geschwindigkeit wird wie folgt festgelegt: Nach rechts gerich-

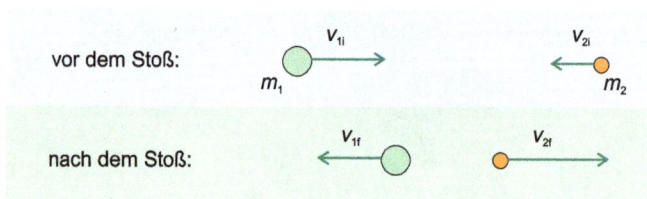

Abb. 6.26: Eindimensionaler Stoß zweier Körper.

tete Geschwindigkeiten sind positiv; nach links gerichtete negativ. Die in Abb. 6.26 eingezeichnete Geschwindigkeit v_{2i} hat demnach ein negatives Vorzeichen.

Eindimensionaler elastischer Stoß zweier Körper

Beim elastischen Stoß ist die Summe der kinetischen Energien nach dem Stoß gleich der Summe der kinetischen Energien vor dem Stoß. Energie- und Impulssatz lauten also:

$$\frac{1}{2}m_1 v_{1i}^2 + \frac{1}{2}m_2 v_{2i}^2 = \frac{1}{2}m_1 v_{1f}^2 + \frac{1}{2}m_2 v_{2f}^2. \tag{6.69}$$

$$m_1 v_{1i} + m_2 v_{2i} = m_1 v_{1f} + m_2 v_{2f}. \tag{6.70}$$

Das sind zwei Gleichungen zur Bestimmung der beiden unbekannten Größen v_{1f} und v_{2f}. Eine Komplikation liegt darin, dass die Geschwindigkeiten in der ersten Gleichung quadratisch vorkommen. Die Gleichungen lassen sich jedoch lösen und wir erhalten das Ergebnis:

$$v_{1f} = \frac{m_1 - m_2}{m_1 + m_2} v_{1i} + \frac{2m_2}{m_1 + m_2} v_{2i}, \tag{6.71}$$

$$v_{2f} = \frac{2m_1}{m_1 + m_2} v_{1i} + \frac{m_2 - m_1}{m_1 + m_2} v_{2i}. \tag{6.72}$$

Abb. 6.27: Elastischer Stoß auf einer Fahrbahn.

Beispiel: Als Beispiel betrachten wir den elastischen Stoß zweier Wagen (m_1 = 250 g, m_2 = 150 g) auf einer Fahrbahn (Abb. 6.27). Sie fahren mit Anfangsgeschwindigkeiten v_{1i} = 2 $\frac{m}{s}$ und v_{1i} = −0,5 $\frac{m}{s}$ aufeinander zu. Die Endgeschwindigkeiten können wir mit den Gl. (6.71) und (6.72) berechnen:

$$v_{1f} = \frac{100\,g}{400\,g} \cdot 2\,\frac{m}{s} + \frac{300\,g}{400\,g} \cdot (-0,5)\,\frac{m}{s} = 0,125\,\frac{m}{s}, \tag{6.73}$$

$$v_{2f} = \frac{500\,g}{400\,g} \cdot 2\,\frac{m}{s} + \frac{-100\,g}{400\,g} \cdot (-0,5)\,\frac{m}{s} = 2,625\,\frac{m}{s}. \tag{6.74}$$

Beide Wagen bewegen sich nun nach rechts (positives Vorzeichen). Der schwerere Wagen 1 ist bei der Kollision deutlich abgebremst worden; der leichtere Wagen 2 hat nun einen deutlich höheren Geschwindigkeitsbetrag als zuvor.

Spezialfall: zwei Körper gleicher Masse

Für den speziellen Fall $m_1 = m_2$ vereinfachen sich die Gl. (6.71) und (6.72) zu:

$$v_{1f} = v_{2i}, \quad v_{2f} = v_{1i}. \tag{6.75}$$

Die beiden Körper „tauschen" beim Stoß ihre Geschwindigkeiten (Abb. 6.28).

vor dem Stoß:

v_{1i}

m

v_{2i}

m

nach dem Stoß:

$v_{1f} = v_{2i}$

$v_{2f} = v_{1i}$

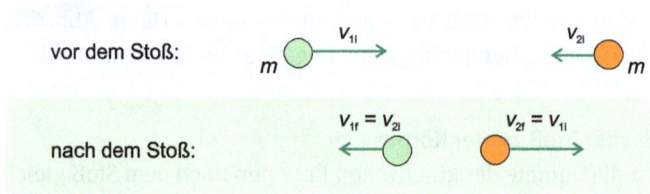

Abb. 6.28: Stoß zweier Körper mit gleicher Masse.

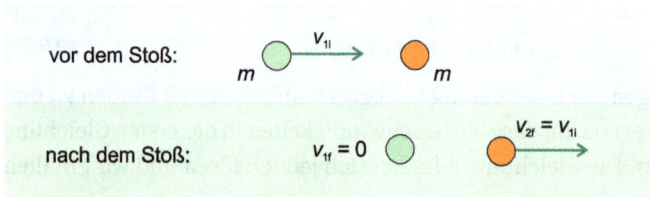

vor dem Stoß:

v_{1i}

m

m

nach dem Stoß:

$v_{1f} = 0$

$v_{2f} = v_{1i}$

Abb. 6.29: Billardstoß.

Billardstoß

Noch einfacher ist der folgende Fall: Eine Billardkugel stößt mit der Geschwindigkeit v_{1i} auf eine gleich schwere ruhende Kugel (Abb. 6.29). Es handelt sich um einen speziellen Fall von Gl. (6.75) mit $v_{2i} = 0$. Es gilt also:

$$v_{1f} = 0, \quad v_{2f} = v_{1i}. \tag{6.76}$$

Die stoßende Kugel bleibt nach dem Stoß liegen; die gestoßene Kugel „übernimmt" ihre Geschwindigkeit. Dieses Verhalten kann man auch beim Stoß zweier gleicher Münzen auf einem Tisch beobachten.

Reflexion an einer Wand

Eine Wand kann man als einen Körper ansehen, der eine sehr viel größere Masse als der stoßende Körper besitzt (Abb. 6.30). In den Gln. (6.71) und (6.72) kann man $m_2 \ll m_1$ annehmen und deshalb in den entsprechenden Termen m_1 im Vergleich zu m_2 vernachlässigen:

$$v_{1f} = -v_{1i} + 2v_{2i}, \quad v_{2f} = v_{2i}. \tag{6.77}$$

Normalerweise ruhen Wände, so dass $v_{2i} = 0$ ist. Für die Geschwindigkeit des an die Wand stoßenden Körpers gilt dann:

$$v_{1f} = -v_{1i}. \tag{6.78}$$

Der stoßende Körper wird an der Wand elastisch „reflektiert". Die Wand ändert ihre Geschwindigkeit nicht: $v_{2f} = 0$.

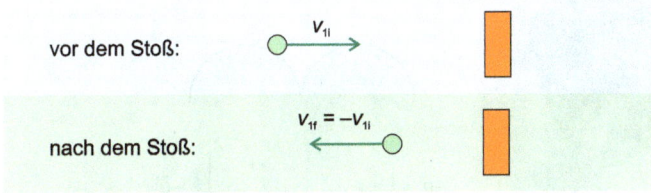

vor dem Stoß: v_{1i}

nach dem Stoß: $v_{1f} = -v_{1i}$

Abb. 6.30: Reflexion an einer Wand.

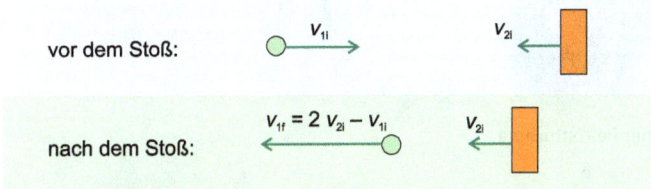

vor dem Stoß: v_{1i} v_{2i}

nach dem Stoß: $v_{1f} = 2\,v_{2i} - v_{1i}$ v_{2i}

Abb. 6.31: Reflexion an einer bewegten Wand.

Tennisschläger und Ball

Ein Tennisball fliegt mit der Geschwindigkeit $v_{1i} > 0$ auf einen Schläger zu (Abb. 6.31). Dieser kommt mit der Geschwindigkeit $v_{2i} < 0$ auf ihn zu. Den Schläger (samt dem Spieler, der ihn fest in den Händen hält) kann man physikalisch als sich bewegende „Wand" modellieren, mit einer Masse, die sehr viel größer ist als die des Balls. Es gelten also die Gln. (6.77). Nach dem Schlag bewegt sich der Ball mit der Geschwindigkeit $v_{1f} = 2v_{2i} - v_{1i}$. Sie ist nach links gerichtet und größer als die Geschwindigkeit, mit der der Ball ankommt (sowohl v_{2i} als auch $-v_{1i}$ haben negatives Vorzeichen; die Beträge addieren sich). Die elastische Reflexion an einer bewegten „Wand" kann die Geschwindigkeit eines Körpers erhöhen. Das ist der physikalische Hintergrund des Tennisschlags.

Wenn man einen Klumpen Knetmasse gegen eine Wand wirft und er daran haften bleibt, wird sein gesamter Impuls $m \cdot v$ auf die Wand übertragen. Es handelt sich um einen unelastischen Stoß. Beim elastischen Stoß ist der Impulsübertrag doppelt so groß: Wirft man einen Gummiball gegen die Wand, ist sein Impuls vor dem Aufprall $m \cdot v$ und danach $m \cdot (-v)$. Der Impulsübertrag auf die Wand ist also $2\,m \cdot v$. Weil nach dem newtonschen Gesetz $\Delta p = F \cdot \Delta t$ gilt, ist entsprechend auch $F \cdot \Delta t$ größer als beim inelastischen Stoß.

Dieses Prinzip wird in der Technik bei der *Peltonturbine* praktisch genutzt (Abb. 6.32). Der Wasserstrahl trifft auf die Schaufeln des Laufrades und wird dort von einer Schneide geteilt. In zwei Halbschalen wird es um 180° umgelenkt und tritt in entgegengesetzter Richtung wieder aus. Durch diese Umlenkung wird der Impulsübertrag gesteigert, genau wie zuvor dargestellt.

Da sich die Turbine bewegt, liegt die Situation von Abb. 6.31 vor. Für die Endgeschwindigkeit des Wassers (Körper 1) gilt also die Gleichung $v_{1f} = 2v_{2i} - v_{1i}$. Der Energieübertrag vom Wasser an die Schaufel ist maximal, wenn die kinetische Energie des Wassers nach dem Verlassen der Schaufel null ist, also $v_{1f} = 0$. Das ist dann der Fall, wenn $v_{2i} = \frac{1}{2}v_{1i}$, wenn also das Wasser die doppelte

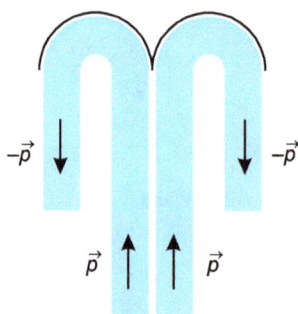

Abb. 6.32: Frontalansicht einer Peltonturbine.

Geschwindigkeit hat wie die Schaufel (Körper 2). Von der Schaufel aus gesehen sieht der Vorgang wie in Abb. 6.32 rechts aus.

Inelastische Stöße

Bei einem inelastischen Stoß haften die beteiligten Körper nach dem Stoß aneinander und laufen mit der gemeinsamen Geschwindigkeit v_f weiter. Zur Bestimmung von v_f genügt der Impulssatz:

$$(m_1 + m_2)v_f = m_1 v_{1i} + m_2 v_{2i}, \tag{6.79}$$

also

$$v_f = \frac{m_1 v_{1i} + m_2 v_{2i}}{m_1 + m_2}. \tag{6.80}$$

Mit dem Energiesatz kann man aus der Differenz der kinetischen Energien vor und nach dem Stoß die „fehlende" Energie berechnen, die beim Stoß in die Erwärmung oder Deformation der beteiligten Körper gegangen ist.

Beispiel: Ein Torwart (m_1 = 70 kg) fängt einen mit 120 km/h geschossenen Ball (m_2 = 430 g). Wir betrachten nur die Geschwindigkeitskomponente in Richtung Tor und nehmen an, dass der Torwart vor dem Fangen die Geschwindigkeit v_{2i} = 0 hatte. Für das Gesamtsystem aus Ball und Torwart ergibt sich somit nach dem Stoß:

$$v_f = \frac{0{,}430\,\text{kg} \cdot 120\,\frac{\text{km}}{\text{h}}}{0{,}430\,\text{kg} + 70\,\text{kg}} = 0{,}73\,\frac{\text{km}}{\text{h}}. \tag{6.81}$$

Wenn der Torwart mit dem Ball nach dem Fangen noch eine Sekunde in der Luft ist, bewegt er sich in dieser Zeit noch 20 cm in Richtung Tor.

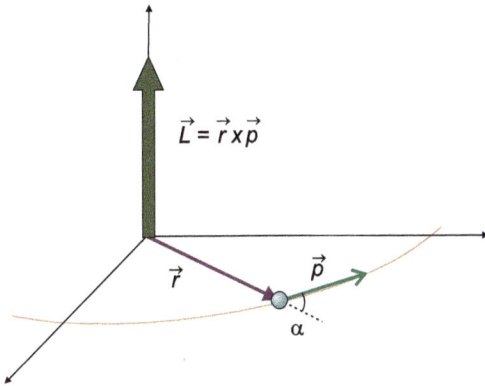

Abb. 6.33: Zur Definition des Drehimpulses.

6.9 Drehimpulserhaltung, Drehmoment und Hebelgesetz

Neben Energie- und Impulserhaltungssatz gibt es in der Mechanik noch einen dritten fundamentalen Erhaltungssatz: den Drehimpulserhaltungssatz. Wie der Impuls ist der Drehimpuls eine Vektorgröße, allerdings mit einer mathematisch komplizierteren Definition. Betrachten wir einen Körper, der sich mit der Geschwindigkeit $\vec{v}$ bewegt, und somit den Impuls $\vec{p} = m \cdot \vec{v}$ besitzt. Sein Drehimpuls ist definiert als das *Vektorprodukt* zwischen Ortsvektor $\vec{r}$ und Impulsvektor $\vec{p}$ (die Begriffe Ortsvektor und Vektorprodukt sind im Anhang erklärt).

$$\text{Drehimpuls:} \quad \vec{L} = \vec{r} \times \vec{p} = m \cdot \vec{r} \times \vec{v}. \tag{6.82}$$

Wie Abb. 6.33 zeigt, steht der Drehimpulsvektor sowohl senkrecht zum Ortsvektor als auch senkrecht zum Impulsvektor. Mathematisch ist dies durch die Eigenschaften des Vektorprodukts bedingt (Rechte-Hand-Regel, Abb. A.9). Der *Betrag des Drehimpulses* lässt sich nach der Definition des Vektorprodukts (A.11) angeben:

$$L = r \cdot p \cdot \sin \alpha, \tag{6.83}$$

wobei α der zwischen $\vec{r}$ und $\vec{p}$ eingeschlossene Winkel ist (Abb. 6.33). Wenn der Geschwindigkeitsvektor senkrecht auf dem Ortsvektor steht, ist $\alpha = 90°$ und der Betrag des Drehimpulses ist einfach das Produkt aus r und p: $L = r \cdot p$.

Im Gegensatz zum Impuls hängt der Drehimpuls explizit von der Wahl des Koordinatenursprungs ab ($\vec{r}$ ist der Vektor, der den Koordinatenursprung mit dem betrachteten Körper verbindet). Deshalb muss man darauf achten, dass man innerhalb einer Rechnung alle Aussagen auf den gleichen Koordinatenursprung bezieht.

Besteht ein System aus mehreren Körpern, addieren sich die Einzeldrehimpulse vektoriell zum **Gesamtdrehimpuls:**

$$\vec{L}_{\text{ges}} = \vec{L}_1 + \vec{L}_2 + \cdots = \vec{r}_1 \times \vec{p}_1 + \vec{r}_2 \times \vec{p}_2 + \cdots. \tag{6.84}$$

Drehimpulserhaltung für abgeschlossene Systeme

Beim Erhaltungssatz für den Drehimpuls geht man nach dem gleichen Rezept wie bei Energie und Impuls vor:

1. Prozess identifizieren: Systemgrenzen festlegen und Anfangs- und Endzeitpunkt der Betrachtung festlegen;
2. prüfen, ob das System abgeschlossen oder offen ist;
3. Gesamtdrehimpuls berechnen und Erhaltungssatz aufstellen.

Voraussetzung für den Drehimpulserhaltungssatz ist, dass die beteiligten Körper durch *Zentralkräfte* wechselwirken, d. h. durch Kräfte, die entlang der Verbindungslinie zwischen den beiden Körpern gerichtet sind. Ein Beispiel ist die Gravitationskraft.

Zunächst wollen wir abgeschlossene Systeme betrachten, bei denen keine Kräfte über die Systemgrenzen hinweg wirken. In diesem Fall kann man den Drehimpulserhaltungssatz ganz analog zum Energie- und Impulserhaltungssatz für abgeschlossene Systeme formulieren:

> **Drehimpulserhaltungssatz für abgeschlossene Systeme:**
>
> $$\vec{L}_{ges}(t_1) = \vec{L}_{ges}(t_2). \tag{6.85}$$
>
> In einem abgeschlossenen System, in dem Zentralkräfte wirken, ist der Gesamtdrehimpuls zeitlich konstant.

Experiment 6.4 (Pirouetteneffekt): Die bekannteste Anwendung des Drehimpulssatzes ist der *Pirouetteneffekt*, der zum Beispiel aus dem Eiskunstlauf bekannt ist. Eine Eiskunstläuferin versetzt sich mit ausgestreckten Armen in eine Drehbewegung. Nun zieht sie die Arme an – die Drehgeschwindigkeit wird schneller, ohne dass eine äußere Einwirkung zu erkennen ist.

Der Effekt wird besonders deutlich im bekannten *Drehschemelversuch*: Eine Versuchsperson sitzt auf einem leicht drehbaren Schemel und hält zwei Hanteln in den ausgestreckten Händen. Ein Helfer versetzt den Schemel in Rotation. Nun zieht die Versuchsperson die Hände an den Körper. Sofort dreht sich der Schemel viel schneller. Beim Wiederausstrecken der Arme geht die Drehgeschwindigkeit auf ihren ursprünglichen Wert zurück.

Die Erklärung des Effekts gelingt mit dem Drehimpulserhaltungssatz. Den gut gelagerten Drehschemel können wir näherungsweise als abgeschlossenes System betrachten, in dem der Gesamtdrehimpuls zeitlich konstant ist. Zur Beschreibung des Versuchs legen wir das in Abb. 6.34 dargestellte Modell zugrunde. Der Körper der Versuchsperson wird als Punktmasse im Koordinatenursprung beschrieben; er trägt zum Drehimpuls nicht bei. Arme und Hanteln werden als Punktmassen mit der Masse m_H modelliert, die ihren Abstand $\vec{r}_H$ vom Körper verändern. Der Gesamtdrehimpuls beträgt:

$$\vec{L} = m_H \cdot [\vec{r}_H \times \vec{v}_H + (-\vec{r}_H) \times (-\vec{v}_H)]$$
$$= 2m_H \cdot \vec{r}_H \times \vec{v}_H. \tag{6.86}$$

Da Ortsvektor $\vec{r}_H$ und Geschwindigkeitsvektor $\vec{v}_H$ senkrecht aufeinander stehen, gilt für den Betrag des Drehimpulses:

$$|\vec{L}| = 2m_H \cdot r_H \cdot v_H. \tag{6.87}$$

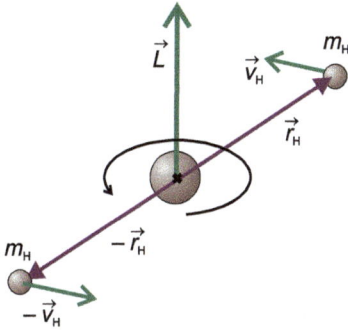

Abb. 6.34: Zur Erklärung des Pirouetteneffekts (Drehschemelversuch).

Nach dem Zusammenführen der Arme muss der Gesamtdrehimpuls so groß sein wie vorher. Das ist nur möglich, wenn zum Ausgleich für den geringer werdenden Abstand r_H die Geschwindigkeit v_H größer wird. Die Hanteln (und mit ihnen auch der ganze Körper) beginnen, schneller zu rotieren. Das Umgekehrte geschieht beim Wiederausstrecken der Arme: r_H wird größer und v_H nimmt ab.

Drehmoment

So wie eine Kraft den Impuls ändert, so wird der Drehimpuls von einem *Drehmoment* geändert. In Abschnitt 5.7 sind wird bereits kurz auf diesen Begriff eingegangen. Wie dort, wo wir starre Körper betrachtet haben, oder speziell bei der Anwendung am Hebel, bringt man Drehmomente üblicherweise mit der Wirkung *Kräftepaaren* in Verbindung. Formal wird das Drehmoment aber zunächst für eine einzelne Kraft definiert: Jeder Kraft, die an einem Ort $\vec{r}$ eines Körpers angreift, kann man ein Drehmoment $\vec{M}$ zuordnen.

$$\text{Drehmoment einer Kraft:} \quad \vec{M} = \vec{r} \times \vec{F}. \tag{6.88}$$

Drehmoment und Drehimpuls sind ganz analog zueinander definiert. Sie unterscheiden sich nur darin, dass beim Drehmoment die Kraft anstelle des Impulses steht. Für die mathematischen Eigenschaften des Drehmoments gilt:

1. Das Drehmoment ist eine Vektorgröße. Der Drehmomentvektor steht sowohl senkrecht zum Ortsvektor als auch zum Kraftvektor. Seine Richtung ergibt sich aus der Rechte-Hand-Regel (Abb. A.9 im Anhang).
2. Der Betrag des Drehmomentes ist:

$$M = r \cdot F \cdot \sin\alpha, \tag{6.89}$$

wobei α der Winkel zwischen $\vec{r}$ und $\vec{F}$ ist (Abb. 6.35).

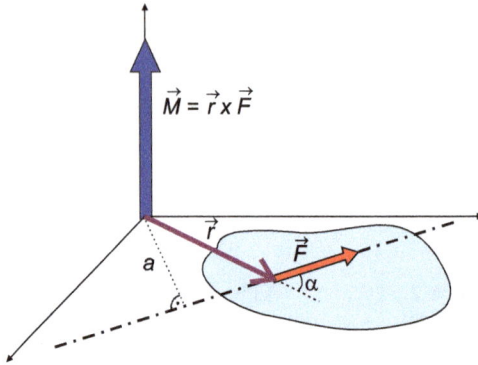

Abb. 6.35: Zur Definition des Drehmoments.

3. Gleichbedeutend ist die folgende Formulierung: Der Betrag des Drehmomentes ist gleich dem Produkt aus Kraft und *Hebelarm*:

$$M = F \cdot a. \tag{6.90}$$

Der Hebelarm a ist der senkrechte Abstand zwischen der *Wirkungslinie* der Kraft (strichpunktierte Linie in Abb. 6.35) und dem Koordinatenursprung. In Abb. 6.35 kann man ablesen, dass die beiden Formeln (6.89) und (6.90) äquivalent sind.

4. Die Drehmomente verschiedener Kräfte kann man vektoriell addieren.

5. Bezüglich einer Drehachse kann man „rechtsdrehende" und „linksdrehende" Drehmomente unterscheiden. Bei der vektoriellen Drehmomentaddition wird dies durch die unterschiedlichen Richtungen der Drehmomentvektoren automatisch berücksichtigt. Rechnet man dagegen mit Beträgen, muss man die Richtung der Drehmomente bei der Addition mit einem Vorzeichen versehen (positiv für linksdrehende, negativ für rechtsdrehende Drehmomente).

6. Das Drehmoment ist immer relativ zum Koordinatenursprung definiert. Wenn man das Drehmoment einer Kraft angibt, muss man auch immer mit angeben, auf welchen Koordinatenursprung man sich bezieht.

Drehimpulserhaltung für offene Systeme

Wie der Energie- und der Impulserhaltungssatz gibt auch für den Drehimpulserhaltungssatz eine Fassung für offene Systeme. In Worten besagt er, dass der Drehimpuls eines Systems sich aufgrund des Drehmoments der äußeren Kräfte ändert.

Zur Illustration betrachten wir das in Abb. 6.36 dargestellte System aus zwei Körpern. Zwischen ihnen wirken innere Kräfte, und zusätzlich greifen über die Systemgrenzen noch äußere Kräfte an. Die newtonsche Bewegungsgleichung für den ersten Körper lautet:

$$\dot{\vec{p}}_1 = \vec{F}_{2\to1} + \vec{F}_1^{\text{ext}}. \tag{6.91}$$

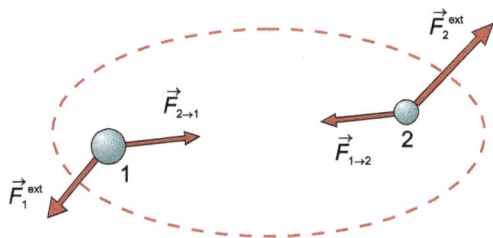

Abb. 6.36: Kräfte bei der Drehimpulserhaltung in einem offenen System.

Eine analoge Gleichung gilt für den zweiten Körper. Für die zeitliche Ableitung des Gesamtdrehimpulses $\vec{L}_{ges}$ können wir nach Gl. (6.84) schreiben:

$$\frac{d\vec{L}_{ges}}{dt} = \frac{d}{dt}\left(\vec{r}_1 \times \vec{p}_1 + \vec{r}_2 \times \vec{p}_2\right). \tag{6.92}$$

Anwenden der Produktregel für die Differentiation führt zu:

$$\frac{d\vec{L}_{ges}}{dt} = \underbrace{\dot{\vec{r}}_1 \times \vec{p}_1}_{=0} + \vec{r}_1 \times \dot{\vec{p}}_1 + \underbrace{\dot{\vec{r}}_2 \times \vec{p}_2}_{=0} + \vec{r}_2 \times \dot{\vec{p}}_2, \tag{6.93}$$

wobei der erste und der dritte Term verschwinden, da die Vektoren $\vec{p}$ und $\dot{\vec{r}}(=\vec{v})$ parallel sind. Nun drücken wir mit Hilfe von Gl. (6.91) die Impulsänderungen durch Kräfte aus. Es ergibt sich:

$$\frac{d\vec{L}_{ges}}{dt} = \underbrace{\vec{r}_1 \times \vec{F}_{2\rightarrow1} + \vec{r}_2 \times \vec{F}_{1\rightarrow2}}_{=0 \text{ für Zentralkräfte}} + \underbrace{\vec{r}_1 \times \vec{F}_1^{ext} + \vec{r}_2 \times \vec{F}_2^{ext}}_{=\vec{M}_1^{ext}+\vec{M}_2^{ext}=\vec{M}_{ges}^{ext}}, \tag{6.94}$$

wobei $\vec{M}_{ges}^{ext}$ die Summe der äußeren Drehmomente ist. Die ersten beiden Terme in Gl. (6.94) heben sich gegenseitig auf: Nach dem dritten newtonschen Gesetz (Kraft = Gegenkraft) gilt $\vec{F}_{2\rightarrow1} = -\vec{F}_{1\rightarrow2}$, so dass sich die beiden Terme zu

$$(\vec{r}_2 - \vec{r}_1) \times \vec{F}_{1\rightarrow2} \tag{6.95}$$

zusammenfassen lassen. Dieses Vektorprodukt ist null, wenn die Kraft parallel zum Verbindungsvektor $\vec{r}_2 - \vec{r}_1$ zwischen den beiden Körpern ist. Das ist für Zentralkräfte erfüllt, die entlang der Verbindungslinie beider Körper wirken. Insgesamt erhalten wir die einfache Formel

$$\frac{d\vec{L}_{ges}}{dt} = \vec{M}_{ges}^{ext}. \tag{6.96}$$

Diese wichtige Gleichung gilt nicht nur für unser System aus zwei Punktmassen, sondern sie beschreibt ein ganz allgemeines Gesetz.

Drehimpulserhaltung für offene Systeme: Der Gesamtdrehimpuls $\vec{L}_{ges}$ eines Systems, in dem als innere Kräfte Zentralkräfte wirken, ändert sich zeitlich aufgrund des Gesamtdrehmomentes, das die am System von außen angreifenden Kräfte verursachen:

$$\frac{d\vec{L}_{ges}}{dt} = \vec{M}_{ges}^{ext}. \tag{6.97}$$

Diese Aussage gilt unabhängig davon, ob die äußeren Kräfte neben dem Drehmoment noch eine Bewegungsänderung des Schwerpunkts erzeugen (Impulssatz).

Bedingung für statisches Gleichgewicht

Um zu einer wichtigen Anwendung, dem Hebelgesetz, zu gelangen, wenden wir den allgemeinen Drehimpulserhaltungssatz (6.97) auf den speziellen Fall eines starren Körpers an. Mit dem Begriff des Drehmomentes können wir allgemein formulieren, unter welchen Bedingungen sich ein starrer Körper im statischen Gleichgewicht befindet. „Statisch" bedeutet: Der Schwerpunkt des Körpers bewegt sich nicht und der Körper rotiert auch nicht. Mit Impuls- und Drehimpulssatz für offene Systeme können wir die folgenden Gleichgewichtsbedingungen formulieren:

Statisches Gleichgewicht für starre Körper: Soll ein starrer Körper in Ruhe bleiben, müssen die beiden folgenden Bedingungen erfüllt sein:
1. Die Summe aller äußeren Kräfte muss null sein (Kräftegleichgewicht).
2. Die Summe aller durch die äußeren Kräfte hervorgerufenen Drehmomente muss null sein (Drehmomentgleichgewicht).

Ist die erste Bedingung erfüllt, setzt keine Schwerpunktsbewegung ein; die zweite Bedingung verhindert das Einsetzen einer Rotationsbewegung.

Insbesondere im Fall von Bauwerken sind diese beiden Bedingungen von entscheidender Bedeutung. Deshalb sind Kräfte- und Drehmomentgleichgewicht die Grundlage für die Berechnungen von Statikern beim Hausbau.

Hebelgesetz

Die wichtigste Anwendung für das Drehmomentgleichgewicht ist das *Hebelgesetz*. Die Formulierung „Kraft · Kraftarm = Last · Lastarm" fasst seine Aussage prägnant zusammen. Ein Hebel ist ein starrer Körper, der sich um eine feste Drehachse drehen kann. Zwei weitere Kräfte („Last" und „Kraft") greifen an ihm an. Es wird das statische Gleichgewicht betrachtet, in dem der Hebel in Ruhe ist. Je nach Angriffspunkt der Kräfte unterscheidet man weiter:

Zweiseitiger Hebel: Die Kräfte greifen auf beiden Seiten der Drehachse an, z. B. bei der Wippe in Abb. 6.37.

Einseitiger Hebel: Alle Kräfte greifen nur auf einer Seite der Drehachse an, z. B. beim Nussknacker oder Flaschenöffner.

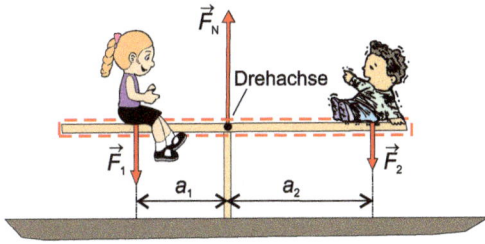

Abb. 6.37: Hebelgesetz an der Wippe.

Zu Erläuterung des Hebelgesetzes betrachten wir das Beispiel der Kinderwippe in Abb. 6.37. Wir wählen den Balken als System und legen den Koordinatenursprung in die Drehachse. Linksdrehende Drehmomente werden positiv gezählt, rechtsdrehende negativ. Es ergibt sich die folgende Bedingung für das Drehmomentgleichgewicht:

$$M_{ges} = F_1 \cdot a_1 - F_2 \cdot a_2 = 0. \tag{6.98}$$

Am Balken (oder allgemeiner: an jedem Hebel) herrscht Drehmomentgleichgewicht, wenn die Bedingung $F_1 \cdot a_1 = F_2 \cdot a_2$ gilt. Das ist das Hebelgesetz.

Hebelgesetz: „Kraft · Kraftarm = Last · Lastarm"

$$F_1 \cdot a_1 = F_2 \cdot a_2. \tag{6.99}$$

Wie bereits im Zusammenhang mit Abb. 6.35 erläutert, ist der Hebelarm der senkrechte Abstand zwischen der Drehachse und der Wirkungslinie der Kraft, also die in der Abbildung eingezeichnete Strecke a. Für schräg am Hebel angreifende Kräfte ist dies von Bedeutung. Es erklärt zum Beispiel, warum das Anfahren beim Fahrradfahren schwer fällt, wenn die Pedale fast senkrecht stehen. Der Hebelarm ist dann kleiner als bei waagerecht stehenden Pedalen.

Beispiel: Das Mädchen in Abb. 6.37 wiegt 60 kg und sitzt 0,80 m von der Drehachse entfernt. Der Junge wiegt 45 kg. Mit dem Hebelgesetz können wir den Abstand des Jungen von der Drehachse berechnen, für den die Wippe im Gleichgewicht ist:

$$a_2 = a_1 \cdot \frac{m_1 \cdot g}{m_2 \cdot g} = 0,80\,\text{m} \cdot \frac{60\,\text{kg} \cdot g}{40\,\text{kg} \cdot g} = 1,20\,\text{m}. \tag{6.100}$$

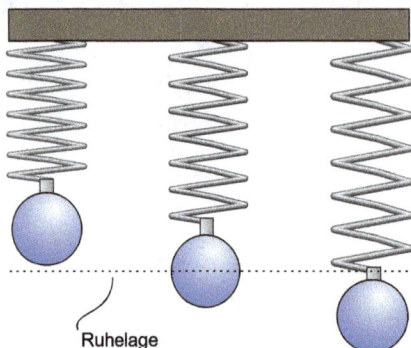

Ruhelage

Abb. 7.1: Eine Kugel schwingt an einer Feder.

7.1 Grundbegriffe

Eine wichtige Klasse von Bewegungen in der Mechanik sind die Schwingungen. Von einer Schwingung spricht man, wenn ein Körper eine periodische Bewegung um eine Ruhelage vollführt, wie das Massestück in Abb. 7.1, das an einer Feder hängt. Am Anfang der Bewegung wird es ausgelenkt und schwingt anschließend um seine Ruhelage. Der zeitliche Verlauf dieser Schwingung ist im t-x-Diagramm in Abb. 7.2 wiedergegeben. In der Abbildung sind auch einige Begriffe erläutert, die im Zusammenhang mit Schwingungen regelmäßig verwendet werden:

- Die *Auslenkung* $x(t)$ ist der momentane Abstand des Schwingers von seiner Ruhelage.
- Die *Amplitude* A_0 ist die maximale Auslenkung.
- Die *Schwingungsdauer* T bezeichnet die Dauer einer Schwingungsperiode, also den zeitlichen Abstand zwischen zwei benachbarten Maxima oder zwei benachbarten Minima der Auslenkung. Achtung: Zwischen zwei Nulldurchgängen liegt nur die *halbe* Schwingungsdauer, weil die Ruhelage während einer Schwingung zweimal aus verschiedenen Richtungen durchlaufen wird.
- Der Kehrwert der Schwingungsdauer ist die *Frequenz* f:

$$f = \frac{1}{T}. \tag{7.1}$$

Sie hat die Einheit $\frac{1}{s}$, die im Zusammenhang mit Schwingungen als *Hertz* bezeichnet wird: $1\,\mathrm{Hz} = 1\,\frac{1}{s}$.
- Als weitere nützliche Größe führt man die *Kreisfrequenz* ω ein:

$$\omega = 2\pi f. \tag{7.2}$$

Sie wird ebenfalls in der Einheit Hertz gemessen.

https://doi.org/10.1515/9783110495812-007

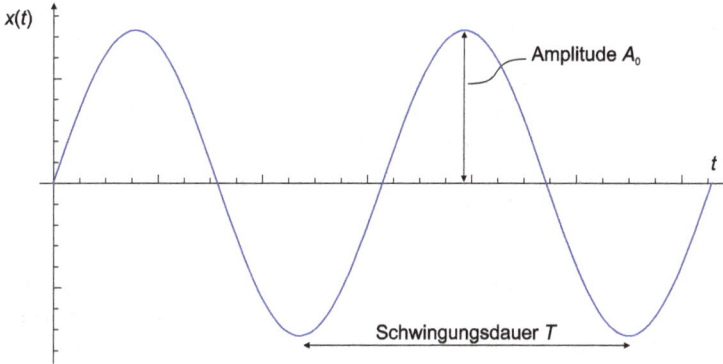

Abb. 7.2: t-x-Diagramm für eine harmonische Schwingung.

Harmonische und nicht-harmonische Schwingungen

Das Zeit-Auslenkungs-Diagramm in Abb. 7.2 hat die Gestalt einer Sinuskurve. Eine solche Schwingung bezeichnet man als *harmonische Schwingung*. In der Physik gibt es viele Beispiele für harmonische Schwingungen, zum Beispiel das an einer Feder schwingende Massenstück in Abb. 7.1, das Fadenpendel oder die Schwingung der Zinken einer Stimmgabel.

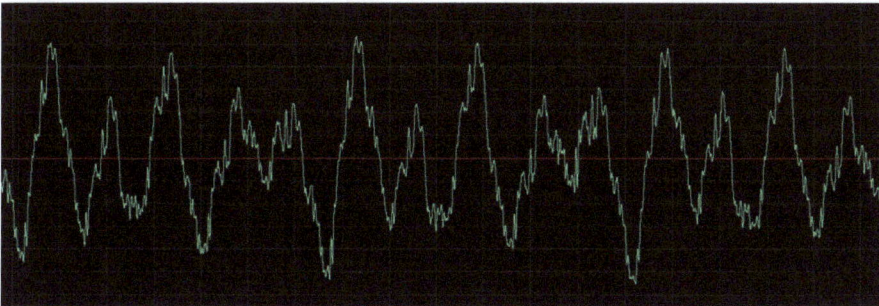

Abb. 7.3: Zeit-Auslenkungs-Diagramm für einen Bassklarinetten-Ton.

Ebenso viele Beispiele lassen sich allerdings auch für nicht-harmonische Schwingungen finden. Abb. 7.3 zeigt zum Beispiel den Schwingungsverlauf der Lautsprecher-Membran bei der Wiedergabe eines Bassklarinetten-Tons. Man erkennt die grundsätzliche Periodizität, die die Frequenz und damit die Tonhöhe bestimmt. Diesem Grundton sind aber noch viele Obertöne mit höherer Frequenz überlagert, die die Klangcharakteristik des Instruments bestimmen.

Experiment 7.1 (Veranschaulichung von harmonischen Schwingungen): Es gibt zahlreiche Möglichkeiten, das Zeit-Auslenkungs-Diagramm einer harmonischen Schwingung zu visualisieren:

1. Ein dünner Plastiktrichter wird mit Sand gefüllt und an zwei Fäden aufgehängt, so dass sich ein Pendel ergibt. Ein Papierstreifen wird unter dem schwingenden Pendel gleichmäßig hinweg gezogen. Der ausrinnende Sand zeichnet eine sinusförmige Kurve auf das Papier.
2. Eine Stimmgabel mit einem Schreibzinken wird gleichmäßig über eine berußte Glasplatte gezogen. Sie hinterlässt im Ruß eine sinusförmige Kratzspur.
3. Mit dem Mikrophon eines Smartphones kann man den Ton einer Stimmgabel aufnehmen und den sinusförmigen Verlauf mit einer App darstellen.
4. Die Schwingung eines Federpendels wird mit dem Smartphone in einem Videofilm aufgenommen; der Film wird anschließend mit einer Messwerterfassungs-Software ausgewertet.
5. Die Verbindung zur mathematischen Definition der Sinusfunktion lässt sich über die Projektion einer Kreisbewegung darstellen: Die Schatten eines Federpendels und eines Stiftes an einer rotierenden Kreisscheibe bewegen sich bei richtiger Einstellung der Drehgeschwindigkeit synchron auf und ab.

Mathematische Beschreibung einer harmonischen Schwingung

Der zeitliche Verlauf der Auslenkung einer harmonischen Schwingung wird durch eine Sinus- oder Cosinus-Funktion beschrieben:

$$x(t) = A_0 \cdot \sin(\omega t + \phi). \tag{7.3}$$

Der Term ϕ im Argument beschreibt die *Phase* der Schwingung. Eine von null verschiedene Phase beschreibt eine horizontale Verschiebung der Kurve im t-x-Diagramm, wie in Abb. 7.4 für verschiedene Fälle gezeigt. Verschiedene Phasenlagen entsprechen unterschiedlichen Auslenkungen des schwingenden Körpers zum Zeitpunkt $t = 0$.

Entsprechend der mathematischen Beziehung $\sin(x + \frac{\pi}{2}) = \cos(x)$ entspricht der Übergang von der Sinus- zur Cosinus-Funktion einer Phasenverschiebung von $\frac{\pi}{2} = 90°$ (Abb. 7.4). Eine Phasenverschiebung von $\pi = 180°$ entspricht einer Vorzeichenänderung: $\sin(x + \pi) = -\sin(x)$. Die beiden Schwinger in der ersten und der letzten Zeile von Abb. 7.4 schwingen *gegenphasig*: Wenn sich der eine abwärts bewegt, bewegt sich der andere aufwärts.

7.2 Differentialgleichung der harmonischen Schwingung

Um das Bewegungsgesetz (7.3) der harmonischen Schwingung aus der newtonschen Bewegungsgleichung herzuleiten, betrachten wir als einfachstes Beispiel die Schwingung eines *Federpendels* (Abb. 7.1). Das Federpendel ist dadurch gekennzeichnet, dass auf die schwingende Masse eine Kraft wirkt, die zur Ruhelage x_0 hin gerichtet ist und linear mit dem Abstand von der Ruhelage zunimmt:

$$F = -D(x - x_0). \tag{7.4}$$

Die Konstante D heißt *Federkonstante*; das Kraftgesetz (7.4) ist das *hookesche Gesetz*. Wenn wir den Koordinatenursprung in die Ruhelage legen, nimmt es die Form an:

$$F = -D \cdot x. \tag{7.5}$$

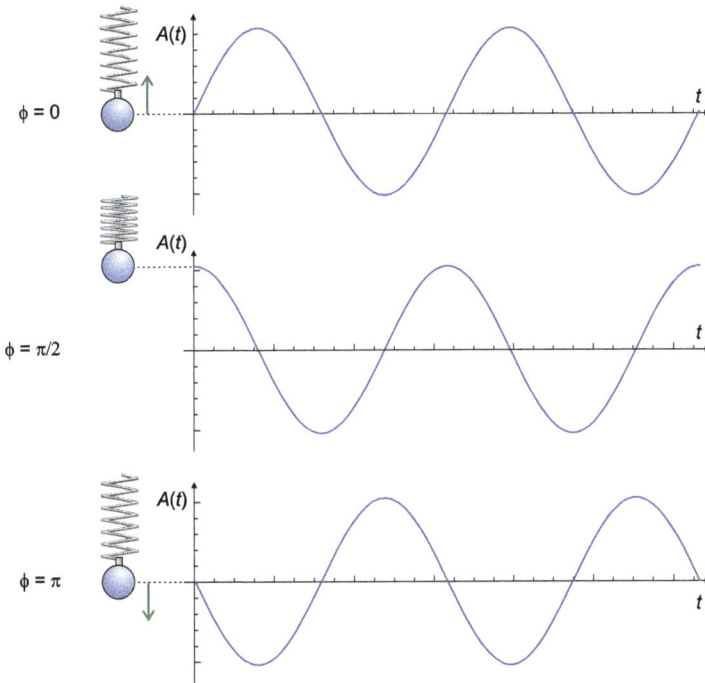

Abb. 7.4: Phasenlagen bei einer harmonischen Schwingung.

Kommt zu der Federkraft nach dem hookeschen Gesetz, Gl. (7.4), noch eine konstante weitere Kraft ⓘ
hinzu (wie die Schwerkraft beim vertikal hängenden Pendel), dann ändert das nichts an der Form des
Kraftgesetzes. Nur die Ruhelage ändert sich in einen neuen Wert $x_{0,\text{neu}}$:

$$F = -D(x - x_0) - m \cdot g = -D(x - x_{0,\text{neu}}). \tag{7.6}$$

Newtonsche Bewegungsgleichung

Für einen Körper, der sich unter dem Einfluss einer Kraft bewegt, die dem hookeschen
Gesetz genügt, lautet die newtonsche Bewegungsgleichung:

$$m \cdot \frac{\mathrm{d}^2 x(t)}{\mathrm{d}t^2} = -D \cdot x(t). \tag{7.7}$$

Meist schreibt man sie in der folgenden Form:

Differentialgleichung einer ungedämpften harmonischen Schwingung:

$$m \cdot \frac{\mathrm{d}^2 x(t)}{\mathrm{d}t^2} + D \cdot x(t) = 0. \tag{7.8}$$

Die Funktion $x(t)$, die diese Differentialgleichung löst, muss proportional zu ihrer zweiten Ableitung sein. Durch explizites Einsetzen zeigen wird, dass dies für die Sinusfunktion in Gl. (7.3) der Fall ist. Wir machen den Ansatz

$$x(t) = A_0 \cdot \sin(\omega_0 t + \phi) \tag{7.9}$$

(wobei der Grund für den Index 0 an ω_0 später klar werden wird, wenn wir gedämpfte Schwingungen betrachten) und berechnen die Ableitungen:

$$\dot{x}(t) = A_0 \cdot \omega_0 \cdot \cos(\omega_0 t + \phi), \tag{7.10}$$

$$\ddot{x}(t) = -A_0 \cdot \omega_0^2 \cdot \sin(\omega_0 t + \phi). \tag{7.11}$$

Einsetzen in die newtonsche Bewegungsgleichung (7.7) ergibt:

$$-m \cdot A_0 \cdot \omega_0^2 \cdot \sin(\omega_0 t + \phi) = -D \cdot A_0 \cdot \sin(\omega_0 t + \phi). \tag{7.12}$$

Herauskürzen der auf beiden Seiten gleichen Terme führt auf die Bedingung dafür, dass der Ansatz (7.3) die newtonsche Bewegungsgleichung löst:

$$m \cdot \omega_0^2 = D. \tag{7.13}$$

Aufgelöst nach der Kreisfrequenz ω_0 bzw. der Frequenz f_0 ergibt sich der folgende Ausdruck:

> **Frequenz einer ungedämpften harmonischen Federschwingung:**
>
> $$\omega_0 = \sqrt{\frac{D}{m}} \quad \text{bzw.} \quad f_0 = \frac{1}{2\pi}\sqrt{\frac{D}{m}}. \tag{7.14}$$

Der Ansatz (7.3) ist also eine Lösung der newtonschen Bewegungsgleichung; der Wert der Schwingungsfrequenz ist dabei durch Gl. (7.14) mit Masse und Federkonstante des Federschwingers verknüpft. Als Anfangsbedingungen sind die Amplitude A_0 und die Phase ϕ frei wählbar. Damit ist Gl. (7.3) auch die allgemeine Lösung der Schwingungsdifferentialgleichung (7.8).

ℹ️ Es ist interessant, die Energieerhaltung am Beispiel des Federpendels explizit nachzuprüfen. Relevant sind die kinetische Energie $\frac{1}{2}mv^2$ und die Spannenergie $\frac{1}{2}Dx^2$ (vgl. Gl. (6.17)). Wir erhalten durch Einsetzen der Ausdrücke oben:

$$E_{\text{kin}} = \frac{1}{2}mA_0^2\omega_0^2 \cos^2(\omega_0 t + \phi) \tag{7.15}$$

$$= \frac{1}{2}DA_0^2 \cos^2(\omega_0 t + \phi), \tag{7.16}$$

$$E_{\text{Spann}} = \frac{1}{2}DA_0^2 \sin^2(\omega_0 t + \phi). \tag{7.17}$$

Wegen der mathematischen Identität $\sin^2(x) + \cos^2(x) = 1$ gilt für die Gesamtenergie:

$$E_{\text{ges}} = E_{\text{kin}} + E_{\text{Spann}} = \frac{1}{2}DA_0^2. \tag{7.18}$$

Die Gesamtenergie ist also zeitlich konstant. Für kinetische und potentielle Energie trifft das einzeln nicht zu. Beim Federpendel wird bei konstanter Gesamtenergie ständig kinetische Energie in Spannenergie umgewandelt und wieder zurück.

Fadenpendel

Auf eine Masse, die an einem Seil der Länge l schwingt (Abb. 7.5), wirken die Gewichtskraft und die Seilkraft (die in der Abbildung nicht eingezeichnet ist). Da das Seil eine feste Länge besitzt und nicht dehnbar ist, kann die Bewegung der Masse nur senkrecht dazu stattfinden. Für die Bewegung des Pendels ist daher nur die Komponente der Gewichtskraft maßgeblich, die jeweils senkrecht zum Seil gerichtet ist. Für sie gilt:

$$F_{\text{s}} = -m \cdot g \cdot \sin\phi. \tag{7.19}$$

Die Komponente der Gewichtskraft parallel zum Seil trägt zur Bewegung nicht bei und bewirkt nur, dass das Seil gespannt wird.

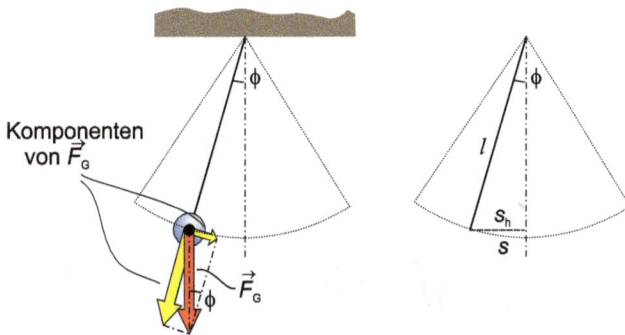

Komponenten von $\vec{F}_{\text{G}}$

$\vec{F}_{\text{G}}$

Abb. 7.5: Schwingung eines Fadenpendels.

Es gibt mehrere gleichberechtigte Möglichkeiten, die Variable zur Beschreibung der Fadenpendel-Schwingung zu wählen. Man kann zum Beispiel den zeitlichen Verlauf des Auslenkungswinkels ϕ beschreiben und die Kleinwinkelnäherung $\sin\phi \approx \phi$ benutzen, so dass sich für den Winkel ϕ die Differentialgleichung einer harmonischen Schwingung ergibt. Mathematisch etwas einfacher ist der folgende Zugang: Wir wählen die Länge des Kreisbogens s zur Beschreibung. Für kleine Auslenkungswinkel des Pendels lässt sich s_{h} durch s approximieren (Abb. 7.5 rechts), so dass die Kraft tangential zum Kreisbogen näherungsweise als

$$F_{\text{s}} = -m \cdot g \cdot \sin\phi = -\frac{m \cdot g}{l} \cdot s_{\text{h}} \approx -\frac{m \cdot g}{l} \cdot s \tag{7.20}$$

geschrieben werden kann. Die newtonsche Bewegungsgleichung für die Bewegung entlang des Kreisbogens lautet dann:

$$m \cdot \frac{d^2 s(t)}{dt^2} = -\frac{m \cdot g}{l} \cdot s. \tag{7.21}$$

Sie hat die gleiche Gestalt wie Gl. (7.7), wobei D durch $\frac{m \cdot g}{l}$ ersetzt ist und hat entsprechend auch die gleiche Lösung mit dieser Ersetzung:

$$s(t) = s_0 \cdot \sin(\omega_0 t + \phi), \tag{7.22}$$

wobei

$$\omega_0 = \sqrt{\frac{g}{l}} \quad \text{bzw.} \quad f = \frac{1}{2\pi}\sqrt{\frac{g}{l}}. \tag{7.23}$$

Es ist bemerkenswert, dass die Schwingungsdauer eines Fadenpendels *nicht* von der Masse des Pendelkörpers abhängt, sondern nur von der Fadenlänge. Je länger der Faden, umso größer die Schwingungsdauer.

---

i **Beispiel:** Unter einem *Sekundenpendel* versteht man aus historischen Gründen ein Fadenpendel, dessen *halbe* Schwingungsdauer eine Sekunde beträgt – also einmal von links nach rechts. Die gesamte Schwingungsdauer eines Sekundenpendels beträgt somit $T = 2\,\text{s}$. Mit dem Zusammenhang

$$T = \frac{1}{f} = 2\pi\sqrt{\frac{l}{g}} \tag{7.24}$$

erhalten wir nach l aufgelöst:

$$l = g \cdot \left(\frac{T}{2\pi}\right)^2. \tag{7.25}$$

Einsetzen von $T = 2\,\text{s}$ ergibt:

$$l = 9{,}81\,\frac{\text{m}}{\text{s}^2} \cdot \left(\frac{2\,\text{s}}{2\pi}\right)^2 = 0{,}994\,\text{m}. \tag{7.26}$$

Ein Sekundenpendel hat also eine Fadenlänge von fast genau einem Meter.

7.3 Gedämpfte Schwingungen

Jede reale Schwingung ist gedämpft: Durch Luftreibung am Pendelkörper, durch Reibung in den Lagern, durch innere Erwärmung der Feder geht der Schwingung Energie verloren. Die Amplitude der Schwingung nimmt mit der Zeit ab; die Schwingung kommt schließlich ganz zum Erliegen. Eine solche mit der Zeit abklingende Schwingung nennt man gedämpft (Abb. 7.6).

Der genaue zeitliche Verlauf einer gedämpften Schwingung hängt von der Art der Reibung ab: Gleitreibung oder Rollreibung bei einem Federpendel, das horizontal auf

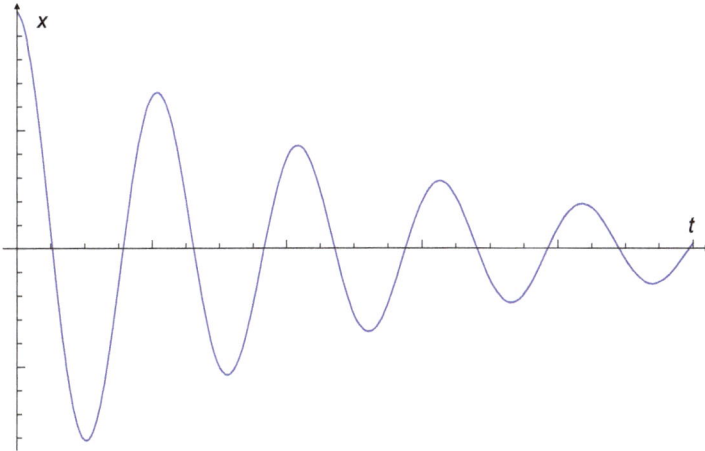

Abb. 7.6: Zeitlicher Verlauf einer gedämpften harmonischen Schwingung.

einer Unterlage schwingt, Luftwiderstand bei Federpendel, Fadenpendel und Stimmgabel oder noch andere Formen der Reibung wie bei einer schwingenden Wasser-
säule in einem U-Rohr. Sie alle folgen relativ komplexen Kraftgesetzen, die in der newtonschen Bewegungsgleichung zu analytisch nicht oder nur aufwändig zu lösenden
Schwingungsgleichungen führen. Die entsprechenden Gleichungen müssen mit numerischen Methoden gelöst werden.

Die einzige Reibungskraft, die auf einfach lösbare Gleichungen führt, kommt bei Schwingungen in der
Realität leider nicht vor: die stokessche Reibung, bei der die Reibungskraft nach Gl. (5.21) der Bewegungsrichtung entgegengesetzt ist und proportional zur Geschwindigkeit ist: $F_R = -bv$. In Kapitel 5
wurde erläutert, dass die stokessche Reibungsformel nur für sehr langsame Bewegungen anwendbar
ist: für eine Kugel mit 1 cm Durchmesser in Luft bis zu einer Geschwindigkeit von 1,4 mm/s; für größere Körper entsprechend langsamer. Keine der in üblichen Experimenten untersuchten Schwingungsformen erfüllt diese Anwendbarkeitsbedingung. Trotzdem wollen wir die harmonische Schwingung
mit stokesscher Reibung als Modell für eine gedämpfte Schwingung untersuchen. Die Grundzüge der
Lösung lassen sich auch auf andere Schwingungsformen übertragen. Übereinstimmung mit realen
Schwingungen im Detail darf man aber nicht erwarten.

Wir wählen einen Ansatz mit der stokesschen Reibungskraft $F_R = -bv$. Ergänzen wir
die newtonsche Bewegungsgleichung (7.7) um diesen Term, ergibt sich:

$$m \cdot \frac{\mathrm{d}^2 x(t)}{\mathrm{d}t^2} = -b \frac{\mathrm{d}x(t)}{\mathrm{d}t} - D \cdot x(t) \qquad (7.27)$$

bzw.

$$m \cdot \frac{\mathrm{d}^2 x(t)}{\mathrm{d}t^2} + b \frac{\mathrm{d}x(t)}{\mathrm{d}t} + D \cdot x(t) = 0. \qquad (7.28)$$

Für die Auslenkung $x(t)$ versuchen wir den Ansatz einer harmonischen Schwingung mit exponentieller Dämpfung:

$$x(t) = A_0 \cdot e^{-\delta t} \sin{(\omega t + \phi)} \tag{7.29}$$

Wir berechnen die zeitlichen Ableitungen:

$$\dot{x}(t) = A_0 \cdot e^{-\delta t} \cdot \omega \cdot \cos{(\omega t + \phi)} - A_0 \cdot \delta \cdot e^{-\delta t} \sin{(\omega t + \phi)}, \tag{7.30}$$

$$\ddot{x}(t) = -A_0 \cdot e^{-\delta t} \cdot \omega^2 \cdot \sin{(\omega t + \phi)} - 2A_0 \cdot \delta e^{-\delta t} \cdot \omega \cdot \cos{(\omega t + \phi)} \tag{7.31}$$

$$+ A_0 \cdot \delta^2 \cdot e^{-\delta t} \sin{(\omega t + \phi)}. \tag{7.32}$$

Einsetzen der Terme in die newtonsche Bewegungsgleichung und Sortieren nach Proportionalität zu Sinus bzw. Cosinus ergibt:

$$\left[D + m\delta^2 - m\omega^2 - b\delta \right] \sin{(\omega t + \phi)} + \left[b\omega - 2m\omega\delta \right] \cos{(\omega t + \phi)} = 0 \tag{7.33}$$

Damit die newtonsche Bewegungsgleichung zu jedem Zeitpunkt erfüllt ist, müssen die beiden Terme in eckigen Klammern einzeln null sein. Mit der Bezeichnung

$$\omega_0 = \sqrt{\frac{D}{m}} \tag{7.34}$$

aus Gl. (7.14) ergeben sich zwei Gleichungen für die Schwingungsfrequenz ω und die Abklingrate δ. Sie lassen sich mit dem folgenden Ergebnis lösen.

Schwingungsfrequenz ω und die Abklingrate δ bei der gedämpften harmonischen Schwingung:

$$\omega^2 = \omega_0^2 - \delta^2, \tag{7.35}$$

$$\delta = \frac{b}{2m}. \tag{7.36}$$

Durch die Dämpfung ist die Schwingungsfrequenz ω gegenüber derjenigen der ungedämpften Schwingung verschoben: Sie wird geringer. Für sehr große Dämpfung, wenn $\delta > \omega_0$ gilt, ist die rechte Seite von Gl. (7.35) sogar negativ. Eine Schwingung tritt dann gar nicht mehr auf; der Pendelkörper „kriecht" exponentiell gedämpft seiner Ruhelage entgegen. Deshalb spricht man in diesem Fall vom *Kriechfall*. Formal lässt sich dieser Fall mit einem rein exponentiellen Ansatz oder mit den gleichen Formeln wie oben unter Zuhilfenahme von komplexen Zahlen beschreiben. Der spezielle Fall $\omega_0 = \delta$, wenn $\omega = 0$ ist, wird als *aperiodischer Grenzfall* bezeichnet. Der aperiodische Grenzfall wird genutzt, wenn ein System möglichst schnell, aber ohne Schwingung in seine Ruhelage zurückkehren soll – etwa bei Stoßdämpfern von Autos.

7.4 Erzwungene Schwingungen, Resonanz

Bei einer erzwungenen Schwingung wird der schwingende Körper von einer externen periodischen Kraft angeregt, deren Frequenz Ω im Allgemeinen verschieden von der Eigenfrequenz ω_0 des ungestörten Schwingers ist. Ein Beispiel ist die Schwingung einer Lautsprechermembran, die je nach Tonhöhe durch magnetische Wechselfelder unterschiedlicher Frequenz zum Schwingen angeregt wird.

Differentialgleichung der erzwungenen gedämpften Schwingung

Um erzwungene Schwingungen zu untersuchen, nehmen wir an, dass auf den schwingenden Körper eine externe periodische Kraft mit der Frequenz Ω wirkt:

$$F_{\text{ext}} = c \cdot \sin(\Omega t). \tag{7.37}$$

Wenn wir die newtonsche Bewegungsgleichung für die gedämpfte Schwingung, Gl. (7.28), um diese Kraft ergänzen, ergibt sich:

$$m\frac{\mathrm{d}^2x(t)}{\mathrm{d}t^2} + b\frac{\mathrm{d}x(t)}{\mathrm{d}t} + Dx(t) = c \cdot \sin(\Omega t). \tag{7.38}$$

Die Differentialgleichung (7.38) ist *inhomogen*: Der Term auf der rechten Seite, der die Kraft repräsentiert, ist unabhängig von x. Zur Lösung der Differentialgleichung machen wir uns eine Aussage aus der Mathematik zunutze, nach der die allgemeine Lösung einer inhomogenen linearen Differentialgleichung die folgende Form hat: die allgemeine Lösung der homogenen Differentialgleichung (die wir mit Gl. (7.29) gefunden haben) plus eine spezielle Lösung der inhomogenen Differentialgleichung (die wir nun finden müssen). Das Problem ist also gelöst, wenn wir irgendeine Lösung der inhomogenen Differentialgleichung (7.38) finden, die wir je nach den vorgegebenen Anfangsbedingungen um die entsprechende Lösung der homogenen Gleichung ergänzen.

Für die Lösung der inhomogenen Gleichung machen wir den Ansatz einer ungedämpften Schwingung mit der Frequenz Ω der externen anregenden Kraft:

$$x(t) = A_0 \sin(\Omega t) + B_0 \cos(\Omega t). \tag{7.39}$$

Physikalisch bedeutet das: Der Schwinger folgt der anregenden Kraft; er schwingt nicht mit seiner Eigenfrequenz ω_0, sondern mit der Frequenz Ω der externen Kraft – eventuell mit einer Phasenverschiebung, die sich darin äußert, dass B_0 von null verschieden ist.

Wir bilden die Ableitungen und setzen in die newtonsche Bewegungsgleichung ein. Sortieren der Terme nach Proportionalität zu Sinus und Cosinus ergibt:

$$0 = \sin(\Omega t) \cdot \left[m\omega^2 A_0 + b\Omega B_0 - DA_0 + c \right] \tag{7.40}$$

$$+ \cos(\Omega t) \cdot \left[m\omega^2 B_0 - b\Omega B_0 - DB_0 \right]. \tag{7.41}$$

Wenn die Gleichung zu jedem Zeitpunkt erfüllt sein soll, müssen die Terme in eckigen Klammern einzeln null sein. Wir erhalten zwei Gleichungen für die zwei Unbekannten A_0 und B_0, für die sich als Lösung ergibt:

$$A_0 = \frac{c(D - m\Omega^2)}{(D - m\Omega^2)^2 + b^2\Omega^2}, \qquad B_0 = \frac{-cb\Omega}{(D - m\Omega^2)^2 + b^2\Omega^2}. \tag{7.42}$$

Mit diesen Werten für die Amplituden ist Gl. (7.39) eine Lösung der inhomogenen Differentialgleichung (7.38). Die allgemeine Lösung der inhomogenen Gleichung ist die Summe aus dieser speziellen Lösung und der allgemeinen Lösung (7.29) der homogenen Gleichung. Bei letzteren handelt es sich um gedämpfte Schwingungen mit der Frequenz ω_0, die exponentiell abklingen. Nach diesem *Einschwingvorgang* existiert nur noch die Schwingung mit der externen Anregungsfrequenz nach Gl. (7.39) weiter. Abb. 7.7 zeigt den Verlauf eines solchen Einschwingvorgangs, nach dessen Ende für große Zeiten ($t > \delta^{-1}$) die erzwungene Schwingung mit der Frequenz Ω überdauert.

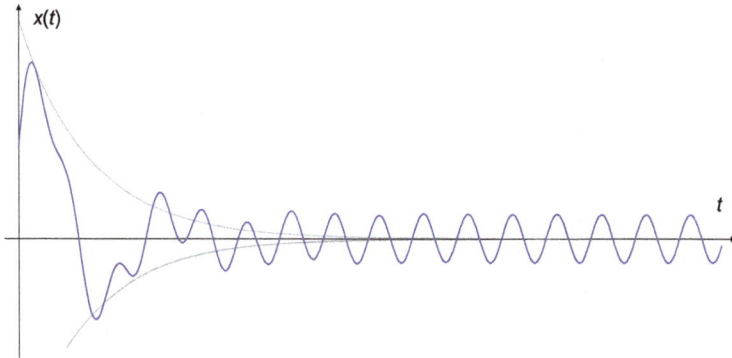

Abb. 7.7: Einschwingvorgang bei einer erzwungenen gedämpften Schwingung. Grau eingezeichnet ist die Einhüllende der gedämpften freien Schwingung mit Frequenz ω_0. Für Zeiten $t > \delta^{-1}$ schwingt der Schwinger mit der Frequenz Ω der externen anregenden Kraft.

ℹ️ Die Lösung der inhomogenen Gl. (7.38) verläuft mathematisch recht ähnlich zu derjenigen der homogenen Schwingungsgleichung (7.28). Es gibt aber einen bedeutenden Unterschied: Bei der homogenen Schwingungsgleichung ergeben sich, damit die Differentialgleichung erfüllt ist, als Bedingung zwei Gleichungen für die beiden Unbekannten ω_0 und δ. Die Amplituden A_0 und B_0 (bzw. dort äquivalent A_0 und ϕ) werden durch die Anfangsbedingungen bestimmt. Bei der erzwungenen Schwingungen ist die Frequenz Ω dagegen von vornherein festgelegt. Die beiden Gleichungen, die sich als Bedingung ergeben, legen die Amplituden A_0 und B_0 fest, die nun nicht mehr frei durch die Anfangsbedingungen bestimmbar sind. Amplitude und Phase der erzwungenen Schwingung werden durch die anregende Kraft festgelegt. Die Anfangsbedingungen (Ort und Geschwindigkeit des Schwingers zum Zeitpunkt $t = 0$) werden durch entsprechende Lösungen der homogenen Gleichung berücksichtigt.

Resonanz

Für die mathematische Lösung der inhomogenen Schwingungsgleichung war es einfacher, den Lösungsansatz in der Form (7.39) zu schreiben. Physikalisch aufschlussreicher ist es aber, die Schwingung in der Form

$$x(t) = k \sin(\Omega t + \phi) \tag{7.43}$$

durch Amplitude und Phase zu charakterisieren. Mit Hilfe der mathematischen Identität

$$k \sin(\Omega t + \phi) = k \sin(\Omega t) \cos(\phi) + k \cos(\Omega t) \sin(\phi) \tag{7.44}$$

erhalten wir nach Koeffizientenvergleich mit Gl. (7.39):

$$k = A_0^2 + B_0^2 \quad \text{bzw.} \quad \tan\phi = \frac{B_0}{A_0}, \tag{7.45}$$

also

$$k = \frac{c}{\sqrt{(D - m\Omega^2)^2 + b^2\Omega^2}} \tag{7.46}$$

und

$$\tan\phi = \frac{-b\Omega}{D - m\Omega^2}. \tag{7.47}$$

Der Wert von k gibt die Amplitude der Schwingung an, die sich beim schwingenden Körper aufgrund der Anregung einstellt. Je größer k, umso heftiger schwingt der Körper. In Abb. 7.8 ist die Amplitude k nach Gl. (7.46) als Funktion der Anregungsfrequenz Ω dargestellt. Man erkennt, dass die Schwingungsamplitude in der Nähe der

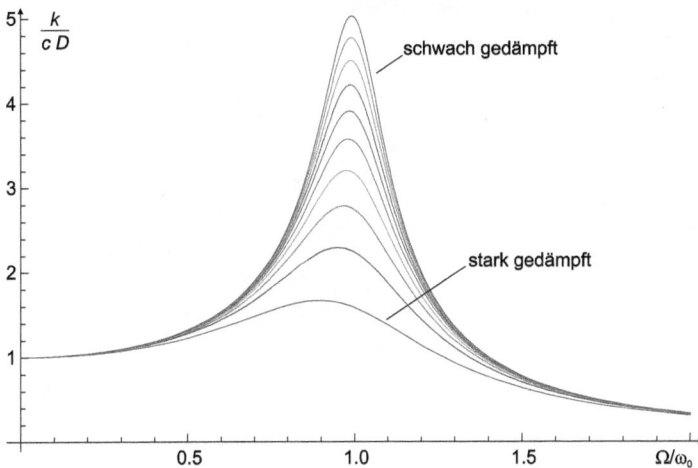

Abb. 7.8: Resonanz tritt auf, wenn der Schwinger mit der Resonanzfrequenz angeregt wird.

Resonanzfrequenz ω_0 aus Gl. (7.14) ein Maximum hat, das umso ausgeprägter ist, je schwächer die Dämpfung ist. Bei dieser Frequenz ist die anregende Kraft in *Resonanz* mit dem schwingenden Körper. Die Schwingung „schaukelt sich auf".

Experiment 7.2: Das Auftreten von Resonanz kann man in einem einfachen Freihandexperiment mit einem Massestück an einer Feder selbst erkunden. Mit der Hand führt man zunächst langsame Oszillationen aus, die zunehmend schneller werden. Hat man die Resonanzfrequenz getroffen, schwingt das Massestück mit großer Amplitude. An der Hand spürt man die Kraft, die man zum Aufrechterhalten der Schwingung ausüben muss. Es ist aufschlussreich, die Phasenverschiebung zwischen der Schwingung der Hand und der Schwingung des Massestücks an der Resonanzfrequenz und für kleinere bzw. größere Frequenzen zu beobachten.

Der Wert der Resonanzfrequenz lässt sich aus Gl. (7.46) bestimmen: Der Term im Nenner $(D - m\Omega^2)^2 + b^2\Omega^2$ muss minimal werden. Nullsetzen der Ableitung führt auf den Ausdruck:

$$0 = 2(D - m\Omega^2) \cdot (-2m\Omega) + 2b^2\Omega, \tag{7.48}$$

Abb. 7.9: Kollaps der Tacoma-Narrows-Brücke.

und Auflösen nach Ω ergibt den gesuchten Wert der Resonanzfrequenz Ω_{res}:

$$\Omega_{res} = \sqrt{\frac{D}{m} - \frac{b^2}{2m^2}} = \sqrt{\omega_0^2 - 2\delta^2}. \tag{7.49}$$

Die Resonanzfrequenz ist etwas kleiner als die Frequenz ω_0 der freien ungedämpften Schwingung und auch diejenige der gedämpften Schwingung (Gl. (7.35)).

Resonanz kann immer auftreten, wenn schwingende Systeme durch periodische Kräfte angeregt werden. Wenn die externe Kraft die Resonanzfrequenz des schwingenden Systems „trifft", treten insbesondere bei geringer Dämpfung große Amplituden auf. In der Technik versucht man normalerweise, das Auftreten von mechanischen Resonanzphänomenen zu vermeiden. Ansonsten kann es zur „Resonanzkatastrophe" kommen, bei Geräte beschädigt oder Bauwerke zerstört werden. Ein besonders spektakulärer Fall ist der Einsturz der Tacoma-Narrows-Brücke kurz nach ihrer Eröffnung im Jahr 1940 (Abb. 7.9), weil sie durch resonante Windkräfte zu Torsionsschwingungen angeregt wurde.

Auch die moderne Bautechnik ist hier vor Überraschungen nicht gefeit: Die Resonanzfrequenz der 1999 in London eröffneten Millennium Bridge über die Themse lag bei etwa 1 Hz, so dass sie durch Fußgänger leicht zu Resonanzschwingungen angeregt werden konnte. Sie erhielt daraufhin den Spitznamen *wobbly bridge*". Später wurde ein Dämpfungssystem nachgerüstet, das die Resonanzschwingungen der Brücke unterdrückte.

8.1 Beschreibung von Kreisbewegungen

Wenn ein Bus durch eine Kurve fährt, müssen sich die Fahrgäste festhalten, damit sie nicht umfallen. Fast immer, wenn dieses Alltagsphänomen erklärt werden soll, fällt der Begriff *Zentrifugalkraft*. Häufig findet man das folgende Erklärungsmuster: Es handelt sich um eine Kreisbewegung, also wirkt die Zentrifugalkraft auf die Fahrgäste. Dadurch geraten sie ins Taumeln.

Diese Erklärung ist nicht ganz falsch, aber auch nicht ganz vollständig. Eine entscheidende Angabe fehlt nämlich: die des *Bezugssystems*, auf das sich die Beschreibung bezieht. Die physikalische Beschreibung von Kreisbewegungen nimmt in verschiedenen Bezugssystemen eine ganz unterschiedliche Gestalt an. Es gibt die beiden folgenden Möglichkeiten zur Wahl des Bezugssystems:

(a) Man kann ein Bezugssystem zugrunde legen, das bezüglich des Busses in Ruhe ist. Das Geschehen wird „aus der Sicht der Mitfahrer" beschrieben.

(b) Oder man wählt ein Bezugssystem, das bezüglich der Straße in Ruhe ist. Es wird „die Sicht von außen" wiedergegeben: die Sicht eines Beobachters, der auf der Straße steht und den Bus um die Kurve fahren sieht.

Der entscheidende Unterschied: Bei (b) handelt es sich um ein Inertialsystem, bei (a) nicht. Das mit dem Bus mitbewegte Bezugssystem ist ein beschleunigtes Bezugssystem. In Kapitel 4 wurde herausgearbeitet, dass die newtonsche Bewegungsgleichung nur in Inertialsystemen gültig ist. In allen folgenden Kapiteln haben wir entsprechend vorausgesetzt, dass wir unsere Beschreibung auf ein Inertialsystem beziehen. Mit beschleunigten Bezugssystemen haben wir uns bisher noch nicht beschäftigt. Bevor wir das im zweiten Teil des Kapitels tun, analysieren wir die Kurvenfahrt zunächst im Inertialsystem, betrachten also Fall (b).

Beschreibung in einem Inertialsystem

Wir gehen vom Trägheitsgesetz aus: Wenn keine Kraft auf einen Körper wirkt, bewegt er sich geradlinig-gleichförmig in seiner momentanen Bewegungsrichtung weiter. Das bedeutet im Umkehrschluss: Immer, wenn sich ein Körper auf einer gekrümmten Bahn bewegt, muss eine Kraft auf ihn wirken (Abb. 8.1). Dies gilt auch für einen Fahrgast, der einen Stehplatz im Bus hat. Sofern keine Kräfte auf ihn einwirken, bewegt sich sein Körper geradlinig weiter – etwa bei der geradlinigen Fahrt mit konstanter Geschwindigkeit. Auch wenn der Bus in eine Kurve fährt, „merkt" der Körper des Fahrgasts davon zunächst nichts. Nur die Füße werden ihm unter dem Körper seitlich

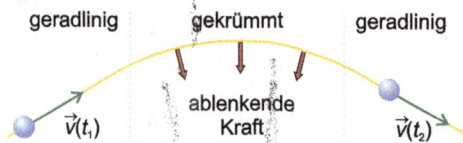

geradlinig   gekrümmt   geradlinig

ablenkende Kraft

$\vec{v}(t_1)$ $\vec{v}(t_2)$

Abb. 8.1: Richtungsänderung durch Krafteinwirkung.

https://doi.org/10.1515/9783110495812-008

weggezogen. Der Boden, auf dem der Fahrgast steht, übt auf seine Füße eine seitlich wirkende Kraft aus und zwingt sie dadurch auf eine gekrümmte Bahn. Sein Oberkörper bewegt sich währenddessen geradlinig weiter. Dadurch gerät der Fahrgast ins Taumeln.

Die einzige horizontale Kraft, die während der Kurvenfahrt auf den Fahrgast wirkt, ist die Haftreibungskraft zwischen den Füßen und dem Boden. Würde sie wegfallen, weil z. B. der Boden des Busses mit einer Eisschicht überzogen wäre, so würde sich der Fahrgast in einer Kurve gemäß dem Trägheitsgesetz zunächst geradlinig weiter geradeaus bewegen, bis er schließlich von der Seitenwand gestoppt würde. Einem unbefestigten Kinderwagen kann das widerfahren.

In der hier gegebenen Erklärung des beobachtbaren Phänomens im Inertialsystem war von der Zentrifugalkraft nicht die Rede – und das ist auch richtig so. Wie wir noch sehen werden, tritt die Zentrifugalkraft nur in beschleunigten Bezugssystemen auf. Bezieht man eine physikalische Überlegung auf ein Inertialsystem, so darf in der Argumentation niemals die Zentrifugalkraft vorkommen.

8.2 Zentripetalkräfte

Für den speziellen Fall eines Körpers, der eine Kreisbewegung beschreibt, sind noch weitergehende Aussagen möglich. Als Beispiel betrachten wir eine Kugel, die an einem Seil herumgeschleudert wird. Damit die Kugel sich im Kreis bewegt, muss ständig eine zum Mittelpunkt gerichtete Kraft auf sie wirken: die *Zentripetalkraft* (Abb. 8.2).

Experiment 8.1: Dass eine ständig wirkende Zentripetalkraft nötig ist, um die Kugel auf einer Kreisbahn zu halten, wird im *„Rasierklingenversuch"* deutlich (Abb. 8.3): Durchtrennt man das Seil an einer beliebigen Stelle der Bahn, fliegt die Kugel geradlinig in ihrer momentanen Bewegungsrichtung weiter.

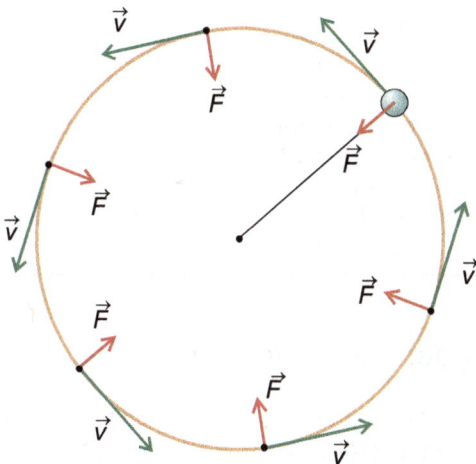

Abb. 8.2: Die Zentripetalkraft ist immer zum Mittelpunkt gerichtet.

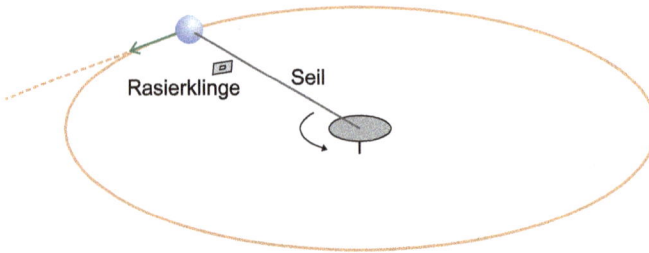

Abb. 8.3: Rasierklingenversuch: Wird das Seil mit der Rasierklinge durchtrennt, so fällt die Zentripetalkraft weg und die Kugel fliegt geradlinig in ihre momentane Bewegungsrichtung weiter.

In dem Versuch ist auch erkennbar, dass die Zentripetalkraft immer zum Mittelpunkt der durchlaufenen Kreisbahn gerichtet ist: Ein Seil kann nur Kräfte übertragen, die in Seilrichtung verlaufen – und in diesem Versuch verbindet das Seil den Kreismittelpunkt mit der Kugel.

Für das Verständnis wichtig ist die Tatsache, dass die Zentripetalkraft keine „neue" Art von Kraft ist. Sie kann auf verschiedene Weise realisiert werden: Durch die Seilkraft im Rasierklingenversuch, durch die Gravitationskraft bei der Bewegung der Planeten um die Sonne, oder durch die Haftreibungskraft zwischen Reifen und Fahrbahn, wenn ein Auto in eine Kurve fährt. Die Bezeichnung Zentripetalkraft ist eine Funktionsbezeichnung – ähnlich wie „Direktor" oder „Präsident" nicht eine bestimmte Person bezeichnen, sondern ein Amt dieser Person. Es ist kein Widerspruch, dass eine Person gleichzeitig „Frau von der Leyen" und „Präsidentin der Europäischen Kommission" sein kann – und ebenso kann eine Kraft gleichzeitig Seilkraft und Zentripetalkraft sein.

> Damit sich ein Körper auf einer Kreisbahn bewegt, muss ständig eine nach innen gerichtete *Zentripetalkraft* wirken. Die Zentripetalkraft kann auf verschiedene Weise realisiert werden (durch Seil-, Gravitations- oder beliebige andere Kräfte).

⚡ Eine häufige Schülervorstellung zur Kreisbewegung ist das „Beibehalten eines Bewegungsmusters". Einem Körper in einer Kreisbewegung oder einer Schwingung ist die Bewegungsform nach dieser Vorstellung gewissermaßen „aufgeprägt". Schülerinnen und Schüler vermuten deshalb oft, dass sich die Kugel im Rasierklingenversuch nicht geradlinig, sondern auf einer Kreisbahn oder gekrümmten Bahn weiterbewegt.

8.3 Kinematische Beschreibung der Kreisbewegung

Bevor wir die Kräfte bei der Kreisbewegung quantitativ erfassen, müssen wir die Bewegung durch kinematische Größen (wie Ort und Geschwindigkeit) beschreiben. Die

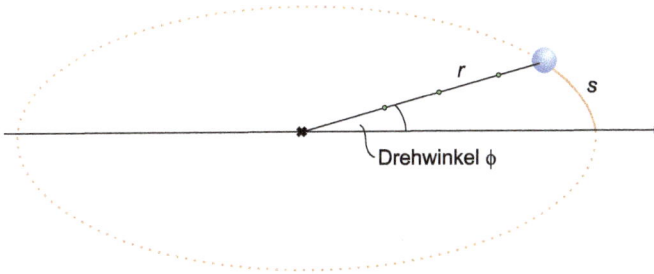

Abb. 8.4: Die grün markierten Punkte laufen mit unterschiedlichen Bahngeschwindigkeiten, aber gleicher Winkelgeschwindigkeit um den Mittelpunkt.

Bahngeschwindigkeit v ist wie gewöhnlich als Quotient aus zurückgelegtem Weg Δs und benötigter Zeit Δt definiert:

$$v = \frac{\Delta s}{\Delta t}. \tag{8.1}$$

Zu beachten ist dabei lediglich, dass Δs entlang des Kreisbogens gemessen wird (Abb. 8.4). In der Mathematik wird Δs deshalb auch die *Bogenlänge* genannt.

Zur Beschreibung von Kreisbewegungen ist die Bahngeschwindigkeit nicht sonderlich gut geeignet. Betrachten wir z. B. das Seil in Abb. 8.4. Es läuft als Ganzes „mit konstanter Drehgeschwindigkeit" um den Mittelpunkt – aber die Bahngeschwindigkeit ist an jedem der grün markierten Punkte eine andere. Der innere Punkt legt in jeder Sekunde eine kleinere Strecke als die äußeren Punkte zurück und hat deshalb eine kleinere Bahngeschwindigkeit.

Es gibt eine Größe, die bei der Drehbewegung für alle Punkte des Seils gleich ist: Es ist jedoch nicht die Bahngeschwindigkeit, sondern der *Drehwinkel* ϕ. Ihn müssen wir zugrunde legen, um geeignete kinematische Größen für die Beschreibung der Kreisbewegung zu gewinnen. Man definiert daher die *Winkelgeschwindigkeit* ω:

$$\omega = \frac{\Delta\phi}{\Delta t}. \tag{8.2}$$

Die Winkelgeschwindigkeit gibt also nicht den „zurückgelegten Weg pro Zeit", sondern den „überstrichenen Winkel pro Zeit" an. Alle Punkte des Seils in Abb. 8.4 haben die gleiche Winkelgeschwindigkeit. Wenn die Winkelgeschwindigkeit konstant ist, spricht man von einer *gleichförmigen Kreisbewegung*.

Der Drehwinkel ϕ wird im Bogenmaß gemessen. Während eines ganzen Umlaufs variiert er von 0 bis 2π. Da dies in der *Umlaufzeit* T geschieht, ergibt sich aus Gl. (8.2) durch Einsetzen der zwei Werte $\Delta\phi = 2\pi$ und $\Delta t = T$ sofort die Relation

$$\omega = \frac{2\pi}{T}, \tag{8.3}$$

die die Winkelgeschwindigkeit mit der Umlaufzeit in Beziehung setzt (vgl. auch die Definition der Kreisfrequenz in Gl. (7.2)). Noch eine weitere Beziehung ergibt sich aus der folgenden mathematischen Relation, die allgemein für den Kreisbogen gilt:

$$\Delta s = r\Delta\phi. \tag{8.4}$$

Dabei ist r der konstante Radius der Kreisbahn. Teilt man beide Seiten der Gleichung durch Δt, so ergibt sich:

$$\frac{\Delta s}{\Delta t} = r\frac{\Delta\phi}{\Delta t}, \tag{8.5}$$

bzw. mit den Definitionen von oben:

$$v = r \cdot \omega. \tag{8.6}$$

Diese Gleichung verknüpft die Bahngeschwindigkeit mit der Winkelgeschwindigkeit.

8.4 Zentripetalbeschleunigung und Zentripetalkraft

Damit sich ein Körper auf einer Kreisbahn bewegt muss – wie wir in Abschnitt 8.2 gezeigt haben – ständig eine nach innen gerichtete Kraft auf ihn wirken, die Zentripetalkraft $\vec{F}_{ZP}$. Nach dem newtonschen Gesetz $\vec{F} = m \cdot \vec{a}$ ist damit eine Beschleunigung verknüpft, die *Zentripetalbeschleunigung* $\vec{a}_{ZP}$. Die Geschwindigkeit des umlaufenden Körpers ändert sich bei der Kreisbewegung von Ort zu Ort. Definitionsgemäß ist der Vektor der Geschwindigkeit immer tangential zur Bahn gerichtet. Bei der gleichförmigen Kreisbewegung bleibt zwar der *Betrag* der Geschwindigkeit (das Tempo) konstant, aber die *Richtung* ändert sich ständig (Abb. 8.2).

Abb. 8.5 zeigt, wie sich aus der Geometrie der gleichförmigen Kreisbewegung die Geschwindigkeitsänderung $\Delta\vec{v}$ und damit auch die Zentripetalbeschleunigung $\vec{a}_{ZP}$ quantitativ ermitteln lassen. Aus der Konstruktion in Abb. 8.5 erkennt man, dass die Geschwindigkeitsänderung $\Delta\vec{v}$ während einer kleinen Zeit Δt zum Kreismittelpunkt gerichtet ist. Die Richtung von $\vec{a}_{ZP}$ ist die gleiche wie die von $\Delta\vec{v}$: Die Vektoren der

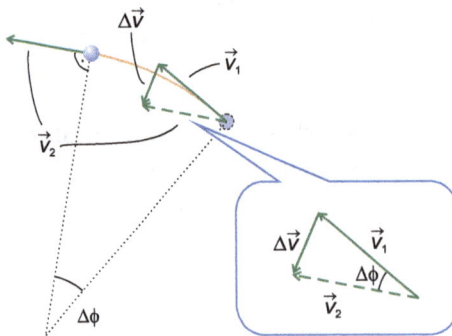

Abb. 8.5: Grafische Konstruktion der Geschwindigkeitsänderung $\Delta\phi$ bei der Kreisbewegung.

Geschwindigkeitsänderung, der Zentripetalbeschleunigung und der Zentripetalkraft sind an jedem Punkt der Kreisbahn zum Mittelpunkt gerichtet.

Der Betrag der Zentripetalbeschleunigung lässt sich wie üblich als Quotient aus Geschwindigkeits- und Zeitdifferenz ermitteln:

$$a_{ZP} = \frac{|\Delta \vec{v}|}{\Delta t}. \tag{8.7}$$

In einer kleinen Zeitspanne Δt bewegt sich der Körper auf seiner Kreisbahn um den Drehwinkel $\Delta \phi$ weiter (Abb. 8.5). Die Geschwindigkeit ändert sich dabei von $\vec{v}_1$ auf $\vec{v}_2$. Aus Abb. 8.5 lässt sich für kleine Winkel $\Delta \phi$ ablesen (vgl. Gl. (8.4)):

$$|\Delta \vec{v}| \approx v \cdot \Delta \phi. \tag{8.8}$$

Eingesetzt in Gl. (8.7) ergibt dies:

$$a_{ZP} = v \cdot \frac{\Delta \phi}{\Delta t} = v \cdot \omega. \tag{8.9}$$

Mit Hilfe von Gl. (8.6) erhalten wir die beiden folgenden äquivalenten Ausdrücke für die Zentripetalbeschleunigung:

$$a_{ZP} = \frac{v^2}{r} \quad \text{bzw.} \quad a_{ZP} = \omega^2 \cdot r. \tag{8.10}$$

Die *Zentripetalkraft* ergibt sich nach $\vec{F} = m \cdot \vec{a}$ durch Multiplikation mit m. Für die gleichförmige Kreisbewegung können wir damit die folgende allgemeine Aussage formulieren:

> Damit ein Körper gleichförmig auf einer Kreisbahn mit Radius r umläuft, muss ständig die nach innen gerichtete Zentripetalkraft
>
> $$F_{ZP} = \frac{m \cdot v^2}{r} \quad \text{bzw.} \quad F_{ZP} = m \cdot \omega^2 \cdot r \tag{8.11}$$
>
> auf ihn wirken. Auf welche Weise die Zentripetalkraft realisiert wird, spielt dabei keine Rolle. Die Formeln geben nur an, wie groß sie für eine gegebene Kreisbahn sein muss.

Experiment 8.2: Zur experimentellen Bestätigung der Gleichung $F_{ZP} = m \cdot \omega^2 \cdot r$ dient das in Abb. 8.6 Gerät, für das sich die Bezeichnung *Zentralkraftgerät* eingebürgert hat. Ein mit Massestücken beschwerter Experimentierwagen steht beweglich auf einem Arm und rotiert mit diesem mit der Winkelgeschwindigkeit ω. Über einen Faden und eine Umlenkrolle wird die Zentripetalkraft gemessen, die nötig ist, um den Wagen auf eine Kreisbahn mit dem Radius r zu zwingen. Durch Konstanthalten der jeweils anderen Parameter können mit dem Gerät drei Abhängigkeiten bestimmt werden:
(a) F_{ZP} als Funktion von m (durch Variation der Masse),
(b) F_{ZP} als Funktion von r (durch Variation des Abstands vom Drehmittelpunkt),
(c) F_{ZP} als Funktion von ω (durch Variation der Rotationsgeschwindigkeit).

Für die ersten beiden Abhängigkeiten ergibt sich experimentell ein linearer Zusammenhang; für den dritten Fall legen die Daten eine quadratische Abhängigkeit nahe. Schülerinnen und Schülern fällt es erfahrungsgemäß schwer, aus den drei unabhängig gefundenen Zusammenhängen induktiv auf eine Abhängigkeit in Form des Produkts $m \cdot \omega^2 \cdot r$ zu schließen. Es erscheint deshalb sinnvoller, aus Plausibilitätsüberlegungen oder einer vorherigen theoretischen Herleitung eine Formel dieser Form als Hypothese aufzustellen und diese dann experimentell zu bestätigen.

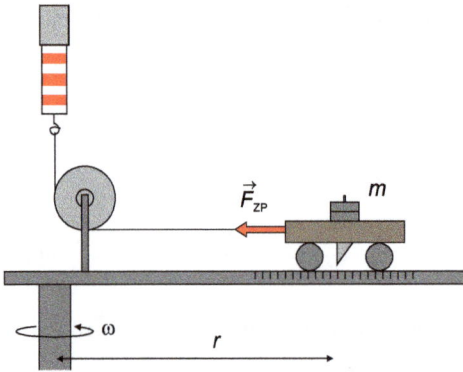

Abb. 8.6: Gerät zur Messung der Zentripetalkraft.

Kurvenfahrten im Straßenverkehr: In den meisten Lehrplänen ist das Thema Zentripetalkraft am Anfang der Oberstufe angesiedelt, wo das Thema Führerschein für viele Schülerinnen und Schüler relevant sind. Häufig wird deshalb auf die Maximalgeschwindigkeit von Kurvenfahrten eingegangen. Wenn ein Auto, ein Fahrrad oder ein Motorrad eine Kurve fährt, wird die Rolle der Zentripetalkraft von der Haftreibungskraft übernommen, die zwischen Reifen und Straße wirkt.

Wie in Abschnitt 5.6 diskutiert, kann die Haftreibungskraft einen bestimmten Maximalwert nicht überschreiten. Er ist durch $F_{H,max} = \mu_H \cdot F_N$ gegeben, wobei die Normalkraft bei den hier besprochenen Fällen gleich der Gewichtskraft ist:

$$F_{H,max} = \mu_H \cdot m \cdot g \tag{8.12}$$

Die maximale Geschwindigkeit, mit der eine Kurve durchfahren werden kann, ist also durch die Gleichung „maximale Haftreibungskraft gleich Zentripetalkraft bei dieser Geschwindigkeit" bestimmt:

$$\frac{m \cdot v^2}{r} = \mu_H \cdot m \cdot g, \tag{8.13}$$

oder, aufgelöst nach v:

$$v = \sqrt{\mu_H \cdot g \cdot r}, \tag{8.14}$$

Fährt das Auto oder Motorrad mit einer höheren Geschwindigkeit in die Kurve ein, kann die nötige Zentripetalkraft nicht von der Haftreibungskraft aufgebracht werden (Abb. 8.7). Das Fahrzeug gerät ins Rutschen.

Abb. 8.7: Bei zu hoher Geschwindigkeit in der Kurve ist die maximale Haftreibungskraft kleiner als die zur Kurvenfahrt nötige Zentripetalkraft. Das Motorrad gerät ins Rutschen.

8.5 Rotierende Bezugssysteme

Zu Beginn des Kapitels wurden zwei Möglichkeiten angesprochen, die Ereignisse bei der Kurvenfahrt eines Busses zu beschreiben. Die Beschreibung im Inertialsystem ist in den vorangegangenen Abschnitten behandelt worden. Die Abweichung von der geradlinigen Bewegung wird dabei auf die Zentripetalkraft zurückgeführt, die von einem anderen Körper (Seil, Boden des Busses etc.) aufgebracht werden muss. Wenden wir uns nun der zweiten Möglichkeit zu: der Beschreibung in einem rotierenden Bezugssystem.

Zur möglichst einfachen Veranschaulichung der Bewegung in einem rotierenden Bezugssystem ist das Beispiel des um die Kurve fahrenden Busses nicht besonders gut geeignet, weil das Innere des Busses zu klein ist, damit sich die Effekte wirklich deutlich zeigen. Zum Beispiel liegt der Mittelpunkt der Kreisbewegung außerhalb des Busses. Besser geeignet ist ein rotierendes Karussell, wie es oft auf Kinderspielplätzen zu finden ist (Abb. 8.8). Um konsistent im Bezugssystem des Karussells zu argumentieren, stellen wir uns vor, dass es mit einer fensterlosen Hülle verkleidet ist, so dass uns zur Beschreibung der Phänomene nur Orientierungsmerkmale innerhalb des rotierenden Systems zur Verfügung stehen.

Ein Beobachter, der das Karussell von außen beschreibt, sieht eine Markierung am Karussell (etwa einen Farbklecks) mit konstantem Tempo ständig im Kreis umlaufen. Einem Mitfahrer auf dem Karussell fehlt diese Außenperspektive, weil die Hülle keine Fenster hat. Er kann alle Orts-, Geschwindigkeits- und Beschleunigungsangaben nur in einem Bezugssystem vornehmen, das relativ zum Karussell ruht. Zur Beschreibung von Bewegungen führt er ein auf das Karussell bezogenes Koordinatensystem ein, auf

Abb. 8.8: Ein Kinderkarussell als rotierendes Bezugssystem.

das er seine Ortsangaben bezieht. Ein Farbklecks auf dem Boden des Karussells ist in diesem Bezugssystem in Ruhe; seine Ortskoordinaten verändern sich nicht.

Woran ein Beobachter erkennt, ob er sich in einem Inertialsystem oder einem rotierenden Bezugssystem befindet, haben wir schon in Kapitel 4 besprochen: In unbeschleunigten und nichtrotierenden Bezugssystemen bewegen sich freie Teilchen auf geradlinigen Bahnen. Ein rotierendes Bezugssystem erkennt man an Abweichungen vom ersten newtonschen Gesetz. Freie Teilchen bewegen sich auf gekrümmten Bahnen.

Die Festlegung des Bezugssystems wird hier deshalb so ausführlich beschrieben, weil es uns schwerfällt, konsistent in einem rotierenden Bezugssystem zu argumentieren. Karussell und Beobachter vollführen in diesem Bezugssystem *keine* Kreisbewegung. Sie *ruhen* in diesem Bezugssystem (das ja gerade auf das Karussell bezogen ist). Die Außenwelt (Straße, Bäume, Häuser etc.) befindet sich in Bewegung. Um die mentalen Schwierigkeiten, die diese scheinbare Verkehrung der Verhältnisse mit sich bringt, zu verringern, betrachten wir ein fensterlos umhülltes Karussell. Durch das Aussperren der Außenwelt fällt die Argumentation im beschleunigten Bezugssystem leichter. Das ist die gleiche Veranschaulichungshilfe, die Galilei in seinem Schiffs-Beispiel zur Erläuterung des Trägheitsgesetzes gewählt hat (vgl. S. 26).

Transformation ins rotierende Bezugssystem
Wir untersuchen nun die Beschreibung einer Bewegung im rotierenden Bezugssystem mathematisch, indem wir eine Transformation zwischen den Koordinaten (x,y,z) eines Beobachters im Laborsystem und den Karussell-Koordinaten (x',y',z') angeben. Die Gesetzmäßigkeiten, nach denen sich Körper im Laborsystem bewegen kennen wir

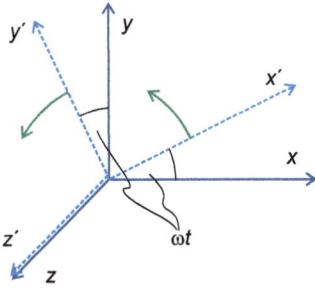

Abb. 8.9: Das gestrichene Koordinatensystem ist gegenüber dem ungestrichenen um den zeitabhängigen Winkel ωt gedreht.

bereits (es sind die newtonschen Gesetze); durch die Transformation ins rotierende Bezugssystem können wir die entsprechenden Gesetzmäßigkeiten in diesem System formulieren.

Wir nehmen an, dass – gesehen vom Laborsystem – das rotierende Bezugssystem sich mit der Winkelgeschwindigkeit ω um die z-Achse dreht. Das gestrichene Koordinatensystem ist daher gegenüber dem ungestrichenen um den mit der Zeit zunehmenden Winkel ωt gedreht (Abb. 8.9). Mathematisch wird der Übergang zwischen beiden Bezugssystemen wie folgt beschrieben:

$$
\begin{aligned}
x' &= \ \ x \cos \omega t + y \sin \omega t, \\
y' &= -x \sin \omega t + y \cos \omega t, \\
z' &= z.
\end{aligned}
\tag{8.15}
$$

Jede im Inertialsystem vorgegebene Bahn können wir hiermit ins rotierende Bezugssystem transformieren.

Beispiel: Als einfaches Beispiel betrachten wir einen im Laborsystem an den Koordinaten ($x = 0$, $y = 1\,\mathrm{m}$, $z = 0$) ruhenden Körper – die einfachste Lösung der newtonschen Bewegungsgleichung. Wir können uns etwa eine Kugel vorstellen, die von einem im Laborsystem ruhenden Beobachter an einer Angel ins Innere der rotierenden Hülle herabgelassen wird. Ein Beobachter im rotierenden System sieht, dass die Kugel eine Kreisbahn beschreibt. Nach Gl. (8.15) gilt:

$$
x' = 1\,\mathrm{m} \cdot \sin \omega t, \quad y' = 1\,\mathrm{m} \cdot \cos \omega t, \quad z' = 0.
\tag{8.16}
$$

Da die newtonsche Gleichung im Inertialsystem erfüllt ist, muss die Bahnkurve (8.16) eine Lösung der newtonschen Gleichung im rotierenden Bezugssystem sein. Die Tatsache, dass als Lösung der kräftefreien newtonschen Bewegungsgleichung im rotierenden Bezugssystem Kreisbahnen möglich sind, deutet schon darauf hin, dass sich die Bewegungsgleichung im rotierenden System wesentlich von derjenigen in einem Inertialsystem unterscheidet.

Um die newtonsche Bewegungsgleichung ins rotierende Bezugssystem zu transformieren, muss man die Beschleunigung $\ddot{x}$ mit den Transformationsgleichungen (8.15) durch gestrichene Koordinaten ausdrücken. Die Rechnung ist etwas länglich und physikalisch nicht sehr aufschlussreich. Wir geben deshalb nur das Endergebnis an.

Newtonsche Bewegungsgleichung in einem rotierenden Bezugssystem:

$$m \cdot \left(\ddot{\vec{r}}' + \vec{a}_{ZF} + \vec{a}_C \right) = \vec{F},$$ (8.17)

mit der

Zentrifugalbeschleunigung: $\qquad \vec{a}_{ZF} = -\omega^2 \vec{r}_\perp',$ (8.18)

Coriolisbeschleunigung: $\qquad \vec{a}_C = 2\vec{\omega} \times \vec{v}'.$ (8.19)

In diesen Gleichungen werden Ort und Geschwindigkeit im rotierenden Bezugssystem gemessen. Dabei ist $\vec{r}_\perp'$ die Projektion des Ortsvektors $\vec{r}'$ in eine Ebene senkrecht zu $\vec{\omega}$ (Abb. 8.10); mit $\vec{v}'$ wird die Geschwindigkeit des Körpers relativ zum rotierenden Bezugssystem bezeichnet. Das Symbol $\times$ steht für das Vektorprodukt, dessen Eigenschaften in Anhang A.5 erklärt werden.

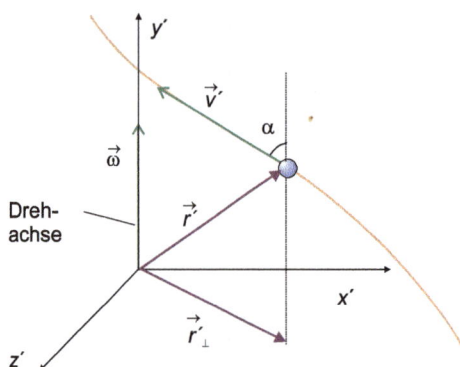

Abb. 8.10: Zur Definition des Vektors $\vec{r}_\perp'$ und des Winkels α.

Im beschleunigten System hat die Bewegungsgleichung eine kompliziertere Gestalt als in einem Inertialsystem. Das ist verständlich: Wie schon das Beispiel mit der Kugel an der Angel zeigt, bleibt die kinematische Beschreibung der Bewegung vom Wechsel ins beschleunigte Bezugssystem nicht unberührt. Ort, Geschwindigkeit und Beschleunigung ändern sich. Die linke Seite, die „Kinematikseite" der newtonschen Bewegungsgleichung, spiegelt diese Änderungen wider. Die rechte Seite, die „Kraftseite", ändert sich dagegen nicht.

Scheinkräfte

Mit der newtonschen Bewegungsgleichung in der Form (8.17) könnte man zufrieden sein und akzeptieren, dass sich ihre Kinematikseite beim Übergang in ein Nichtinertialsystem ändert. Das entspräche auch dem Geist der Allgemeinen Relativitätstheorie, wo die entsprechende Gleichung zur Beschreibung der Bewegung von Körpern (die Geodätengleichung) eine ganz entsprechende Gestalt besitzt.

In den meisten Darstellungen wird aber anders vorgegangen. Geleitet von dem Wunsch, eine Bewegungsgleichung in der „alten Form" beizubehalten, werden die Zusatzterme auf der linken Seite von Gl. (8.17) auf die rechte Seite gebracht und als Kräfte interpretiert. Im Bewusstsein der Tatsache, dass es sich nicht um echte Kräfte handelt, spricht man von *Scheinkräften*. Nach Gl. (8.17) ergeben sich für den Fall des rotierenden Bezugssystems zwei Scheinkräfte $\vec{F}_{ZF}$ und $\vec{F}_C$:

$$m \cdot \ddot{\vec{r}}' = \vec{F} + \vec{F}_{ZF} + \vec{F}_C. \tag{8.20}$$

Sehen wir uns die Wirkungen dieser Scheinkräfte einzeln an:

1. **Die Zentrifugalkraft $\vec{F}_{ZF} = m\omega^2 \vec{r}'_\perp$**
    Sie ist immer radial nach außen gerichtet, senkrecht zur Richtung von $\vec{\omega}$. Ihr Betrag nimmt quadratisch mit der Winkelgeschwindigkeit zu. Sie beschreibt die Beobachtung, dass ein Körper, der zunächst in Bezug auf das Karussell ruht und dann losgelassen wird, sich nach außen in Bewegung setzt. Auch das zu Anfang des Kapitels angesprochene Umfallen der Fahrgäste im Bus, der um die Kurve fährt, ist im rotierenden Bezugssystem eine Wirkung der Zentrifugalkraft.
    Häufig wird die Zentrifugalkraft nicht durch die Winkelgeschwindigkeit des rotierenden Systems, sondern durch die Bahngeschwindigkeit v des Körpers ausgedrückt (nun aber bezogen auf das Inertialsystem). Mit Gl. (8.6) erhält man für ihren Betrag:

    $$F_{ZF} = m \cdot \frac{v^2}{r}. \tag{8.21}$$

    Dabei ist $r = |\vec{r}'_\perp|$ der senkrechte Abstand von der Drehachse. Die Zentrifugalkraft wird durch die gleiche Formel beschrieben wie die Zentripetalkraft (Gl. (8.11)), nur dass sie nach außen statt nach innen gerichtet ist. Eine äquivalente Formel für die Zentrifugalkraft ist $\vec{F}_{ZF} = -m\vec{\omega} \times (\vec{\omega} \times \vec{r}')$.

2. **Die Corioliskraft $\vec{F}_C = -2m\vec{\omega} \times \vec{v}'$**
    Die Corioliskraft wirkt nur auf Körper, die im rotierenden Bezugssystem eine Geschwindigkeit $\vec{v}'$ aufweisen. Körper, die in Bezug auf das Karussell ruhen, spüren sie nicht. Anders als die Zentrifugalkraft hängt die Corioliskraft nicht vom Abstand zur Drehachse ab; sie ist unabhängig vom Ort auf dem Karussell. Dagegen hängt sie vom Winkel α zwischen Drehachse und Geschwindigkeit $\vec{v}'$ ab (Abb. 8.10). Der Betrag von $\vec{F}_C$ ist nämlich (vgl. Gl. (A.11))

    $$F_C = -2m\omega v' \sin \alpha. \tag{8.22}$$

Wenn sich der Körper in Bezug auf das Karussell parallel zur Drehachse bewegt ($\alpha = 0$), tritt die Corioliskraft nicht in Erscheinung. Sie ist am größten bei allen Bewegungen, die in einer Ebene senkrecht zur Drehachse stattfinden ($\alpha = 90°$). Die Corioliskraft ist eine *ablenkende* Kraft, die immer senkrecht auf $\vec{v}'$ (und auf $\vec{\omega}$) steht. Sie ändert somit nicht den Betrag der Geschwindigkeit, sondern ihre Richtung. Die Entstehung von Kreisbahnen wird auf diese Weise einsichtig. Abb. 8.11

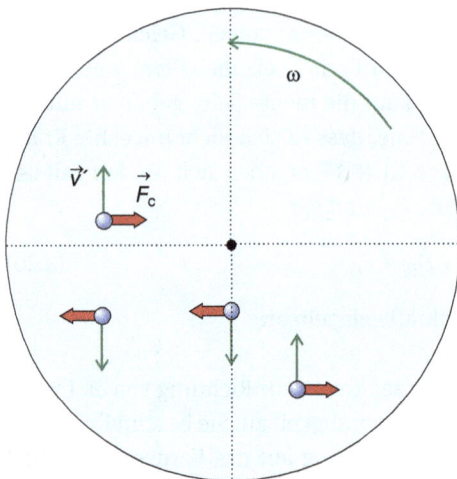

Abb. 8.11: Zur Richtung der Corioliskraft. Der Vektor $\vec{\omega}$ zeigt senkrecht aus der Zeichenebene heraus.

zeigt die Richtung der Corioliskraft für einige Körper mit verschiedenen Geschwindigkeitsrichtungen (grüne Pfeile = Geschwindigkeitsvektoren, rote Pfeile = Corioliskräfte). Der Winkelgeschwindigkeitsvektor $\vec{\omega}$ zeigt senkrecht aus der Zeichenebene heraus (vgl. die rechte-Hand-Regel aus Abb. A.9).

Anschauliche Deutung der Corioliskraft

Abb. 8.12 verdeutlicht, was die Corioliskraft eigentlich beschreibt. Derselbe Vorgang – das Werfen eines Balles – wird hier aus zwei Perspektiven dargestellt: links im Inertialsystem, rechts im rotierenden Bezugssystem. Zwei Beobachter stehen sich auf einer rotierenden Scheibe gegenüber. Beobachter A wirft B einen Ball zu. Dabei zielt er exakt in Richtung von B.

Im Inertialsystem wird der Vorgang wie folgt beschrieben (ohne Berücksichtigung der Schwerkraft, die nur in z-Richtung wirkt und die Bahn in der x-y-Ebene nicht beeinflusst): Nach dem Trägheitsgesetz fliegt der Ball nach dem Abwurf auf einer geradlinigen Bahn in Richtung seiner Anfangsgeschwindigkeit. Weil die Scheibe rotiert, hat sich Beobachter B aber schon ein Stück weiter bewegt, wenn der Ball ankommt. Der Ball trifft ihn nicht.

Im rotierenden Bezugssystem wird das Geschehen ganz anders beschrieben. Auch hier verfehlt der Ball den Beobachter B (diese Tatsache ist bezugssystemunabhängig). Die Beobachter im rotierenden Bezugssystem registrieren aber keine geradlinige, sondern eine gekrümmte Bahn des Balles und führen das auf die Wirkung der Corioliskraft zurück (Abb. 8.12 rechts).

Die Bewegung des Balles lässt sich in beiden Bezugssystemen beschreiben. Beide Beschreibungen sind legitim, obwohl sie ganz unterschiedliche Gestalt haben. Bei einer physikalischen Argumentation muss man zu Beginn klar machen, auf welches Bezugssystem (Inertialsystem oder rotierendes

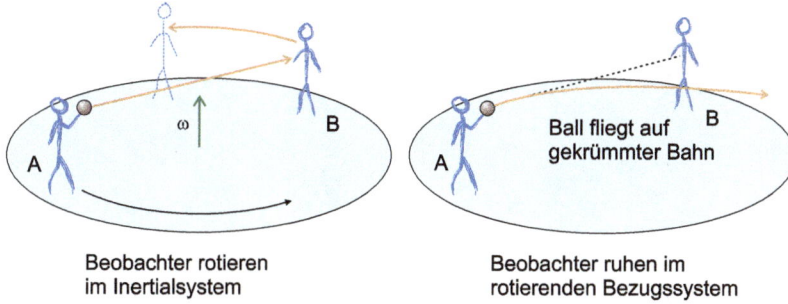

Beobachter rotieren
im Inertialsystem

Beobachter ruhen im
rotierenden Bezugssystem

Abb. 8.12: Die Corioliskraft beschreibt, dass die im Inertialsystem geradlinigen Bahnen kräftefreier Körper im rotierenden Bezugssystem gekrümmt sind.

Bezugssystem) man sich bezieht und diese Wahl dann konsequent durchhalten. Ein häufiger Fehler besteht darin, die Begriffe aus beiden Beschreibungsarten zu vermischen (etwa den Begriff Zentrifugalkraft bei der Beschreibung in einem Inertialsystem zu benutzen). Meist ist die Beschreibung im Inertialsystem für Lernende weniger fehleranfällig. Sie sollte deshalb bevorzugt verwendet werden.

Besonders problembehaftet ist die Erklärung der Kreisbewegung. Welche Kräfte müssen wie zusammenwirken, damit eine Kreisbewegung zustande kommt, etwa beim Umlauf eines Planeten um die Sonne? Häufig wird dabei mit einem Kräftegleichgewicht zwischen Gravitationskraft und Zentrifugal- oder Zentripetalkraft argumentiert. Dabei wird oft nicht bedacht, dass nach der newtonschen Bewegungsgleichung ein Kräftegleichgewicht gerade bedeutet, dass *keine* Geschwindigkeitsänderung stattfindet. Es gibt zwei Möglichkeiten der physikalischen Argumentation: in einem Inertialsystem oder im rotierenden Bezugssystem. Wie bereits betont müssen sie konsequent durchgehalten werden und dürften nicht versatzstückartig vermischt werden.

1. **Erklärung der Kreisbewegung im Inertialsystem:** Diese Erklärung wurde bereits in Abschnitt 8.2 ausgeführt. Die Gravitationskraft wirkt als Zentripetalkraft und zwingt den Planeten auf eine Kreisbahn. Nur diese eine Kraft wirkt auf den Planeten, von einem Kräftegleichgewicht ist ebenso wenig die Rede wie von der Zentrifugalkraft.

2. **Erklärung der Kreisbewegung im Inertialsystem:** Im rotierenden Bezugssystem herrscht ein Kräftegleichgewicht zwischen Gravitationskraft und Zentrifugalkraft. Das Kräftegleichgewicht führt dazu, dass der Planet im rotierenden Bezugssystem *ruht*. Im rotierenden Bezugssystem bewegt sich der Planet *nicht* auf einer Kreisbahn; seine Koordinaten (x', y', z') bleiben konstant.

Abb. 9.1: Geozentrisches und heliozentrisches Weltsystem in der Darstellung aus dem Himmelsatlas von Andreas Cellarius (1660).

9.1 Der Weg zum Gravitationsgesetz

Historisch erwuchs die klassische Mechanik aus den Versuchen, die Bewegung der Planeten zu beschreiben, die im Lauf der Zeit gegenüber dem Fixsternen ihre Position am Nachthimmel verändern. Die Bemühungen dazu gehen bis in die Antike zurück. Claudius Ptolemäus gab im 2. Jahrhundert n. Chr. mit seiner Epizykeltheorie eine geometrische Beschreibung, mit der sich die – von der Erde aus betrachtet teilweise recht komplexen – Bahnen der Planeten am Himmel zufriedenstellend beschreiben ließen. Das Modell war in der Lage, selbst so komplexe Erscheinungen wie die scheinbaren Schleifenbahnen der äußeren Planeten wiederzugeben. Im ptolemäischen System steht die Erde im Mittelpunkt des Sonnensystems und die Planeten, einschließlich der Sonne, umkreisen die Erde (Abb. 9.1 links).

Das heliozentrische Modell des Sonnensystems (1543) von Nikolaus Kopernikus brachte im Hinblick auf die Beschreibung der Beobachtungsdaten noch keine Verbesserung gegenüber dem ptolemäischen System. Es erlaubte nur eine Vereinfachung der Beschreibung und kam mit einem geringeren Aufwand an geometrischen Konstrukten aus. Natürlich war das kopernikanische Weltmodell in geistesgeschichtlicher Hinsicht ein enormer Umbruch. Aus physikalischer Perspektive gelang der entscheidende Fortschritt jedoch erst Johannes Kepler. Nach Tycho Brahes Tod im Jahr 1601 kam er in den Besitz von dessen enormem Korpus an Beobachtungsdaten. Mit einem geradezu unglaublichen Streben nach Genauigkeit konnte Kepler ein konsistentes und einfaches Modell entwickeln, das er 1609 in drei Gesetzen zusammenfasste.

Die auf diese Weise induktiv aus den Daten gewonnenen keplerschen Gesetze besitzen bis heute Gültigkeit bei der Beschreibung der Bewegung eines Planeten um einen sehr viel schwereren Zentralkörper. Doch auch bei ihnen handelt es sich um eine rein kinematische Beschreibung. Eine dynamische Erklärung, die die Bewegung der Planeten aus einer Ursache heraus erklärt – der Gravitationskraft – wurde erst 75 Jahre

https://doi.org/10.1515/9783110495812-009

später von Isaac Newton gegeben. Er zeigte, dass die keplerschen Gesetze aus seiner Mechanik und seiner Theorie der Gravitation herleitbar sind.

9.2 Newtonsches Gravitationsgesetz

Das newtonsche Gravitationsgesetz ist eines der Grundgesetze der klassischen Physik. Auch wenn es gemeinsam mit der newtonschen Bewegungslehre entwickelt wurde, ist es logisch unabhängig von dieser. Es begründet für sich allein die Theorie der Gravitation, die vor Einsteins Allgemeiner Relativitätstheorie allgemeine Gültigkeit besaß. Es enthält eine quantitative Aussage über die Gravitationskraft zwischen zwei Körpern. Zwischen zwei Punktmassen m_1 und m_2 im Abstand r wirkt eine Kraft, die dem folgenden Gesetz genügt.

$$\text{Newtonsches Gravitationsgesetz:} \quad F = -G\frac{m_1 \cdot m_2}{r^2}. \tag{9.1}$$

Die Kraft nimmt quadratisch mit dem Abstand der beiden Punktmassen ab. Die Konstante $G = 6{,}67 \cdot 10^{-11}\,\mathrm{N\,m^2/kg^2}$ wird newtonsche Gravitationskonstante genannt.

Das Gravitationsgesetz (9.1) gilt zunächst nur für Punktmassen. Um die Gravitationswirkung ausgedehnter Körper wie der Erde oder der Sonne zu beschreiben, müssten wir den Körper gedanklich in infinitesimale Punktmassen zerlegen und deren Beiträge addieren. Zum Glück lässt sich mit dem gaußschen Integralsatz die folgende Aussage herleiten, die den Umgang mit dem Gravitationsgesetz wesentlich vereinfacht:

Um das Gravitationsfeld außerhalb eines kugelsymmetrischen Körpers zu beschreiben, können wir so verfahren, als wäre die gesamte Masse des Körpers in seinem Mittelpunkt konzentriert.

Selbst so riesige Körper wie die Sonne können wir damit als Punktmassen auffassen, für die das newtonsche Gravitationsgesetz gilt. Die Gültigkeit der Aussage hängt entscheidend davon ab, dass die Gravitationskraft durch ein $1/r^2$-Gesetz beschrieben wird. Für eine andere Abhängigkeit gälte sie nicht.

Experiment 9.1 (Gravitationsdrehwaage): Die Bestimmung der Gravitationskonstanten G ist nicht aus astronomischen Beobachtungen möglich, denn dazu müssten die Massen der beteiligten Himmelskörper bekannt sein. Sie gelingt nur im Labor und ist sogar mit schulischen Mitteln mit einem Versuch möglich, der auf Cavendish zurückgeht (Abb. 9.2). In einem Gehäuse ist an einem Torsionsfaden eine Stange mit einem Kugelpaar aus Blei befestigt. Ein zweites schwenkbares Kugelpaar ist außerhalb des Gehäuses angebracht. Nachdem das kleinere Kugelpaar in einer Gleichgewichtslage zur Ruhe gekommen ist, wird das äußere Kugelpaar geschwenkt. Die kleinen Kugeln werden nun durch die Gravitationskraft, die zwischen ihnen und den großen Kugeln wirkt, beschleunigt. Durch das Zusammenwirken von Gravitationskraft und rücktreibender Kraft des Torsionsfadens ergibt sich eine gedämpfte Schwingung. Die Bewegung wird mit einer Lichtzeigeranordnung sichtbar gemacht. Experimentell kann man

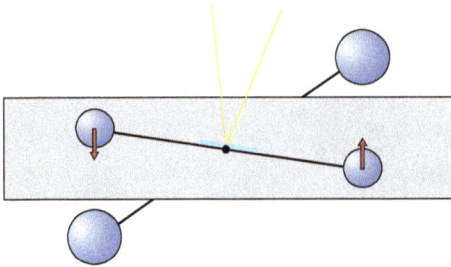

Abb. 9.2: Gravitationsdrehwaage (Cavendish-Experiment).

nun entweder die Schwingungsdauer oder direkt die Beschleunigung am Anfang der Bewegung bestimmen. Mit beiden Verfahren lässt sich die Gravitationskraft zwischen den Kugeln und aus deren bekannter Masse die Konstante G ermitteln.

Vektorielle Formulierung des newtonschen Gravitationsgesetzes

Die Gravitationskraft zwischen zwei Körpern wirkt in Richtung der Verbindungslinie zwischen ihnen. Wählt man das Koordinatensystem so, dass einer der Körper sich im Ursprung befindet, kann man das Gravitationsgesetz vektoriell folgendermaßen schreiben:

$$\vec{F} = -G\frac{m_1 \cdot m_2}{r^2}\vec{e}_r. \tag{9.2}$$

Dabei ist $\vec{e}_r$ ein Vektor der Länge 1, der in radiale Richtung zeigt:

$$\vec{e}_r = \frac{\vec{r}}{|\vec{r}|} \tag{9.3}$$

(siehe auch Gl. (A.14) im Anhang über mathematische Methoden).

9.2.1 Potentielle Energie der Gravitation

Bei der Diskussion des Energiesatzes in Kapitel 7 haben wir gesehen, dass die Beschreibung physikalischer Vorgänge in vielen Fällen durch eine energetische Betrachtung erleichtert wird. Auch für die Gravitationskraft lässt sich eine potentielle Energie definieren, die dem allgemeinen Zusammenhang zwischen Kraft und potentieller Energie aus Gl. (6.29) gehorcht:

$$\vec{F} = -\vec{\nabla}E_{\text{pot}}. \tag{9.4}$$

Wie in der Beispielaufgabe unten gezeigt wird, ergibt sich aus dem newtonschen Gravitationsgesetz der folgende Ausdruck für die potentielle Energie der Gravitation:

Potentielle Energie der Gravitation: $E_{\text{pot}} = -G\dfrac{m_1 \cdot m_2}{r}.$ (9.5)

Wie immer ist der Nullpunkt der potentiellen Energie frei wählbar. Gl. (9.4) legt den Wert von E_{pot} nur bis auf eine additive Konstante fest. Im Fall der Gravitation ist es üblich, den Energienullpunkt so zu wählen, dass $E_{\text{pot}} \to 0$, wenn $r \to \infty$ (vgl. Abb. 9.3). Dieser Konvention folgt auch Gl. (9.5). Die Folge davon ist, dass die potentielle Energie für alle endlichen Abstände der beiden Massen negativ ist.

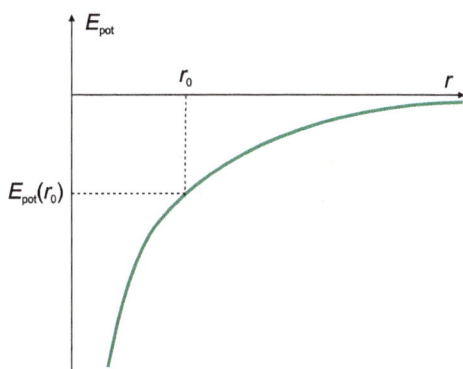

Abb. 9.3: Die $1/r$-Abhängigkeit der potentiellen Energie der Gravitation.

Beispiel: Wir bestätigen, dass zwischen dem newtonschen Gravitationsgesetz (9.2) und der potentiellen Energie (9.5) die Beziehung $\vec{F} = -\vec{\nabla} E_{\text{pot}}$ gilt. Die Gleichung $\vec{F} = -\vec{\nabla} E_{\text{pot}}$ ist eine vektorielle Beziehung. Sie muss für jede Vektorkomponente einzeln erfüllt sein. Wir prüfen die Gültigkeit der Gleichung für die x-Komponente nach; für die y- und z-Komponenten verläuft die Rechnung analog. Mit $r = \sqrt{x^2 + y^2 + z^2}$ sowie der Definition des Gradienten:

$$\vec{\nabla} E_{\text{pot}} = \left(\frac{\partial E_{\text{pot}}}{\partial x}, \frac{\partial E_{\text{pot}}}{\partial y}, \frac{\partial E_{\text{pot}}}{\partial z} \right),$$ (9.6)

gilt der folgende Zusammenhang

$$-\frac{\partial E_{\text{pot}}}{\partial x} = -\frac{\partial}{\partial x}\left(-G\frac{m_1 \cdot m_2}{\sqrt{x^2 + y^2 + z^2}} \right) = -G\frac{1}{2}\frac{2x \cdot m_1 \cdot m_2}{(x^2 + y^2 + z^2)^{3/2}}.$$ (9.7)

Zusammenfassen der Terme ergibt:

$$F_x = -G\frac{m_1 \cdot m_2}{r^2} \cdot \frac{x}{r}.$$ (9.8)

Den letzten Term identifizieren wir als die x-Komponente von $\vec{e}_r = \vec{r}/|\vec{r}|$. Damit ist gezeigt, dass Gl. (9.8) mit der x-Komponente von Gl. (9.2) übereinstimmt, so dass zwischen E_{pot} und $\vec{F}$ der behauptete Zusammenhang besteht.

9.3 Die keplerschen Gesetze

Die von Kepler formulierten und von Newton aus seiner Mechanik und Gravitationstheorie hergeleiteten Gesetze für die Planetenbewegung lauten wie folgt:

Keplersche Gesetze:
1. Die Planeten bewegen sich auf Ellipsen, in deren einem Brennpunkt die Sonne steht.
2. Die Verbindungslinie Sonne–Planet überstreicht in gleichen Zeiten gleiche Flächen (Abb. 9.5).
3. Für alle Planeten gilt:

$$\frac{a^3}{T^2} = \frac{Gm_S}{4\pi^2}, \tag{9.9}$$

wobei a die große Halbachse der Ellipse ist, T die Umlaufzeit des Planeten um die Sonne und
m_S die Masse der Sonne.

Erst mit dem newtonschen Gravitationsgesetz kann man einen Formelausdruck für
den Term auf der rechten Seite von Gl. (9.9) herleiten (vgl. die folgende Beispielaufgabe). Kepler konnte nur die Aussage machen, dass der Ausdruck auf der linken Seite
für alle Planeten des Sonnensystems gleich ist.

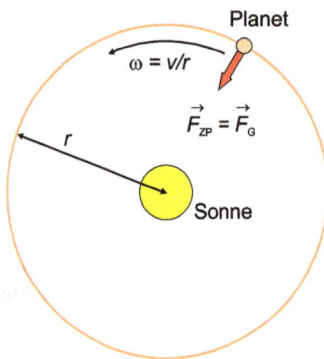

Abb. 9.4: Zur Herleitung der Umlaufbedingung.

Beispiel: Für den speziellen Fall der Kreisbahn kann man das dritte keplersche Gesetz auf einfache
Weise aus dem newtonschen Gravitationsgesetz herleiten. Wir betrachten einen Planeten, der auf einer Kreisbahn mit Radius r um die Sonne umläuft. Die dazu nötige Zentripetalkraft ist durch Gl. (8.11)
gegeben (Abb. 9.4):

$$F_{ZP} = m \cdot \frac{v^2}{r}. \tag{9.10}$$

Die Bedingung „Zentripetalkraft = Gravitationskraft" lautet somit:

$$m \cdot \frac{v^2}{r} = G\frac{m \cdot m_S}{r^2} \tag{9.11}$$

oder

$$v^2 \cdot r = G \cdot m_S. \tag{9.12}$$

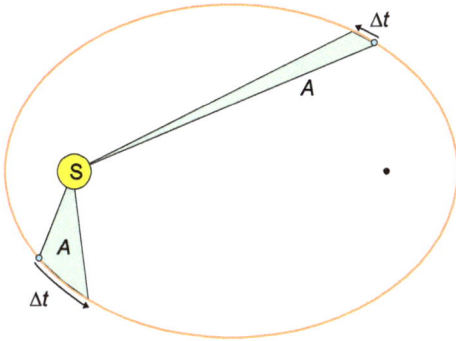

Abb. 9.5: Zum 2. keplerschen Gesetz.

Setzen wir den Zusammenhang zwischen Geschwindigkeit und Umlaufzeit $v = 2\pi r/T$ aus Abschnitt. 8.2 ein, ergibt sich:

$$\frac{r^3}{T^2} = \frac{G \cdot m_S}{4\pi^2}.$$ (9.13)

Das ist das dritte keplersche Gesetz für den speziellen Fall der Kreisbahn.

9.4 Keplersche Gesetze und Planetenbewegung

Mathematisch ist eine Ellipse die Menge aller Punkte, für die die Summe der Entfernungen von den beiden Brennpunkten konstant ist (ihr Wert ist $2a$). Abb. 9.6 zeigt die Lage der großen Halbachse a und der kleinen Halbachse b. Ein Kreis ist ein Spezialfall einer Ellipse mit $a = b$. Die beiden Brennpunkte fallen im Kreismittelpunkt zusammen.

Die tatsächlichen Bahnen der Planeten in unserem Sonnensystem sind *fast kreisförmig*. Abb. 9.7 zeigt eine maßstäbliche Darstellung der Marsbahn (durchgezogene Linie). Mit bloßem Auge ist sie von einem Kreis nicht zu unterscheiden. Die kleine Halbachse misst 99,6 % der großen Halbachse. Deutlich sichtbar ist dagegen, dass die

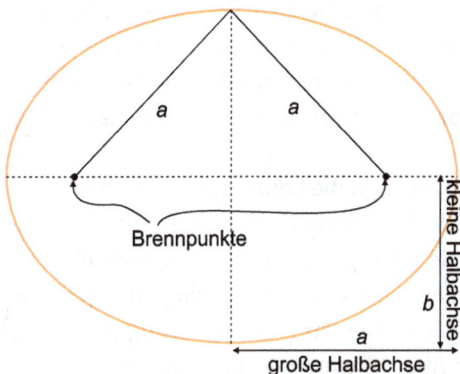

Abb. 9.6: Eine Ellipse mit Brennpunkten sowie großer und kleiner Halbachse a und b.

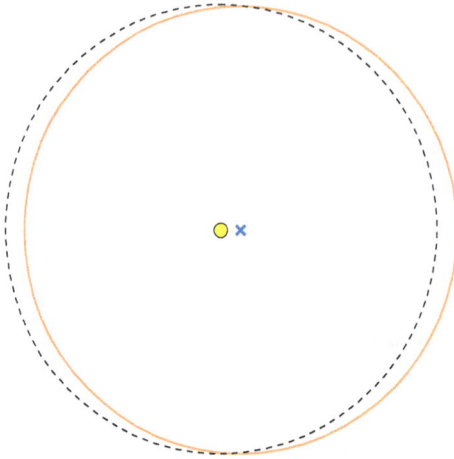

Abb. 9.7: Gestalt der Marsbahn, maßstäblich dargestellt (durchgezogene Linie).

Position der Sonne im Brennpunkt der Ellipse nicht mit dem durch ein Kreuz markierten Kreismittelpunkt zusammenfällt. Die gestrichelte Linie zeigt zum Vergleich eine Kreisbahn mit der Sonne im Zentrum.

Energie der Planetenbahnen

Wie bei jedem abgeschlossenen System ist auch bei der Planetenbewegung die *Gesamtenergie* $E_{\text{ges}} = E_{\text{kin}} + E_{\text{pot}}$ konstant. Ihr Wert hängt nur von der großen Halbachse a der Umlaufbahn ab, nicht von der kleinen:

$$E_{\text{ges}} = -\frac{1}{2}\frac{Gmm_{\text{S}}}{a}. \tag{9.14}$$

Hyperbelbahnen

Nach Gl. (9.14) ist die Gesamtenergie eines Planeten auf einer Ellipsenbahn immer negativ. Sie ist nicht groß genug, um ihn aus dem Sonnensystem entkommen zu lassen. Ein Körper auf einer Ellipsenbahn ist an die Sonne *gebunden*. Es gibt im Gravitationsfeld aber auch Bahnen mit positiver Energie. Es handelt sich dabei um Hyperbelbahnen (Abb. 9.8). Eine Hyperbel ist die Menge aller Punkte, deren Abstands*differenz* von zwei Punkten (den Brennpunkten) konstant ist. Wie bei den Ellipsenbahnen steht in einem der Brennpunkte die Sonne.

Ein Körper auf einer Hyperbelbahn ist *nicht* an die Sonne gebunden, denn seine Gesamtenergie ist größer als die potentielle Energie im Unendlichen. Die gestrichelte Linie, die in Abb. 9.9 die Gesamtenergie anzeigt, „rutscht" nach oben über den Wert $E = 0$ hinaus. Hyperbelbahnen kommen aus dem Unendlichen und gehen ins Unendliche. In großer Entfernung von der Sonne wird die Bewegung geradlinig–gleichförmig; die Bahn nähert sich den in Abb. 9.8 eingezeichneten Asymptoten.

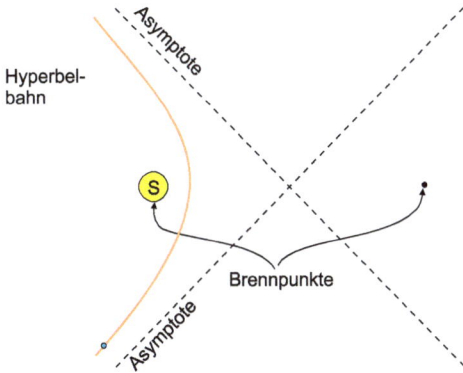

Abb. 9.8: Hyperbelbahn.

Ist die Gesamtenergie eines Körpers exakt null (gewissermaßen an den Grenze zwischen Ellipsen- und Hyperbelbahn), besitzt seine Bahn die Form einer *Parabel*.

Äquivalenzprinzip

In keinem der keplerschen Gesetze kommt die *Planetenmasse* vor. Die Bahn eines Planeten hängt daher nicht von seiner Masse ab. Diese Aussage gilt nicht nur für die Planetenbewegung, sondern für alle Bahnen unter dem alleinigen Einfluss der Gravitation. Auch beim freien Fall auf der Erde fallen schwere und leichte Körper gleich.

Ein schönes Beispiel sind die sogenannten *Trojaner*. Es handelt sich dabei um eine Gruppe von Asteroiden, die auf der gleichen Bahn um die Sonne laufen wie Jupiter. Nach dem dritten keplerschen Gesetz ist ihre Umlaufzeit um die Sonne die gleiche wie die von Jupiter. Die winzigen Trojaner bewegen sich in konstantem Abstand vor und hinter dem riesigen Jupiter, ohne ihm jemals in die Quere zu kommen.

Die Feststellung, dass die Bewegung von Körpern im Gravitationsfeld unabhängig von ihrer Masse ist, wurde von Albert Einstein als *Äquivalenzprinzip* bezeichnet. Sie bildete einen wichtigen Ausgangspunkt bei der Entwicklung der Allgemeinen Relativitätstheorie: Wenn alle Körper, unabhängig von ihrer Masse und anderen Eigenschaften, unter dem Einfluss der Gravitation die gleichen Bahnen durchlaufen, dann kann man die Gravitation „geometrisieren". In der Allgemeinen Relativitätstheorie wird die Gravitation als geometrische Krümmung der Raumzeit aufgefasst.

Astronomische Massenbestimmung

Hat man durch astronomische Beobachtungen die Bewegung eines Körpers um ein Zentralgestirn erfasst (z. B. eines Mondes um einen Planeten oder eines Planeten um die Sonne), kann man mit dem dritten keplerschen Gesetz die *Masse des Zentralgestirns* berechnen. Da umgekehrt die Masse des umlaufenden Körpers keinen Einfluss auf seine Bahn hat, kann man sie durch Bahnbeobachtungen auch nicht herausfinden.

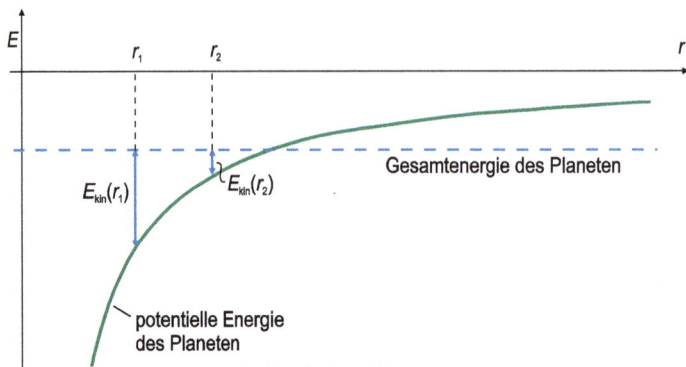

Abb. 9.9: In größerer Entfernung von der Sonne ist die potentielle Energie eines Planeten größer und seine kinetische Energie daher geringer.

Als Beispiel ermitteln wir die Sonnenmasse aus dem Abstand der Erde von der Sonne und der Länge eines Jahres:

$$m_S = \frac{4\pi^2}{G} \cdot \frac{a^3}{T^2} = \frac{4\pi^2}{6{,}67 \cdot 10^{-11}\,\frac{m^3}{kg \cdot s^2}} \cdot \frac{\left(1{,}496 \cdot 10^{11}\,\text{m}\right)^3}{\left(365{,}26 \cdot 24 \cdot 3600\,\text{s}\right)^2}$$

$$= 1{,}99 \cdot 10^{30}\,\text{kg}.$$

Geschwindigkeit der Planeten

Die *Bahngeschwindigkeit* eines Körpers auf einer Kreisbahn um die Sonne ist zeitlich konstant. Bewegt er sich jedoch auf einer elliptischen Bahn, variiert seine Geschwindigkeit. Nahe an der Sonne ist der Planet schneller, in weiter Entfernung bewegt er sich langsamer. Das folgt unmittelbar aus dem Flächensatz, ist aber auch über den Energiesatz zu verstehen (Abb. 9.9). Die Gesamtenergie des Körpers ist konstant. Weil die potentielle Energie mit der Entfernung ansteigt (weniger negativ wird), bleibt in großem Abstand von der Sonne nur ein geringerer Betrag für die kinetische Energie übrig.

Planetenbewegung und freier Fall

Dem freien Fall und der Bewegung des Mondes um die Erde liegt die gleiche physikalische Ursache zugrunde: die Gravitationsanziehung der Erde. Es war eine der großen Leistungen Newtons zu erkennen, dass diese beiden so verschieden scheinenden Bewegungen auf die gleiche physikalische Ursache zurückzuführen sind (sicherlich kennen Sie die Geschichte vom herunterfallenden Apfel). Newton veranschaulichte den graduellen Übergang von der Wurfbewegung zum Erdumlauf mit der Zeichnung in Abb. 9.10.

Abb. 9.10: Newtons Illustration aus den „Principia", die den Übergang vom Wurf zum Erdumlauf zeigen soll: Ein Stein, den man mit immer größerer Geschwindigkeit von einer Bergspitze wirft, wird schließlich nicht mehr auf dem Erdboden landen, sondern die Erde „umfallen". In diesem Sinn „umfällt" auch der Mond die Erde.

Wirft man einen Ball, so ist die resultierende „Wurfparabel" in Wirklichkeit ein Ausschnitt aus einer Ellipsenbahn, die vom Aufprall auf die Erdoberfläche unterbrochen wird. Für den betrachteten kleinen Ellipsenausschnitt ist die Übereinstimmung mit der Parabel so gut, dass man sich über die Abweichung keine Sorgen machen muss. Der Einfluss des Luftwiderstandes ist z. B. sehr viel größer.

Dass Wurfparabeln eine gute Beschreibung der Flugbahnen geworfener Körper darstellen, kann man auch anders verdeutlichen: Parabeln sind Lösungen der newtonschen Bewegungsgleichung für eine flache Erde, bei der die Gravitationskraft überall dieselbe Richtung hat (d. h. nicht auf ein Zentrum hin gerichtet ist). Solange die Bewegung auf ein so kleines Gebiet beschränkt bleibt, dass man die Erdoberfläche als flach ansehen kann, ist eine Wurfparabel eine gute Beschreibung des Wurfs ohne Luftwiderstand.

Bahngeschwindigkeiten im Sonnensystem

Die *Bahngeschwindigkeit* der Planeten nimmt *von innen nach außen hin ab*. Von allen Planeten bewegt sich der innerste (Merkur) mit der höchsten Geschwindigkeit. Für eine Kreisbahn mit Radius r lässt sich die Bahngeschwindigkeit aus dem Verhältnis von zurückgelegter Strecke (Kreisumfang $2\pi r$) und Umlaufzeit T berechnen:

$$v = \frac{2\pi r}{T}. \tag{9.15}$$

Die Umlaufzeit ergibt sich aus dem dritten keplerschen Gesetz, das wir nach T auflösen (mit $a = r$ für eine kreisförmige Bahn):

$$T = \frac{2\pi}{\sqrt{Gm_\mathrm{S}}} \cdot r^{3/2}. \tag{9.16}$$

Einsetzen von Gl. (9.16) in Gl. (9.15) ergibt:

$$v(r) = \sqrt{Gm_\mathrm{S}} \cdot r^{-\frac{1}{2}}. \tag{9.17}$$

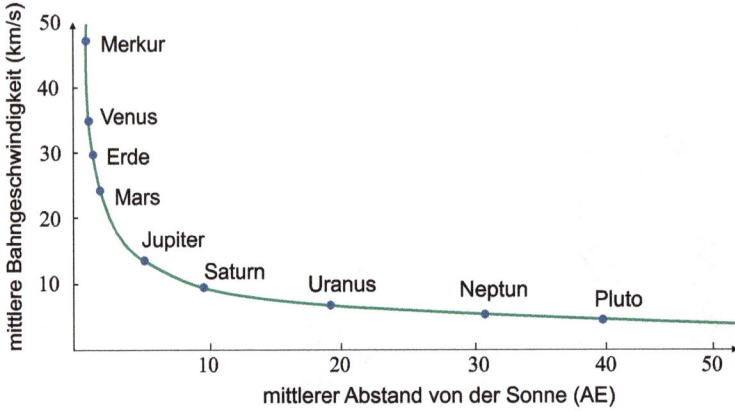

Abb. 9.11: Bahngeschwindigkeit und Abstand von der Sonne.

Die Bahngeschwindigkeit der Planeten nimmt demnach mit dem Abstand von der Sonne wie $r^{-\frac{1}{2}}$ ab. Abb. 9.11 zeigt die sehr gute Übereinstimmung dieser Vorhersage der keplerschen Gesetze mit den tatsächlichen Werten.

A Mathematische Methoden

Die folgende Darstellung gibt eine kurze Einführung in die mathematischen Begriffe und Methoden der Physik. Sie ist als eine Art Formelsammlung zu verstehen, in der das Wichtigste an Mathematik zusammengestellt ist, was Sie für das Verständnis dieses Buches benötigen. Sie soll keine gründliche Einführung ersetzen.

A.1 Vektoren und Skalare

Grundsätzlich unterscheidet man in der Physik zwei Arten von Größen.

Skalare: Physikalische Größen, die durch die Angabe ihres Wertes (einer Zahl) schon vollständig beschrieben sind. Beispiele dafür sind: Temperatur, Masse, Spannung, Frequenz.

Vektoren: Gerichtete Größen (wie Geschwindigkeit, Kraft, Magnetfeld) werden durch Vektoren beschrieben. Ein Vektor wird durch die Angabe seines *Betrags* und seiner *Richtung* charakterisiert. Man symbolisiert Vektoren durch Pfeile, deren Länge ihren Betrag angibt. In Formeln werden Vektoren durch einen Pfeil über dem Formelbuchstaben gekennzeichnet, z. B. $\vec{v}$ für den Vektor der Geschwindigkeit. Für den Betrag schreibt man Betragsstriche: $|\vec{v}|$.

Ist einer Größe an jedem Raumpunkt ein Wert zugewiesen, so spricht man von einem *Feld*. Es gibt Skalar- und Vektorfelder. Die Temperaturverteilung $T(\vec{x})$ über Deutschland ist beispielsweise ein Skalarfeld, während es sich bei der Verteilung der Windgeschwindigkeit $\vec{v}(\vec{x})$ um ein Vektorfeld handelt.

A.2 Addition von Vektoren

Für Vektoren sind eine Anzahl von mathematischen Operationen definiert:

1. Erstens kann man einen Vektor $\vec{a}$ mit einem Skalar k multiplizieren. Der Vektor $k \cdot \vec{a}$ hat die gleiche Richtung wie $\vec{a}$, aber den k-fachen Betrag. Ist z. B. $k = 5$, dann ist der zu $k \cdot \vec{a}$ gehörende Vektorpfeil fünfmal so lang wie derjenige von $\vec{a}$.

2. Zweitens kann man zwei Vektoren addieren. Dazu legt man den Fußpunkt von $\vec{b}$ an die Spitze von $\vec{a}$ (Abb. A.1). Die Summe $\vec{a} + \vec{b}$ ist der rot eingezeichnete Vektor vom Fußpunkt von $\vec{a}$ bis zur Spitze von $\vec{b}$.

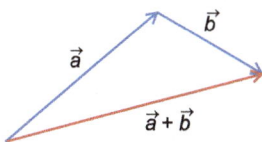

Abb. A.1: Addition von Vektoren.

https://doi.org/10.1515/9783110495812-010

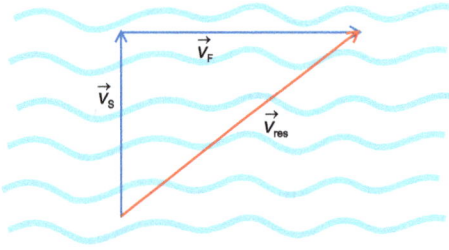

Abb. A.2: Beispiel für die Addition von Geschwindigkeitsvektoren.

Beispiel: Ein Schwimmer schwimmt senkrecht zur Strömung durch einen Fluss. Seine Geschwindigkeit $\vec{v}_S$ relativ zur Wasseroberfläche hat einen Betrag von 1,5 m/s. Der Fluss selbst strömt mit einer Geschwindigkeit $\vec{v}_F$ mit einem Betrag von 2 m/s. Der Geschwindigkeitsvektor des Schwimmers relativ zum Ufer lässt sich grafisch mit einer Zeichnung wie in Abb. A.2 konstruieren. Die eingezeichneten Vektorpfeile sollen eine Länge von 1,5 bzw. 2 Einheiten haben. Der Summenvektor $\vec{v}_{res} = \vec{v}_S + \vec{v}_F$ wird nach der oben angegebenen Vorschrift konstruiert. Seine Länge ist 2,5 Einheiten. Die Geschwindigkeit des Schwimmers relativ zum Ufer hat also die Richtung des roten Vektorpfeils $\vec{v}_{res}$ und einen Betrag von 2,5 m/s.

Abb. A.3: Die Vektoren $\vec{a}$ und $-\vec{a}$ unterscheiden sich nur in ihrer (entgegengesetzten) Richtung.

Subtraktion von Vektoren

Wenn man einen Vektor $\vec{a}$ mit dem Skalar -1 multipliziert, erhält man den Vektor $-\vec{a}$. Er unterscheidet sich von $\vec{a}$ nur durch seine Richtung: Fuß und Spitze des Vektorpfeils sind vertauscht (Abb. A.3). Die Differenz zweier Vektoren $\vec{b}$ und $\vec{a}$ ist durch die Addition des Vektors $-\vec{a}$ definiert:

$$\vec{b} - \vec{a} = \vec{b} + (-\vec{a}). \tag{A.1}$$

A.3 Skalarprodukt

Definition

Aus zwei Vektoren $\vec{a}$ und $\vec{b}$ kann man durch Produktbildung wieder einen Skalar, also eine einfache Zahl erhalten. Die entsprechende Multiplikationsvorschrift nennt man das *Skalarprodukt* von $\vec{a}$ und $\vec{b}$ (Abb. A.4):

$$\vec{a} \cdot \vec{b} = |\vec{a}| \cdot |\vec{b}| \cdot \cos\alpha. \tag{A.2}$$

Dabei bezeichnet α den Winkel, den die beiden Vektoren einschließen.

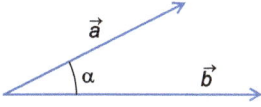

Abb. A.4: Zur Definition des Skalarprodukts.

Parallele und orthogonale Vektoren

Aus der Definition des Skalarprodukts liest man einige Spezialfälle ab:

1. Sind $\vec{a}$ und $\vec{b}$ parallel, erhält man das Skalarprodukt durch Multiplikation der beiden Beträge: $\vec{a} \cdot \vec{b} = |\vec{a}| \cdot |\vec{b}|$. Grund: Der Winkel α ist in diesem Fall null, und es gilt $\cos 0° = 1$.

2. Sind $\vec{a}$ und $\vec{b}$ antiparallel ($\alpha = 180°$), dann ergibt sich $\vec{a} \cdot \vec{b} = -|\vec{a}| \cdot |\vec{b}|$.

3. Stehen $\vec{a}$ und $\vec{b}$ senkrecht zueinander, ist ihr Skalarprodukt null: $\vec{a} \cdot \vec{b} = 0$. In diesem Fall ist nämlich $\alpha = 90°$, und es gilt $\cos 90° = 0$. Man sagt: $\vec{a}$ und $\vec{b}$ sind *orthogonal*.

Rechenregeln

Für das Skalarprodukt gelten die folgenden Rechenregeln:

1. Kommutativität: $\vec{a} \cdot \vec{b} = \vec{b} \cdot \vec{a}$,

2. Assoziativität bezüglich der Multiplikation mit einem Skalar: $k \cdot (\vec{a} \cdot \vec{b}) = (k \cdot \vec{a}) \cdot \vec{b}$,

3. Distributivität: $\vec{a} \cdot (\vec{b} + \vec{c}) = \vec{a} \cdot \vec{b} + \vec{a} \cdot \vec{c}$.

Es gilt allerdings *nicht*: $\vec{a} \cdot (\vec{b} \cdot \vec{c}) = (\vec{a} \cdot \vec{b}) \cdot \vec{c}$. Dies sieht man schon daran, dass die linke Seite der Gleichung ein Vektor mit der Richtung von $\vec{a}$ ist, während der Vektor auf der rechten Seite die Richtung von $\vec{c}$ besitzt.

Geometrische Interpretation des Skalarprodukts

Geometrisch kann man das Skalarprodukt folgendermaßen interpretieren: Da $|\vec{b}| \cdot \cos \alpha$ die *Projektion* des Vektors $\vec{b}$ auf $\vec{a}$ ist (Abb. A.5), kann man $\vec{a} \cdot \vec{b}$ als Produkt dieser Projektion mit $|\vec{a}|$ auffassen.

Das rechte Bild in Abb. A.5 illustriert, dass diese Interpretation symmetrisch in $\vec{a}$ und $\vec{b}$ ist. Das heißt: $\vec{a} \cdot \vec{b}$ ist ebenso gut das Produkt der Projektion von $\vec{a}$ auf $\vec{b}$ mit $|\vec{b}|$.

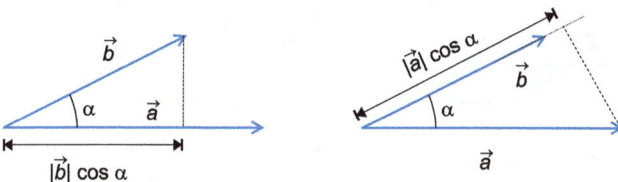

Abb. A.5: Zwei gleichwertige Interpretationen des Skalarprodukts $\vec{a} \cdot \vec{b}$.

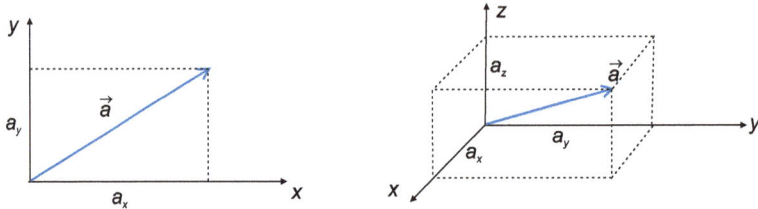

Abb. A.6: Kartesische Vektorkomponenten in zwei und in drei Dimensionen.

A.4 Komponentendarstellung

Kartesische Vektorkomponenten

In einem kartesischen Koordinatensystem mit den Koordinaten x, y und z kann man einen Vektor $\vec{a}$ eindeutig durch die Zahlenwerte charakterisieren, die sich durch Projektion auf die drei Koordinatenachsen ergeben (Abb. A.6). Diese drei Zahlenwerte nennt man *(kartesische) Komponenten* des Vektors und man bezeichnet sie mit a_x, a_y und a_z. Oft spezifiziert man einen Vektor durch die Angabe seiner Komponenten:

$$\vec{a} = (a_x, a_y, a_z), \quad \text{z. B.:} \quad \vec{a} = (4, 4, 1). \tag{A.3}$$

Einheitsvektoren

Eine mathematisch elegante Schreibweise erreicht man durch die Einführung der in Abb. A.7 gezeigten *Einheitsvektoren* $\vec{e}_x$, $\vec{e}_y$ und $\vec{e}_z$. Es sind Vektoren der Länge 1, die an jedem Raumpunkt definiert sind und in Richtung der drei Koordinatenachsen zeigen. Sie sind untereinander orthogonal.

Das Skalarprodukt des Einheitsvektors $\vec{e}_x$ mit einem Vektor $\vec{a}$ ergibt die x-Komponente von $\vec{a}$,

$$a_x = \vec{a} \cdot \vec{e}_x, \tag{A.4}$$

denn nach der Definition des Skalarprodukts handelt es sich um die Projektion von $\vec{a}$ auf die Richtung der x-Achse, multipliziert mit der Länge von $\vec{e}_x$, also mit der Zahl 1.

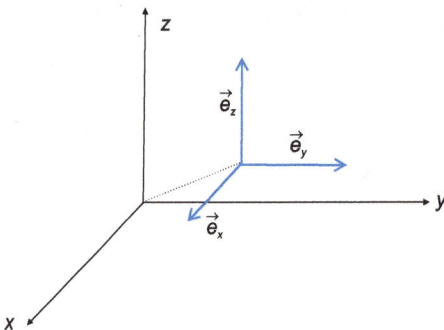

Abb. A.7: Die Einheitsvektoren $\vec{e}_x$, $\vec{e}_y$ und $\vec{e}_z$.

Analoges gilt natürlich auch für die beiden anderen Raumrichtungen. Den Vektor $\vec{a}$ kann man mit Hilfe von Komponenten und Einheitsvektoren folgendermaßen ausdrücken:

$$\vec{a} = a_x \cdot \vec{e}_x + a_y \cdot \vec{e}_y + a_z \cdot \vec{e}_z. \tag{A.5}$$

Skalarprodukt in Komponentendarstellung
Das Skalarprodukt zweier Vektoren $\vec{a}$ und $\vec{b}$ lässt sich mit der Formel (A.5) explizit ausschreiben:

$$\vec{a} \cdot \vec{b} = (a_x \cdot \vec{e}_x + a_y \cdot \vec{e}_y + a_z \cdot \vec{e}_z) \cdot (b_x \cdot \vec{e}_x + b_y \cdot \vec{e}_y + b_z \cdot \vec{e}_z). \tag{A.6}$$

Ausmultiplizieren der Klammern und Ausnutzen der Orthonormalitätsrelationen $\vec{e}_x \cdot \vec{e}_x = 1$, $\vec{e}_x \cdot \vec{e}_y = 0$ usw., führt auf:

$$\vec{a} \cdot \vec{b} = a_x \cdot b_x + a_y \cdot b_y + a_z \cdot b_z. \tag{A.7}$$

Betrag in Komponentendarstellung
Der Betrag eines Vektors lässt sich nach Gl. (A.2) durch

$$|\vec{a}| = \sqrt{\vec{a} \cdot \vec{a}} \tag{A.8}$$

darstellen. Einsetzen in (A.7) ergibt:

$$|\vec{a}| = \sqrt{a_x^2 + a_y^2 + a_z^2}. \tag{A.9}$$

Vektoraddition in Komponentendarstellung
Auch die Addition zweier Vektoren lässt sich in Komponenten schreiben:

$$\vec{a} + \vec{b} = (a_x + b_x, a_y + b_y, a_z + b_z). \tag{A.10}$$

A.5 Das Vektorprodukt

Es gibt noch ein weiteres Produkt zwischen zwei Vektoren $\vec{a}$ und $\vec{b}$, das *Vektorprodukt* oder *Kreuzprodukt* $\vec{a} \times \vec{b}$. Wie man schon aus der Benennung erschließen kann, ist $\vec{a} \times \vec{b}$ kein Skalar, sondern ein Vektor (Abb. A.8):

$$\vec{a} \times \vec{b} = (|\vec{a}| \cdot |\vec{b}| \cdot \sin \alpha) \cdot \vec{n}. \tag{A.11}$$

Dabei ist α der Winkel zwischen $\vec{a}$ und $\vec{b}$. Die Richtung von $\vec{a} \times \vec{b}$ wird durch den Einheitsvektor $\vec{n}$ bestimmt, der senkrecht sowohl auf $\vec{a}$ als auch auf $\vec{b}$ steht (d. h. er steht

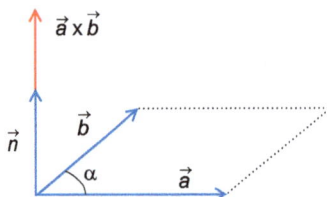

Abb. A.8: Zur Definition des Vektorprodukts.

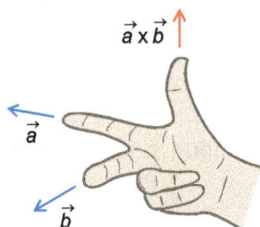

Abb. A.9: Rechte-Hand-Regel für das Vektorprodukt.

senkrecht auf der durch $\vec{a}$ und $\vec{b}$ festgelegten Ebene). Abb. A.9 erläutert die *Rechte-Hand-Regel*, mit der man die Richtung von $\vec{a} \times \vec{b}$ bestimmen kann.

Geometrisch lässt sich der Betrag von $\vec{a} \times \vec{b}$ als die Fläche des in Abb. A.8 blau schattierten Parallelogramms interpretieren: $|\vec{a} \times \vec{b}| = |\vec{a}| \cdot |\vec{b}| \cdot \sin \alpha$. Aus der Definition des Vektorprodukts lassen sich einige Spezialfälle ablesen:

1. Sind $\vec{a}$ und $\vec{b}$ parallel oder antiparallel, dann ist ihr Vektorprodukt null (dann gilt $\sin \alpha = 0$).
2. Insbesondere ist das Vektorprodukt eines Vektors mit sich selbst null.
3. Stehen $\vec{a}$ und $\vec{b}$ senkrecht zueinander (d. h. $\alpha = 90°$), dann hat das Vektorprodukt seinen maximalen Betrag und es gilt: $|\vec{a} \times \vec{b}| = |\vec{a}| \cdot |\vec{b}|$.

Rechenregeln

Es gelten die folgenden Regeln:

1. Das Vektorprodukt ist *nicht* kommutativ: $\vec{a} \times \vec{b} = -\vec{b} \times \vec{a}$,
2. die Multiplikation mit einem Skalar ist assoziativ:

$$k \cdot (\vec{a} \times \vec{b}) = (k \cdot \vec{a}) \times \vec{b} = \vec{a} \times (k \cdot \vec{b}), \tag{A.12}$$

3. Distributivität: $\vec{a} \times (\vec{b} + \vec{c}) = \vec{a} \times \vec{b} + \vec{a} \times \vec{c}$.

Es gilt jedoch *keine Assoziativität* bezüglich der zweifachen Anwendung des Vektor-produkts: $\vec{a} \times (\vec{b} \times \vec{c}) \neq (\vec{a} \times \vec{b}) \times \vec{c}$.

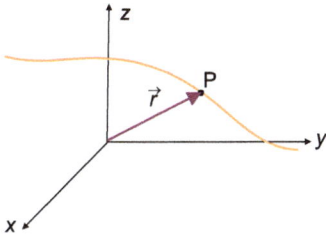

Abb. A.10: Zur Definition des Ortsvektors $\vec{r}$.

A.6 Differentiation von Vektoren

Vektoren können Funktionen eines Parameters sein, z. B. der Zeit t. Die Differentiation nach diesem Parameter erfolgt einfach komponentenweise:

$$\frac{d\vec{b}(t)}{dt} = \left(\frac{db_x(t)}{dt}, \frac{db_y(t)}{dt}, \frac{db_z(t)}{dt} \right). \tag{A.13}$$

Als Beispiel betrachten wir den Vektor $\vec{b}(t) = (t^2, 3t, 1)$. Die Differentiation nach t ergibt den Vektor $d\vec{b}(t)/dt = (2t, 3, 0)$.

A.7 Ortsvektor, Geschwindigkeit und Beschleunigung

Den Vektor $\vec{r}$ zwischen dem Ursprung des Koordinatensystems und einem Punkt P (z. B. einem Punkt auf der Bahn eines Körpers) nennt man den *Ortsvektor* von P (Abb. A.10). Seine Koordinaten sind (x, y, z). Mit Einheitsvektoren kann man ihn folgendermaßen schreiben:

$$\vec{r} = x \cdot \vec{e}_x + y \cdot \vec{e}_y + z \cdot \vec{e}_z. \tag{A.14}$$

Betrachtet man einen Körper, der sich entlang einer Bahn bewegt, so ist der Vektor der Geschwindigkeit als zeitliche Ableitung des Ortsvektors definiert:

$$\vec{v} = \frac{d\vec{r}}{dt}. \tag{A.15}$$

Der Geschwindigkeitsvektor liegt immer tangential zur Bahn. Da die Einheitsvektoren zeitlich konstant sind, kann man aus Gl. (A.14) durch Differentiation eine Darstellung von $\vec{v}$ gewinnen:

$$\vec{v} = \dot{x} \cdot \vec{e}_x + \dot{y} \cdot \vec{e}_y + \dot{z} \cdot \vec{e}_z, \tag{A.16}$$

oder, in Komponenten geschrieben:

$$(v_x, v_y, v_z) = (\dot{x}, \dot{y}, \dot{z}). \tag{A.17}$$

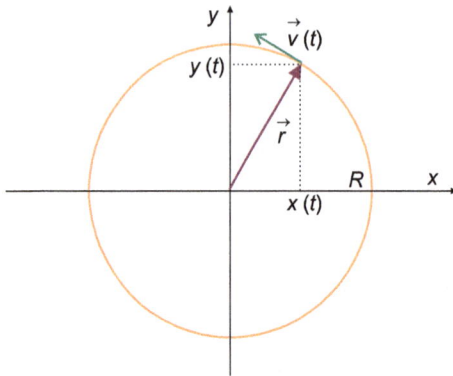

Abb. A.11: Kreisbewegung.

Der Beschleunigungsvektor $\vec{a}$ ist als zeitliche Änderung des Geschwindigkeitsvektors definiert:

$$\vec{a} = \frac{d\vec{v}}{dt} = \frac{d^2\vec{r}}{dt^2}. \tag{A.18}$$

Seine Komponenten sind:

$$(a_x, a_y, a_z) = (\ddot{x}, \ddot{y}, \ddot{z}). \tag{A.19}$$

Beispiel: Die Bahn eines Körpers, der eine gleichmäßige Kreisbewegung mit dem Radius R in der x–y-Ebene ausführt (Abb. A.11), wird durch die folgenden Komponenten des Ortsvektors beschrieben:

$$\vec{r}(t) = (x(t), y(t), z(t)) = (R\cos\omega t, R\sin\omega t, 0). \tag{A.20}$$

Die Konstante ω nennt man die *Winkelgeschwindigkeit*. Sie wird im folgenden Abschnitt noch detaillierter besprochen. Je größer ω, umso schneller verläuft die Kreisbewegung. Zwischen ω und der Umlaufzeit T besteht der Zusammenhang (vgl. Gl. (A.20))

$$\omega = \frac{2\pi}{T}. \tag{A.21}$$

Den Geschwindigkeitsvektor erhält man durch Differentiation des Ortsvektors (vgl. Gl. (A.17)):

$$\vec{v}(t) = (v_x(t), v_y(t), v_z(t)) = (-\omega R\sin\omega t, \omega R\cos\omega t, 0). \tag{A.22}$$

Man kann sofort nachprüfen, dass er orthogonal zum Ortsvektor steht, indem man das Skalarprodukt $\vec{r} \cdot \vec{v}$ bildet und überprüft, dass es null ist:

$$\vec{r} \cdot \vec{v} = -\omega R^2 \sin\omega t \cos\omega t + \omega R^2 \cos\omega t \sin\omega t = 0. \tag{A.23}$$

Der Betrag von $\vec{v}$ ist:

$$|\vec{v}| = \sqrt{v_x^2 + v_y^2 + v_z^2} = \sqrt{\omega^2 R^2 \left(\sin^2\omega t + \cos^2\omega t\right)}$$

$$= \omega R. \tag{A.24}$$

Die Komponenten des Beschleunigungsvektors sind proportional zu denen des Ortsvektors, und zwar mit umgekehrtem Vorzeichen:

$$\vec{a}(t) = (a_x(t), a_y(t), a_z(t)) = (-\omega^2 R \cos \omega t, -\omega^2 R \sin \omega t, 0). \tag{A.25}$$

Bei der gleichförmigen Kreisbewegung ist der Beschleunigungsvektor radial nach innen gerichtet (vgl. Kapitel 2), und es gilt $\vec{a} = -\omega^2 \vec{r}$. Man spricht in diesem Fall von der *Zentripetalbeschleunigung*. Für den Betrag der Zentripetalbeschleunigung ergibt sich:

$$|\vec{a}| = \sqrt{a_x^2 + a_y^2 + a_z^2} = \omega^2 R. \tag{A.26}$$

Ein oft benutzter Zusammenhang zwischen Bahngeschwindigkeit und Zentripetalbeschleunigung ergibt sich, wenn man Gl. (A.24) in Gl. (A.26) einsetzt:

$$|\vec{a}| = \frac{|\vec{v}|^2}{R}. \tag{A.27}$$

Entsprechend muss auf einen Körper eine nach innen gerichtete *Zentripetalkraft* wirken, um ihn auf eine Kreisbahn mit dem Radius R zu zwingen:

$$F_{ZP} = m \cdot \frac{v^2}{R} \quad \text{oder} \quad F_{ZP} = m \cdot \omega^2 \cdot R. \tag{A.28}$$

A.8 Drehwinkel und Winkelgeschwindigkeit

Drehbewegungen beschreibt man am besten nicht durch *Strecken*, sondern durch *Winkel*. Alle ihre Punkte eines um eine Achse rotierenden Körpers legen einer Sekunde unterschiedliche Wege s_i zurück – aber den gleichen Winkel ϕ. Nicht ihre Geschwindigkeit ist konstant, sondern ihre *Winkelgeschwindigkeit ω*.

Der *Drehwinkel ϕ* wird, von der x-Achse im mathematisch positiven Drehsinn gerechnet (also „linksherum"). Es ist vorteilhaft, den Drehwinkel im Bogenmaß anzugeben (so dass ϕ bei einem ganzen Umlauf von 0 bis 2π variiert und nicht von 0° bis 360°). Der Grund dafür ist, dass in diesem Fall die folgende einfache Beziehung für den Kreisbogen s gilt (Abb. A.12 (b)):

$$s = r \cdot \phi. \tag{A.29}$$

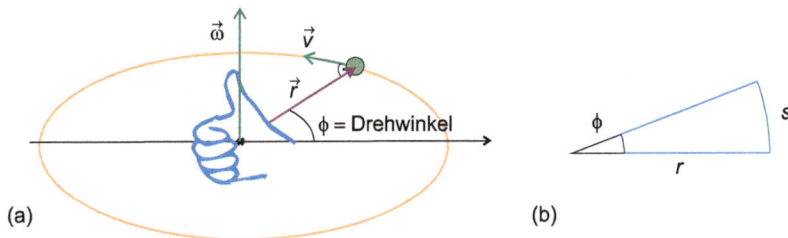

Abb. A.12: (a) Zur Definition von Drehwinkel ϕ und Winkelgeschwindigkeit $\vec{\omega}$, (b) Kreisbogen s und Drehwinkel ϕ.

Die *Winkelgeschwindigkeit* wird ganz ähnlich wie die gewöhnliche Geschwindigkeit definiert, nur dass man eben nicht die Streckenänderung, sondern die Winkeländerung pro Zeitintervall betrachtet. Die Winkelgeschwindigkeit ist die zeitliche Änderung des Drehwinkels:

$$\omega = \frac{d\phi}{dt}. \tag{A.30}$$

Der Winkelgeschwindigkeit wird eine Richtung zugewiesen, so dass sie zum Vektor $\vec{\omega}$ wird. Mit der Visualisierungshilfe in Abb. A.12 (a) können Sie sich ihre Richtung merken: Zeigen die gekrümmten Finger der rechten Hand in Drehrichtung, dann gibt der Daumen die Richtung von $\vec{\omega}$ an.

Für einen Körper, der auf einer Kreisbahn mit dem konstanten Radius r umläuft, erhält man eine wichtige Beziehung zwischen Bahngeschwindigkeit und Winkelgeschwindigkeit, indem man den Zusammenhang (A.29) zwischen Kreisbogen und Drehwinkel nach der Zeit ableitet (vgl. auch Gl. (A.24)):

$$v = \omega \cdot r. \tag{A.31}$$

Beispiel: Die Winkelgeschwindigkeit der Erddrehung lässt sich wie folgt berechnen: Die Erde dreht sich in 24 Stunden einmal vollständig um ihre Achse (Drehwinkel 2π). Ihre Winkelgeschwindigkeit hat den Betrag

$$\omega = \frac{2\pi}{24\,\text{h}} = \frac{2\pi}{24 \cdot 3600\,\text{s}} = 7{,}3 \cdot 10^{-5}\,\frac{1}{\text{s}}. \tag{A.32}$$

Da die Drehung in Richtung Osten verläuft, zeigt der Vektor der Winkelgeschwindigkeit in Richtung Nordpol.

A.9 Integration von Vektoren

Vektoren kann man bezüglich einer skalaren Größe komponentenweise integrieren. Betrachten wir als Beispiel das zweite newtonsche Gesetz in der Form

$$\vec{F} = \frac{d\vec{p}}{dt}. \tag{A.33}$$

Die Impulsänderung $\Delta\vec{p}$ in einem Zeitintervall von t_1 bis t_2 ist dann gegeben durch

$$\Delta\vec{p} = \int_{t_1}^{t_2} \vec{F}\,dt. \tag{A.34}$$

Wenn z. B. $\vec{F} = (4\,\text{N/s} \cdot t, 5\,\text{N}, 0)$, dann ist

$$\Delta\vec{p} = \int_{t_1}^{t_2} \vec{F}\,dt = \left(4\,\text{N/s} \cdot \frac{1}{2}(t_2^2 - t_1^2), 5\,\text{N}(t_2 - t_1), 0\right). \tag{A.35}$$

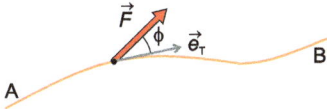

Abb. A.13: Berechnung der Arbeit durch ein Linienintegral.

A.10 Linienintegrale

Eine besondere Form der Integration von Vektoren tritt z. B. bei der Berechnung der mechanischen Arbeit auf (vgl. Gl. (6.20) in Kapitel 6). Betrachtet werden die Bahnkurve eines Körpers $\vec{r}(t)$ und ein Vektorfeld $\vec{F}$, das an jedem Punkt der Bahnkurve definiert ist (im Fall der Arbeit ist dies die äußere Kraft, die auf den Körper wirkt). Das *Linienintegral* des Vektors $\vec{F}$ entlang der Bahn ist eine skalare Größe. Es ist folgendermaßen definiert:

$$W = \int_A^B \vec{F}\,\mathrm{d}\vec{r} = \int_A^B \vec{F} \cdot \vec{e}_\mathrm{T}\,\mathrm{d}r. \tag{A.36}$$

Dabei ist $\vec{e}_\mathrm{T}$ ein Tangentenvektor der Länge 1 am jeweiligen Punkt der Bahn (Abb. A.13) und $\vec{F} \cdot \vec{e}_\mathrm{T} = F \cdot \cos\phi$ ist die Projektion von $\vec{F}$ auf die Bahn.

Die Berechnung eines Linienintegrals ist weniger kompliziert als es nach seiner Definition den Anschein hat. Man führt es auf die Berechnung eines gewöhnlichen Integrals zurück, indem man die Kurve durch eine skalare Größe t parametrisiert (z. B. durch die Zeit). Man „erweitert" im Integral mit $\mathrm{d}t$:

$$\int_A^B \vec{F}\,\mathrm{d}\vec{r} = \int_A^B \vec{F}\frac{\mathrm{d}\vec{r}}{\mathrm{d}t}\,\mathrm{d}t = \int_A^B \vec{F} \cdot \vec{v}\,\mathrm{d}t \tag{A.37}$$

und hat damit ein ganz gewöhnliches Integral der skalaren Größe $\vec{F} \cdot \vec{v}$ über t vor sich.

A.11 Differentiation von Funktionen mit mehreren Variablen

Partielle Ableitung
Für die Differentiation einer Funktion von mehreren Variablen (z. B. $a(x, y, z)$) wird das Symbol $\frac{\partial}{\partial x}$ eingeführt: die partielle Ableitung. Es ersetzt bei Funktionen mit mehreren Variablen das vertrautere Symbol $\frac{\mathrm{d}}{\mathrm{d}z}$. Die Anwendung ist aber ebenso einfach: Man leitet die dahinter stehende Funktion der Variablen x, y und z nach z ab und behandelt dabei x und y als Konstanten.

Gradient und Äquipotentiallinien
Höhenlinien kennt man von Wanderkarten. Sie zeigen diejenigen Punkte in einer Landschaft an, die auf gleicher Höhe liegen. Physikalisch entsprechen sie Linien gleichen Gravitationspotentials ϕ auf der Erdoberfläche (*Äquipotentiallinien*). Wandert

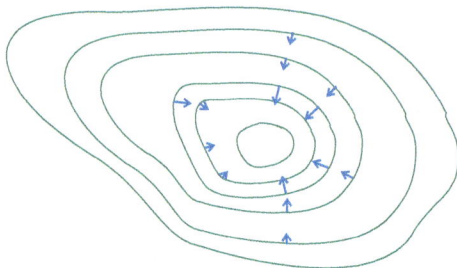

Abb. A.14: Der Gradient steht senkrecht auf den Äquipotentiallinien.

man entlang einer Höhenlinie, verläuft der Weg flach; senkrecht dazu geht es auf- oder abwärts.

Ganz allgemein kann man jeder skalaren Funktion Linien (oder, in drei Dimensionen: Flächen) konstanter Werte zuordnen. Von der Wetterkarte kennt man die *Isobaren*, die Linien konstanten Druckes.

Betrachtet man ein skalares Feld $\phi(x, y, z)$, dann gibt es an jedem Punkt eine Richtung, in der sich das Skalarfeld am stärksten ändert. Der *Gradient* von ϕ gibt für jeden Punkt diese Richtung an. Er zeigt auf der Karte die Himmelsrichtung an, in der es am steilsten bergauf geht oder in der der Luftdruck am stärksten zunimmt. Er steht senkrecht auf den Äquipotentiallinien oder Äquipotentialflächen. In Abb. A.14 ist der Gradient des durch die eingezeichneten Äquipotentiallinien beschriebenen Skalarfeldes an einigen Stellen angegeben.

Nicht nur die Richtung, sondern auch der *Betrag* des Gradienten besitzt eine Bedeutung. Er gibt darüber Auskunft, wie stark sich das Skalarfeld in Richtung der größten Steigung ändert, d. h. wie steil der Anstieg ist. Je enger die Äquipotentiallinien zusammenliegen, umso steiler geht es an der jeweiligen Stelle bergauf oder bergab und umso länger ist auch in Abb. A.14 der Pfeil, der den Gradienten darstellt.

In Formeln schreibt man den Gradienten eines Skalarfeldes ϕ als $\vec{\nabla}\phi$. Mathematisch gewinnt man ihn durch Differentiation:

$$\vec{\nabla}\phi = \left(\frac{\partial \phi}{\partial x}, \frac{\partial \phi}{\partial y}, \frac{\partial \phi}{\partial z} \right). \tag{A.38}$$

Oft wird das Symbol $\vec{\nabla}$ auch allein benutzt,

$$\vec{\nabla} = \left(\frac{\partial}{\partial x}, \frac{\partial}{\partial y}, \frac{\partial}{\partial z} \right), \tag{A.39}$$

als *Operator*, der auf eine rechts von ihm stehende Funktion wirkt. Man bezeichnet ihn als *Nabla-Operator*.

Literatur

[1]   H. Albert, Traktat über kritische Vernunft, Tübingen: Mohr Siebeck (1968; ^{5}1991), S. 15 f.

[2]   J. Audretsch, Ist die Raum-Zeit gekrümmt? Der Aufbau der modernen Gravitationstheorie. In: J. Audretsch, K. Mainzer (Hrsg.), Philosophie und Physik der Raum-Zeit, Mannheim: BI (1988).

[3]   J. Audretsch, Konstruktionen – Was der Physiker von der Wirklichkeit weiß. In: J. Audretsch, K. Nagorni (Hrsg.), Von Wissen und Weisheit – Theologie und Naturwissenschaft im Gespräch, Karlsruhe: Evangelische Akademie Baden (2008).

[4]   J. Baumert, W. Bos, R. Watermann, TIMSS/III – Schülerleistungen in Mathematik und den Naturwissenschaften am Ende der Sekundarstufe II im internationalen Vergleich, Max-Planck-Institut für Bildungsforschung, Studien und Berichte 64 (1998).

[5]   J. Ehlers, Einführung der Raum-Zeit-Struktur mittels Lichtstrahlen und Teilchen. In: J. Audretsch, K. Mainzer (Hrsg.), Philosophie und Physik der Raum-Zeit, Mannheim: BI (1988).

[6]   R. Duit, Zur Elementarisierung des Energiebegriffs, NiU-Physik 2(6), 12–19 (1991).

[7]   R. P. Feynman, R. B. Leighton, M. Sands, Vorlesungen über Physik I – Mechanik, Berlin: de Gruyter (2015; orig. 1963).

[8]   H. Hertz, Die Prinzipien der Mechanik in neuem Zusammenhange dargestellt, Leipzig: Meiner (1894), S. 8.

[9]   D. Hestenes, M. Wells, G. Swackhammer, Force concept inventory, The Physics Teacher 30, 141 (1992).

[10] W. Kamlah, P. Lorenzen, Logische Propädeutik. Vorschule des vernünftigen Redens, Mannheim: BI (1973).

[11] L. Lange, Ueber die wissenschaftliche Fassung des Galilei'schen Beharrungsgesetzes, Philosophische Studien 2, 266 (1885).

[12] G. Ludwig, Einführung in die Grundlagen der theoretischen Physik, Band 1: Raum, Zeit, Mechanik, Düsseldorf: Bertelsmann (1974).

[13] E. Mach, Die Mechanik in ihrer Entwicklung historisch–kritisch dargestellt, Leipzig: Brockhaus (1883).

[14] R. Müller, Klassische Mechanik – vom Weitsprung zum Marsflug, Berlin: de Gruyter (2009).

[15] E. M. Purcell, Life at low Reynolds number, American Journal of Physics 45, 3 (1977).

[16] K. Rincke, Sprachentwicklung und Fachlernen im Mechanikunterricht. Sprache und Kommunikation bei der Einführung in den Kraftbegriff, Berlin: Logos (2007).

[17] H. Schecker, R. Duit, Schülervorstellungen zu Energie und Wärmekraftmaschinen. In: H. Schecker, R. Duit (Hrsg.), Schülervorstellungen und Physikunterricht, Berlin: Springer (2018), S. 163–183.

[18] H. Schecker, T. Wilhelm, Schülervorstellungen in der Mechanik. In: H. Schecker, R. Duit (Hrsg.), Schülervorstellungen und Physikunterricht, Berlin: Springer (2018), S. 63–88.

[19] V. Tobias, Newton'sche Mechanik im Anfangsunterricht. Die Wirksamkeit einer Einführung über die zweidimensionale Dynamik auf das Lehren und Lernen, Berlin: Logos (2010).

[20] H. Wiesner et al., Mechanik I: Kraft und Geschwindigkeitsänderung. Neuer fachdidaktischer Zugang zur Mechanik (Sek. 1), Köln: Aulis (2011).

[21] T. Wilhelm, Moment mal ... (3): Trägheit nur bei großen Kräften? Praxis der Naturwissenschaften – Physik in der Schule 62(6), 46–48 (2013), und in: T. Wilhelm (Hrsg.), Stolpersteine überwinden im Physikunterricht. Anregungen für fachgerechte Elementarisierungen, Seelze: Aulis/Friedrich, Seelze, (2018), S. 39–41.

[22] L. Wittgenstein, Philosophische Untersuchungen, Berlin: Suhrkamp (2003; orig. 1953).

https://doi.org/10.1515/9783110495812-011

Bildnachweis

Flickr: ajmexico 1.1, Sophie Lane S. 45, Kevin Dooley S. 179

Gettyimages: S. 1, MichaelSvoboda/iStock/Getty Images Plus; S. 95, Alexander Baluev/iStock/Getty Images Plus; 6.1, Alexander Baluev/iStock/Getty Images Plus

Library of Congress, Washington, DC: LC-USZ62-46682 7.9

NASA: 2.1, 4.2

Openstreetmaps: 1.5

Pixabay: WikiImages S. 19, skeeze S. 29, rdelarosa0 3.2, ducken99 S. 61, 5.3, Joenomias 6.2, mhy 6.3, domeckopol 6.5, cotrim 6.7, funsworks 6.9, juanrc 6.20, Pexels 6.22, stux 6.32, H. B. S. 147, MoreLight S. 163, Meromex 8.7, Miriam Pereluk 8.8

Wikimedia Commons: Suricata 1.4

https://doi.org/10.1515/9783110495812-012

Stichwortverzeichnis